安托瓦内特·马特林斯
Antoinette Matlins

安托瓦内特·马特林斯是珠宝首饰领域拥有超多粉丝的作家。她的作品以 8 种语言出版，在 100 多个国家发行，被世界各地的消费者和珠宝领域行家广泛传阅。

安托瓦内特·马特林斯，职业珠宝鉴定师、英国宝石协会会员，是一位具有国际声誉的珠宝首饰专家，还是著名的作家与演讲者。曾获国际注册珠宝鉴定师协会最高奖项卓越奖。著作包括《钻石》《彩色宝石》《宝石鉴定》《珍珠》等。

作为一位专业的珠宝首饰消费倡导者，马特林斯获得了广泛认可。她发起了注册宝石学家协会在全美打击宝石投资电话诈骗的活动。她还是一位很受大众媒体欢迎的节目嘉宾，曾在 ABC（美国广播公司）、CBS（美国哥伦比亚广播公司）、NBC（美国全国广播公司）、CNN（美国有线电视新闻网）这些媒体给消费者讲授关于珠宝首饰的知识及鉴别技巧。

安东尼奥·C. 博南诺
Antonio C.Bonanno

安东尼奥·C. 博南诺，国家宝石评估实验室创建人和主任，华盛顿哥伦比亚宝石学院主任。他拥有“高级珠宝评估师”(MGA) 头衔和美国评估师协会最高荣誉。博南诺专注于宝石和矿物研究 60 余年，主要从事宝石法务研究，在各类法务案件中被征为专家证人。他是英国宝石协会最高荣誉会员，在珠宝领域受到人们的敬重，并在负有盛名的珠宝名人纪念馆拥有一席之地。他创建了注册珠宝鉴定师协会，1999 年该协会在他离世后以他的名字设立了宝石学安东尼奥·C. 博南诺卓越奖。

宝石鉴定

第五版

GEM IDENTIFICATION

[美] 安托瓦内特·马特林斯 [美] 安东尼奥·C. 博南诺 著
张健 池丽霞 译

中国友谊出版公司

特别感谢

感谢每一位参与我们便携式仪器研讨会的人，你们对每一个发现所表现出的兴奋和喜悦，坚定了我们对这本书的信心……

并给予我们额外的支持和鼓励，使这本书成为现实。

感谢鲁斯·博南诺

自我们准备编写

《宝石鉴定》

到最终成书

为我们所做的一切

感谢斯图尔特·M.马特林斯

给予我们大力支持和鼓励

让这本书得以完成

一条箔衬底镶嵌“粉红色”托帕石项链

图 1 一条箔衬底镶嵌“粉红色”托帕石项链

图 2 注意旁边被移除的粉红色箔衬底与无色托帕石

照片：E. 摩根（E.Morgan）

图 3 注意项链的背部被包镶了——黄金完全隐藏了宝石自身的背部。也可以看到左边镶嵌宝石背部的黄金光滑而完整，但另一个镶嵌宝石背部的黄金有一个 V 形裂隙。这个裂隙令空气进入，从而氧化衬底使它改变颜色

图 4 注意项链中左边箭头所指宝石的颜色与其他宝石的颜色完全不同，它是由氧化所致

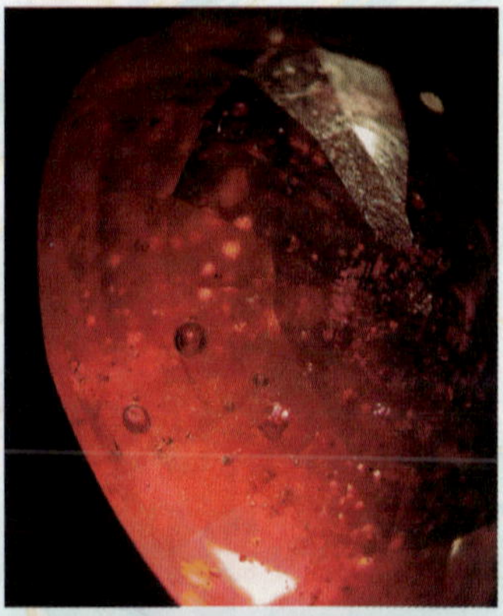

图 5 铅玻璃充填红宝石中的圆形气泡，通常在整颗宝石中均可见到

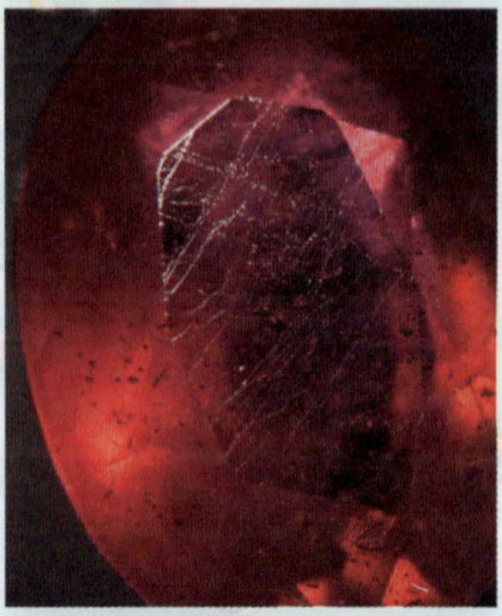

图 6 反射光照明时表面可见的裂隙

图 7 透射光照明时内部可见蓝色闪光效应

照片：克雷格·林奇（Craig Lynch）

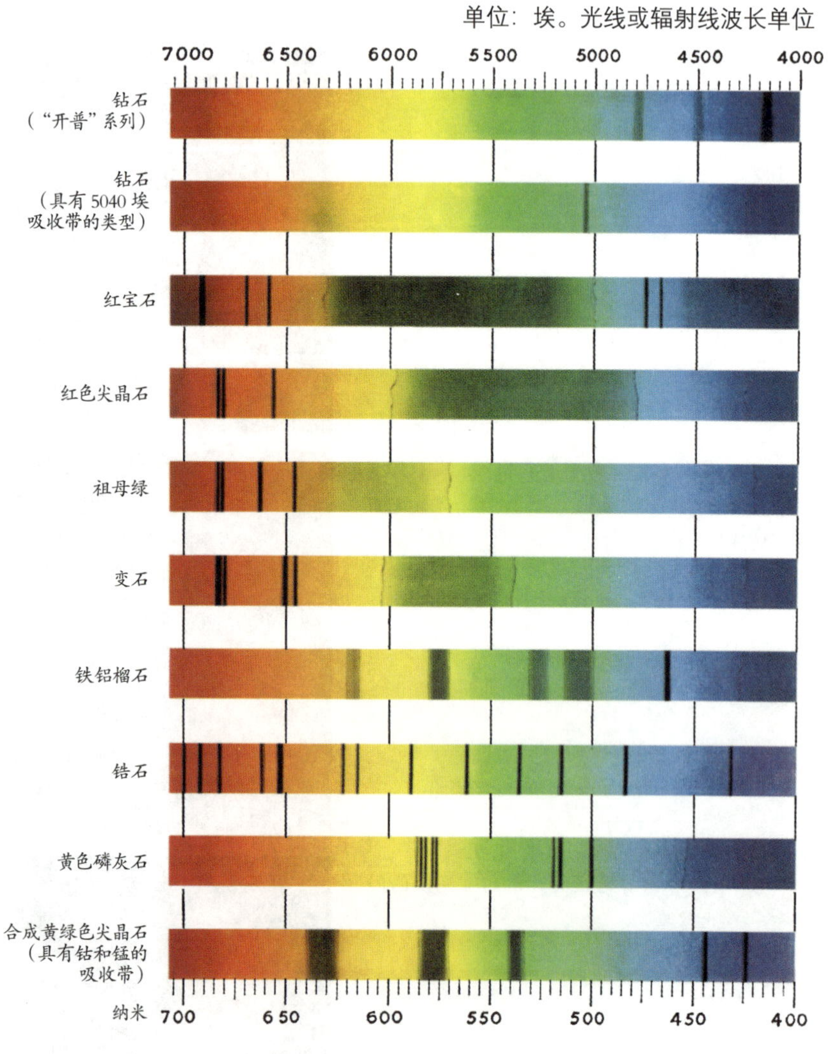

图8 宝石的吸收光谱

注意刻度上显示的直线形吸收条带，与光栅式分光镜测试的谱图相同。来自罗伯特·韦伯斯特编著的《宝石学家纲要》（*Gemmologists Compendium*，英国：N.A.G.出版有限公司）。

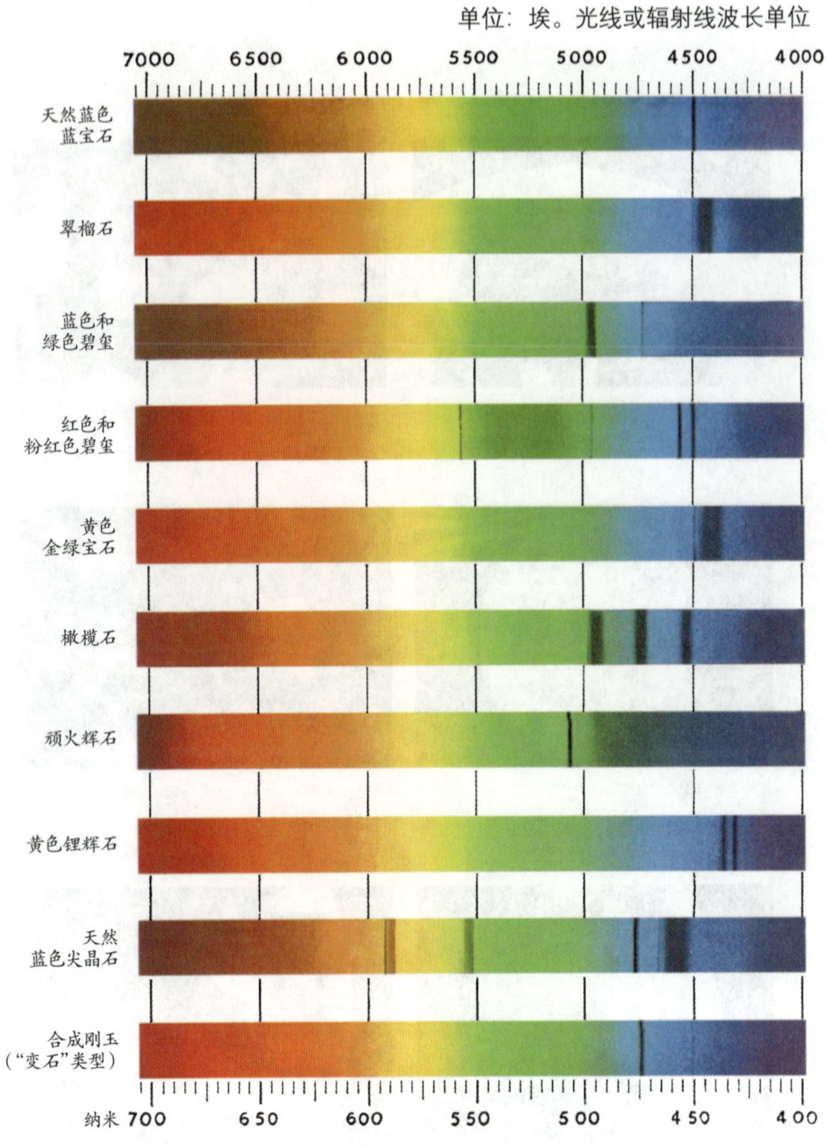

图 9 宝石的吸收光谱

使用棱镜式分光镜测试时，刻度上显示的直线形吸收条带没有向红色一端压缩。来自罗伯特·韦伯斯特编著的《宝石学家纲要》。

在放大观察下钻石中可见的一些内部包裹体和外部瑕疵

内部包裹体

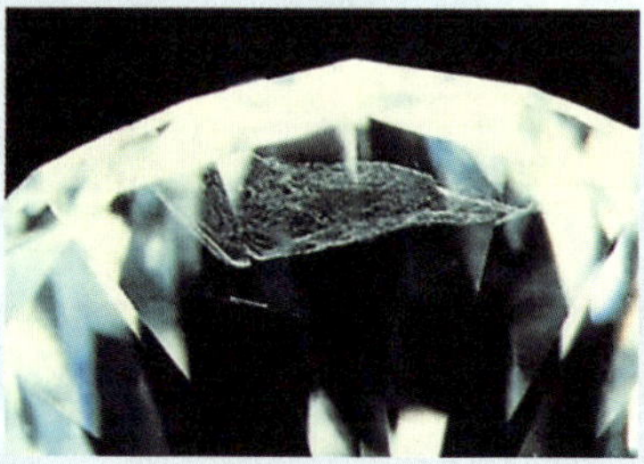

照片：美国宝石学院（GIA）

图 10 钻石中的云状包裹体

照片：罗恩·耶胡达（Ron Yehuda），耶胡达钻石有限公司

图 11 暗视场照明条件下，钻石裂隙充填中可见“闪光效应”

照片：美国宝石学院

图 12 “反光镜”包裹体，相同的包裹体出现多次反射

照片：D. 贾菲（D.Jaffe），美国宝石实验室（AGL）

图 13 羽状纹

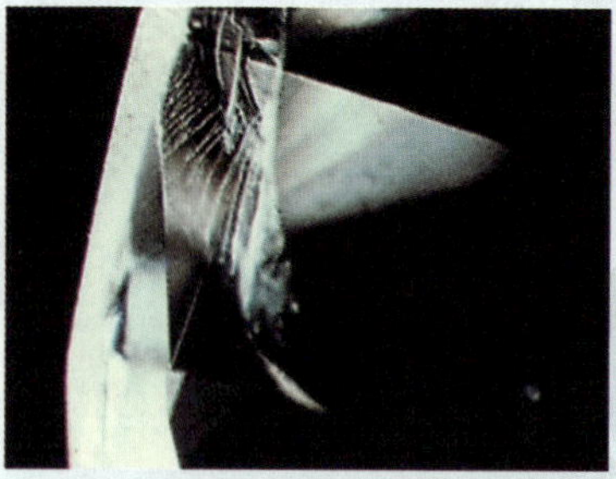

照片：美国宝石学院

图 14 解理

照片：美国宝石学院

图 15 须状腰围或腰棱边纹

照片：B. 凯思（B.Kane），美国宝石学院

图 16 生长纹理

照片：美国宝石学院

图 17 表面纹理

照片：R. 布西（R.Bucy），哥伦比亚宝石学院

图 18 激光钻孔

照片：R. 布西，哥伦比亚宝石学院

图 19 台面的双晶纹

照片：J. 科伊武拉（J.Koivula），美国宝石学院

图 20 激光钻孔之前的包裹体

照片：J. 科伊武拉，美国宝石学院

图 21 激光钻孔之后的包裹体

照片：美国宝石学院

图 22 钻石腰棱上的原始晶面

照片：美国宝石学院

图 23 钻石腰棱上的破口或碎裂

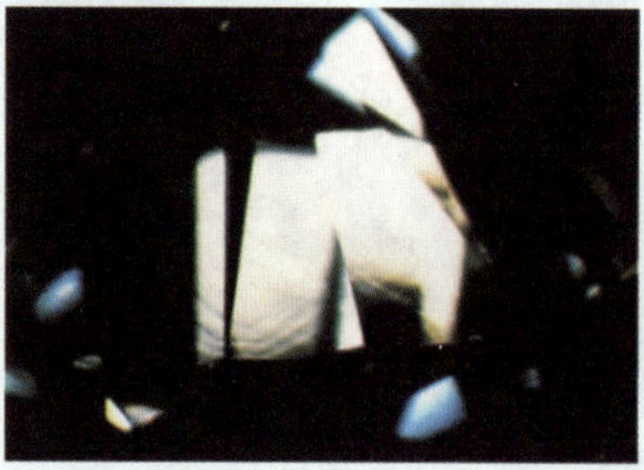

照片：美国宝石学院

图 24 钻石双晶

照片：B. 凯思，美国宝石学院

图 25 台面上的划痕

在放大观察下彩色宝石中可见的一些包裹体

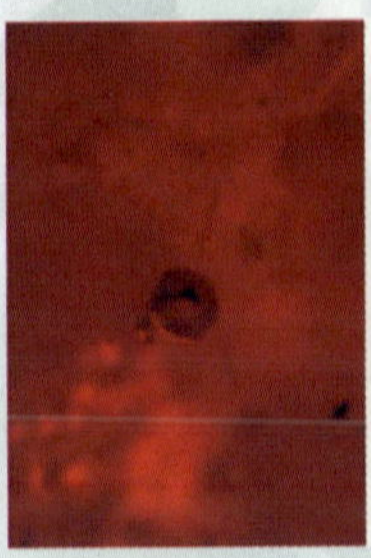
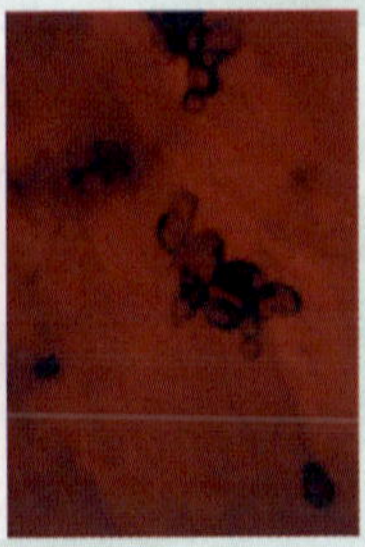

照片：C. R. 比斯利（C. R. Beesley），美国宝石实验室

图 26（上左）：克什米尔红宝石中的特征黄铁矿晶体

图 27（上右）：克什米尔红宝石中的簇状晶体，可能是磷灰石

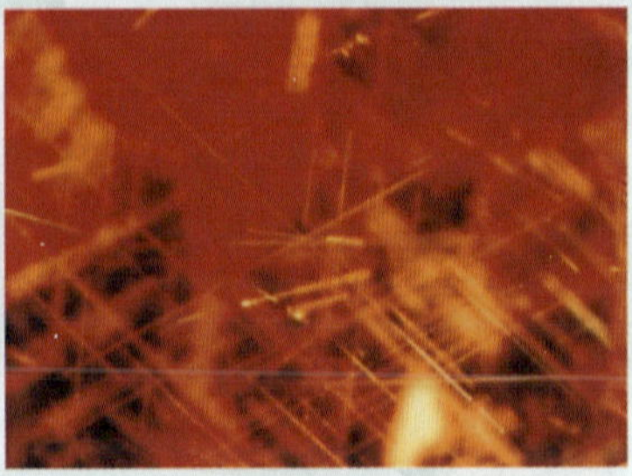

照片：美国宝石学院

图 28 铁铝榴石中的针状包裹体

照片：R. 布西，哥伦比亚宝石学院

图 29 海蓝宝石中的生长管

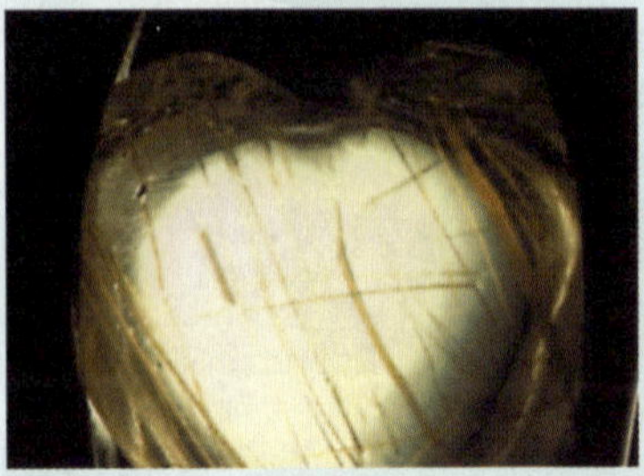

照片：R. 布西，哥伦比亚宝石学院

图 30 水晶中的针状金红石包裹体

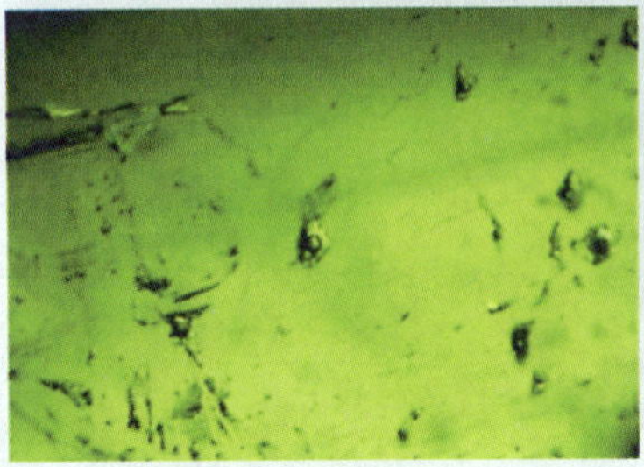

照片：J. 科伊武拉，美国宝石学院

图 31 碧玺中的气液两相包裹体

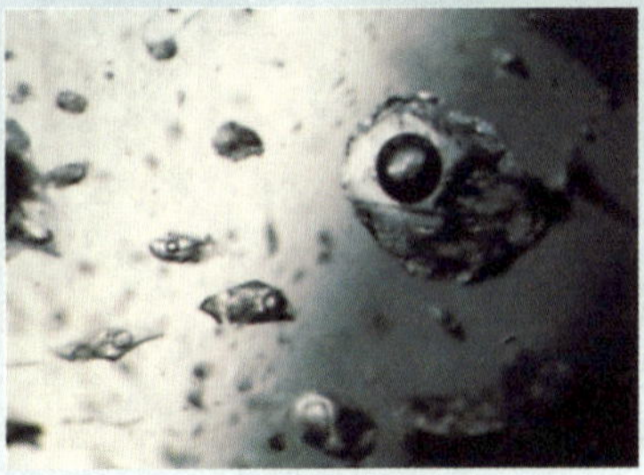

照片：J. 科伊武拉，美国宝石学院

图 32 绿柱石中的三相包裹体

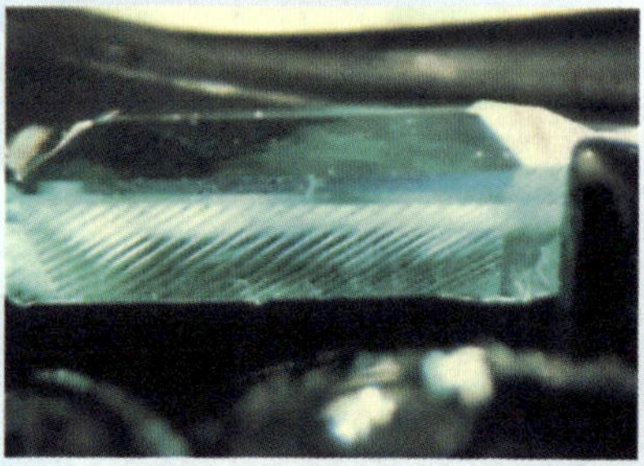

照片：美国宝石学院

图 33 绿色、黄色和褐色锆石中的百叶窗包裹体

照片：美国宝石学院

图 34 铁铝榴石中的指纹状包裹体

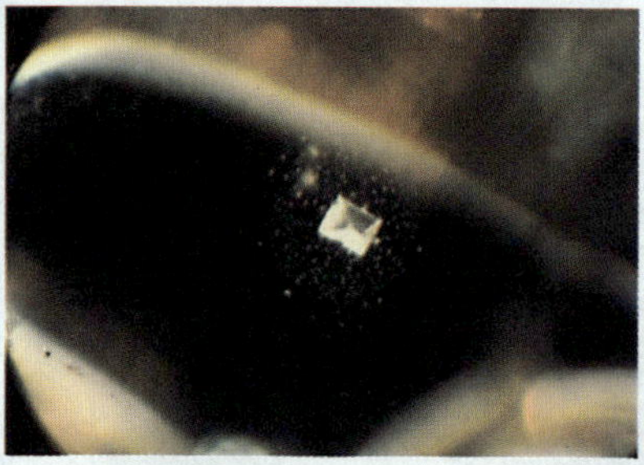

照片：J. 科伊武拉，美国宝石学院

图 35 尖晶石中一个大的和许多小的八面体

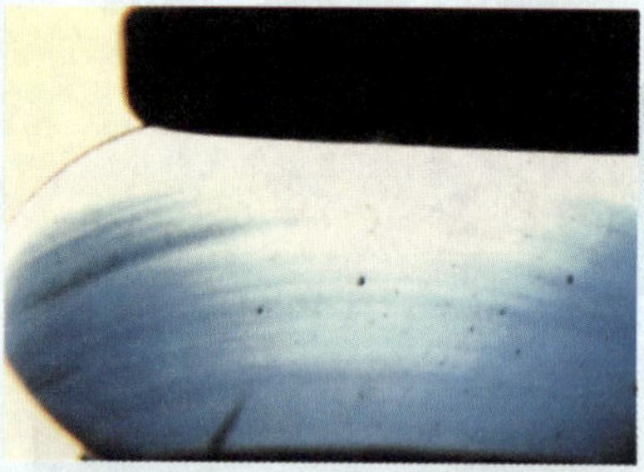

照片：R. 布西，哥伦比亚宝石学院

图 36 合成蓝宝石中的弧形生长纹

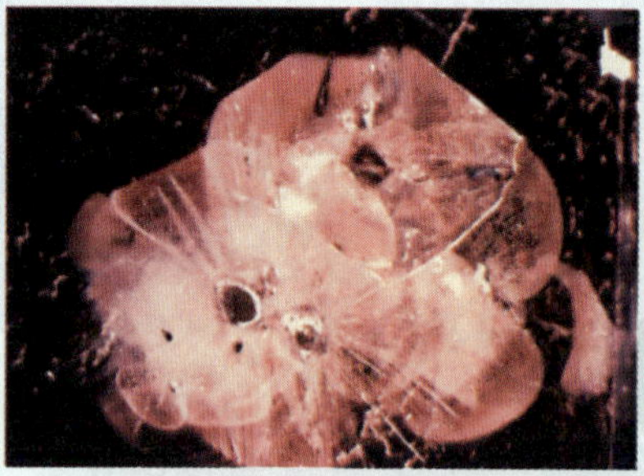

照片：美国宝石学院

图 37 天然泰国红宝石中的光晕

照片：美国宝石学院

图 38 玻璃中的旋涡线

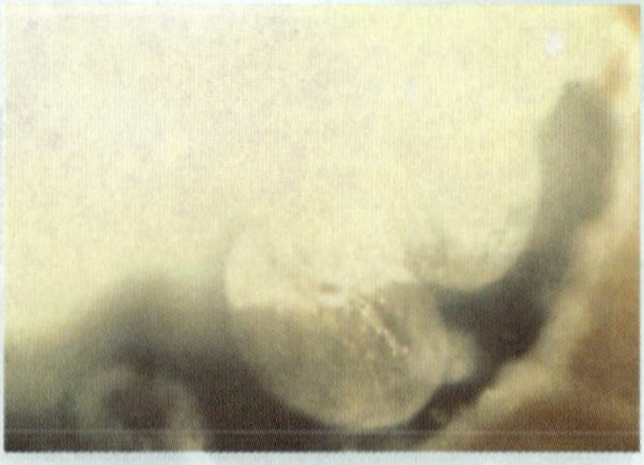

照片：R. 布西，哥伦比亚宝石学院

图 39 橄榄石中可鉴定光晕包裹体，像一朵睡莲

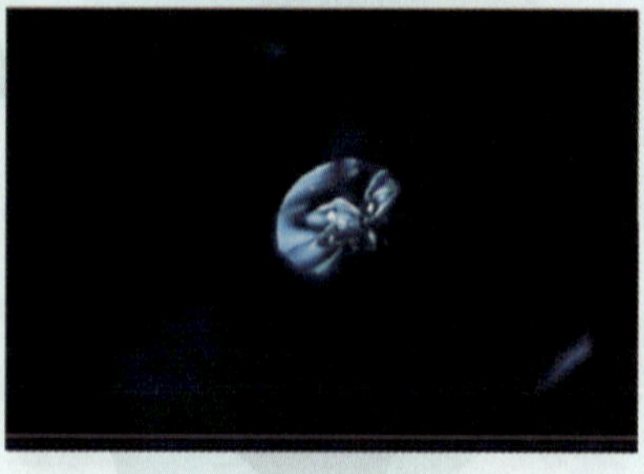

照片：美国宝石实验室

图 40 蓝宝石中的盘状包裹体

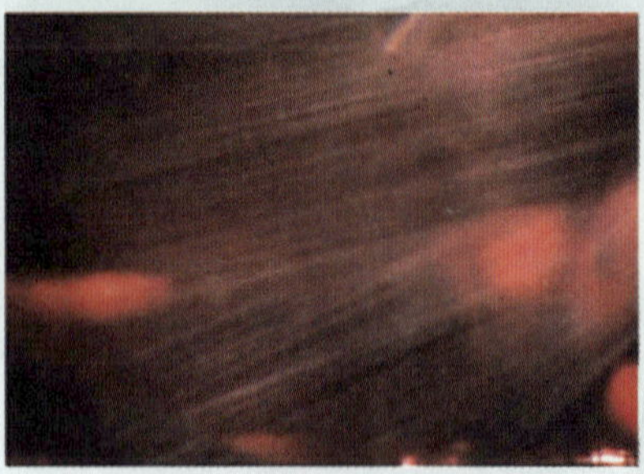

照片：美国宝石学院

图 41 卡尚合成红宝石中可见的雨状包裹体

照片：R. 布西，哥伦比亚宝石学院

图 42 合成红宝石中的拉长气泡

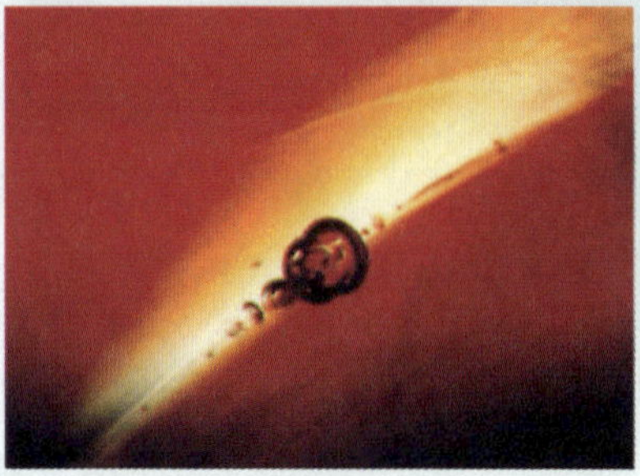

照片：J. 科伊武拉，美国宝石学院

图 43 人造玻璃中的气泡

照片：美国宝石学院

图 44 钇铝榴石中的带尾气泡

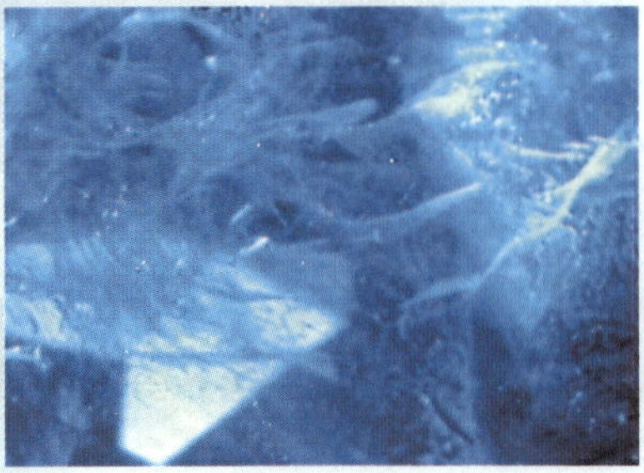

照片：B. 凯思，美国宝石学院

图 45 查塔姆法合成蓝宝石中的助熔剂白色纤维面纱

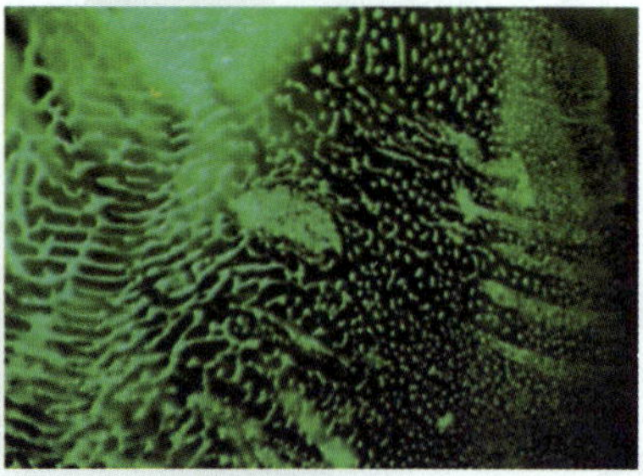

照片：美国宝石学院

图 46 合成祖母绿中的助熔剂指纹

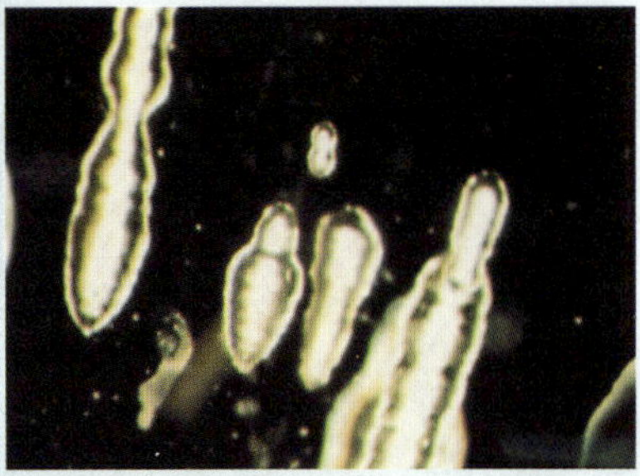

照片：美国宝石学院

图 47 合成尖晶石中的半拉长气泡

照片：美国宝石学院

图 48 紫晶中的颜色分区

照片：R. 布西，哥伦比亚宝石学院

图 49 蓝宝石中的色带

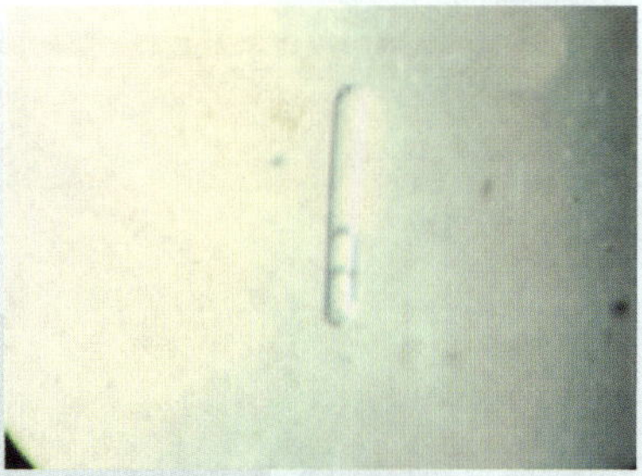

照片：R. 布西，哥伦比亚宝石学院

图 50 绿柱石中的两相包裹体

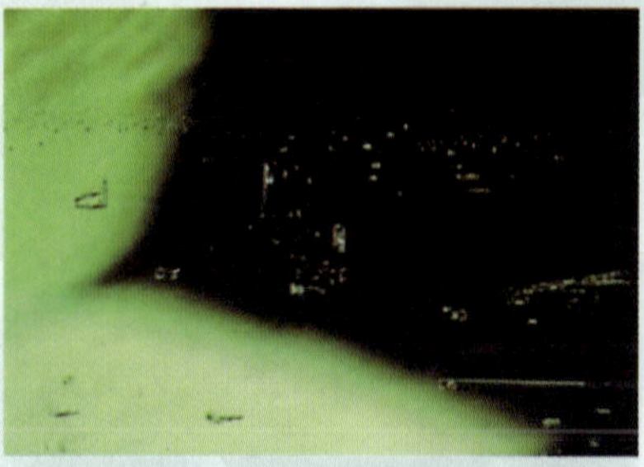

照片：D. 贾菲，美国宝石实验室

图 51 祖母绿中的两相包裹体

照片：J. 科伊武拉，美国宝石学院

图 52 金绿宝石中的指纹状包裹体（60×）

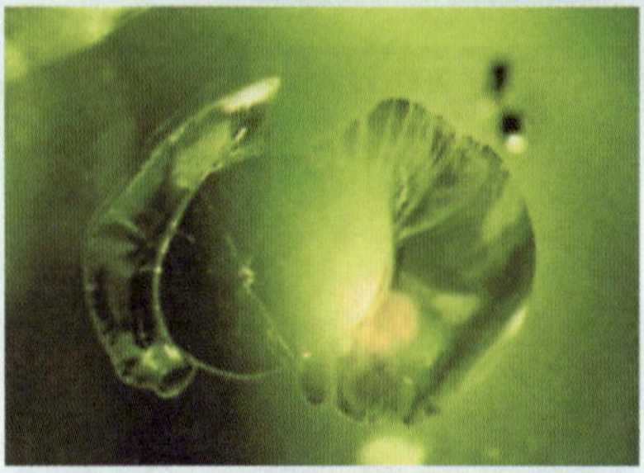

照片：J. 科伊武拉，美国宝石学院

图 53 橄榄石中的睡莲状光晕，中心为负晶（45×）

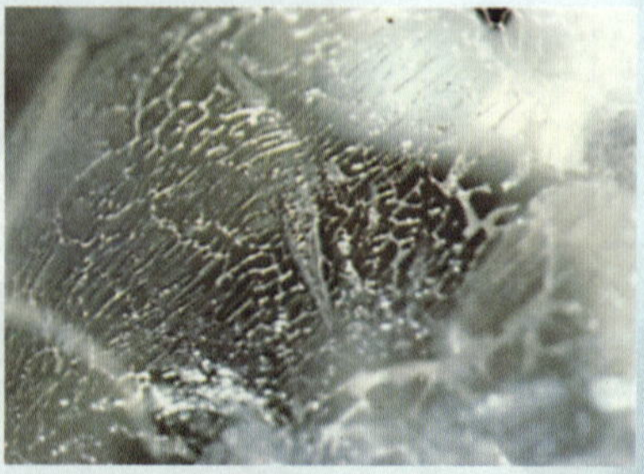

照片：美国宝石学院

图 54 蓝宝石中的愈合裂隙或液体充填裂隙

照片：J. 科伊武拉，美国宝石学院

图 55 祖母绿中阳起石板条状晶体

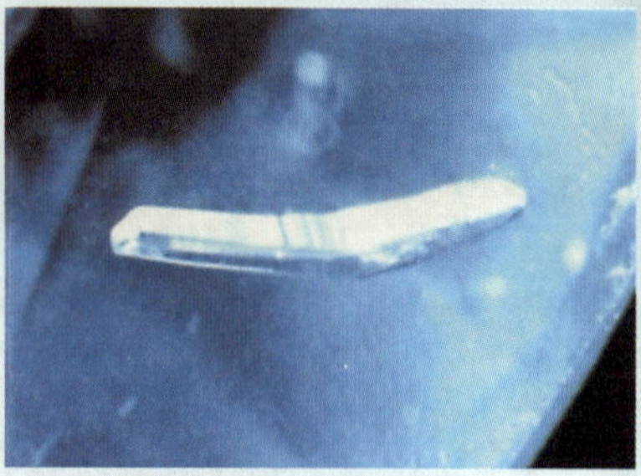

照片：J. 科伊武拉，美国宝石学院

图 56 蓝宝石中的罕见负晶

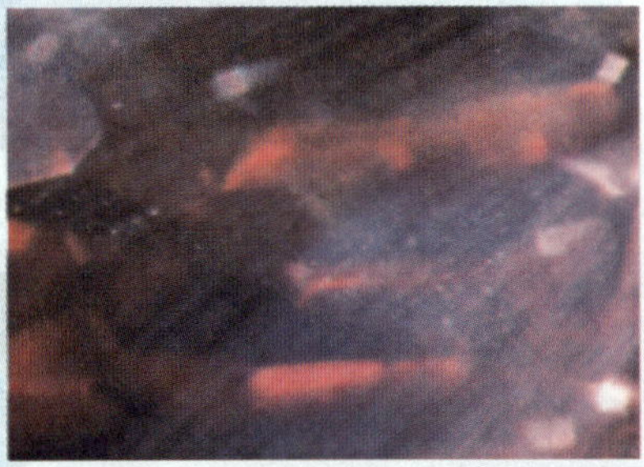

照片：J. 科伊武拉，美国宝石学院

图 57 卡尚合成红宝石中的雨状包裹体

照片：J. 科伊武拉，美国宝石学院

图 58 天然蓝宝石中丝状金红石包裹体。60 度交角

照片：R. 布西，哥伦比亚宝石学院

图 59 祖母绿中的黄铁矿固态包裹体

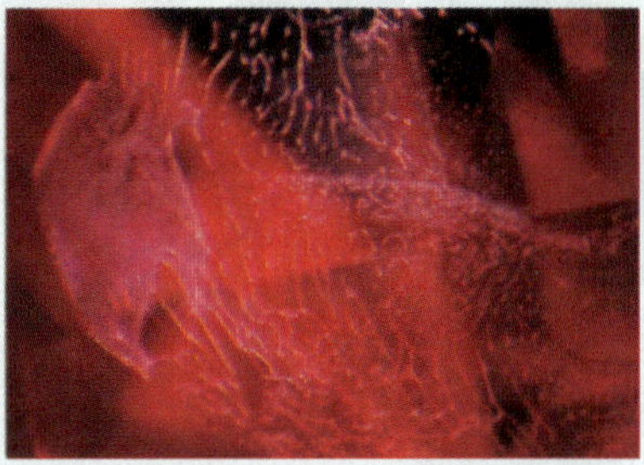

照片：美国宝石学院

图 60 查塔姆法合成红宝石中的助熔剂指纹状包裹体

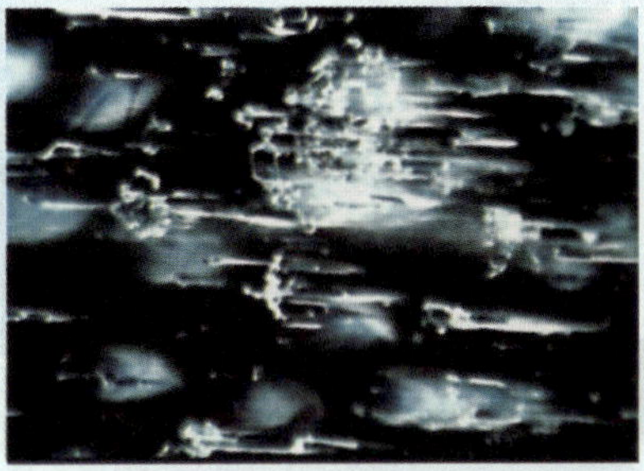

照片：美国宝石学院

图 61 林德法合成祖母绿中的钉头状包裹体

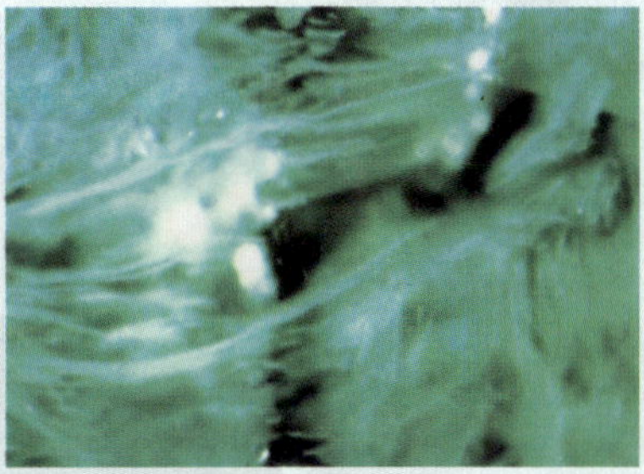

照片：美国宝石学院

图 62 助熔剂法合成祖母绿中的脉状纹理

照片：R. 布西，哥伦比亚宝石学院

图 63　天然哥伦比亚祖母绿中的三相包裹体

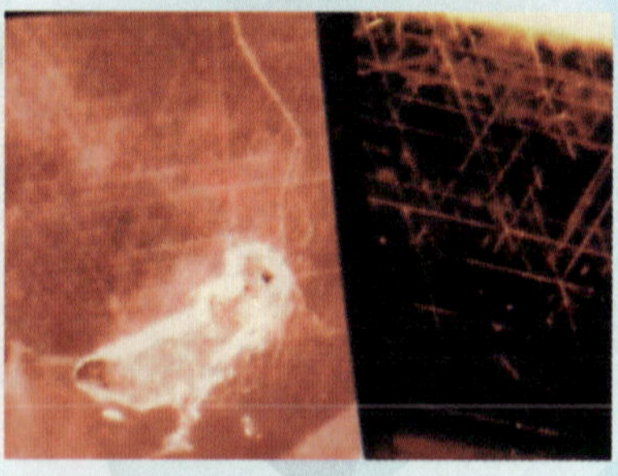

照片：美国宝石学院

图 64　两颗天然红宝石中的针状包裹体

照片：罗伯特 . 韦尔登（R. Weldon），美国宝石学院

图 65　钻石中的红色石榴石晶体

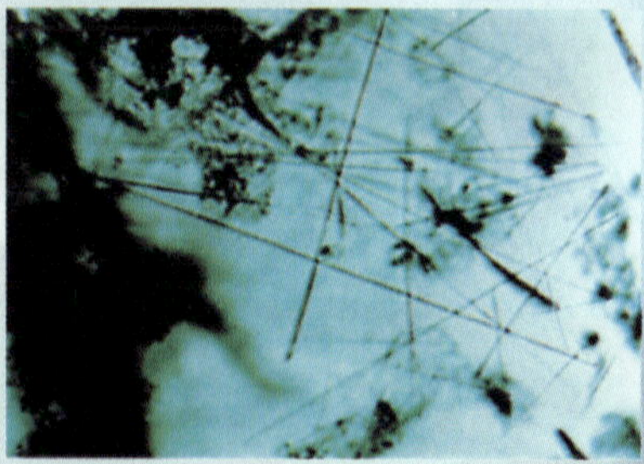

照片：美国宝石学院

图 66　桑德瓦纳祖母绿中的透闪石

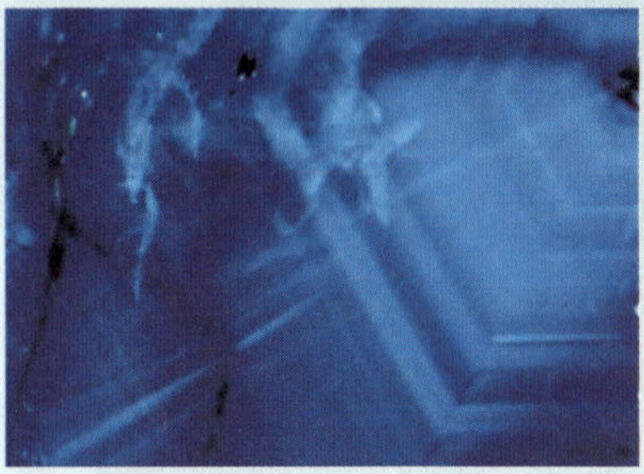

照片：B. 凯恩，美国宝石学院

图 67　蓝宝石中的色带

照片：J. 科伊武拉，美国宝石学院

图 68　粉色蓝宝石中的流体包裹体

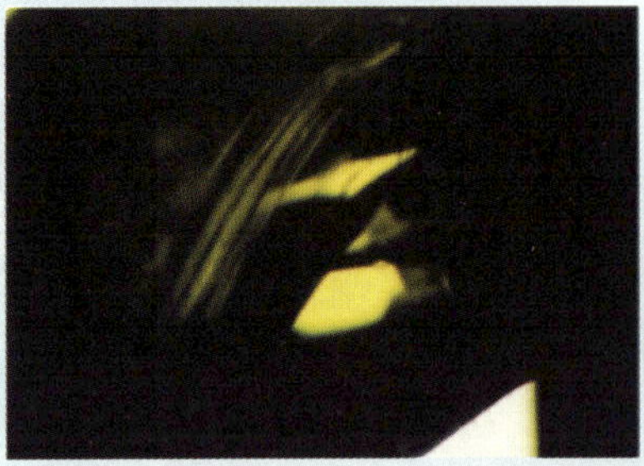

照片：R. 布西，哥伦比亚宝石学院

图 69 翠榴石（钙铁榴石）中的石棉。典型的马尾状

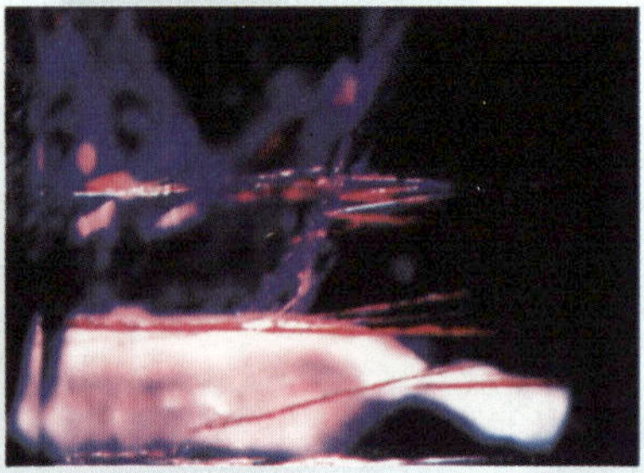

照片：美国宝石学院

图 70 紫晶中的蛇形包裹体

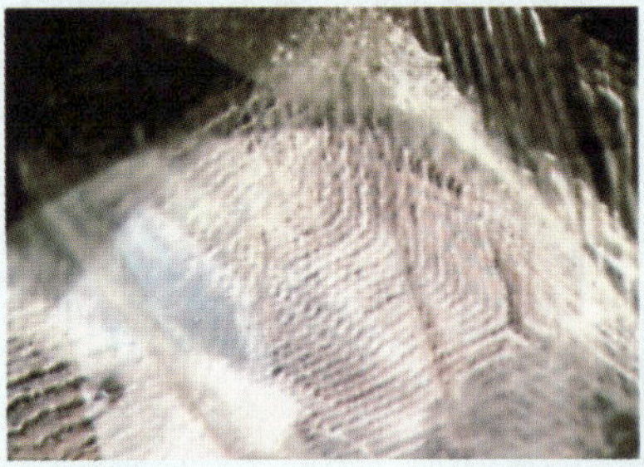

照片：R. 布西，哥伦比亚宝石学院

图 71 紫晶中由显微双晶导致的“斑马线”

照片：D. 哈格特（D. Hargett），美国宝石学院

图 72 合成紫晶中类似面包屑的细粒

照片：J. 科伊武拉，美国宝石学院

图 73 祖母绿中的云母

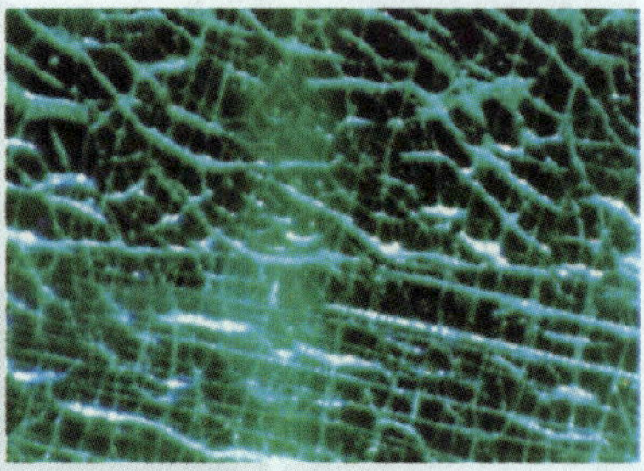

照片：J. 科伊武拉，美国宝石学院

图 74 绿柱石镀膜莱切雷特(Lechleitner) 合成祖母绿表面可见的龟裂纹

照片：DR. H. A. 汉尼（DR. H. A. Hanni），瑞士宝石学研究所（SSEF）

图 75 在紫外灯下检测时，充填祖母绿裂隙中的充填物发荧光，显示充填的程度——仅见一个小的裂隙

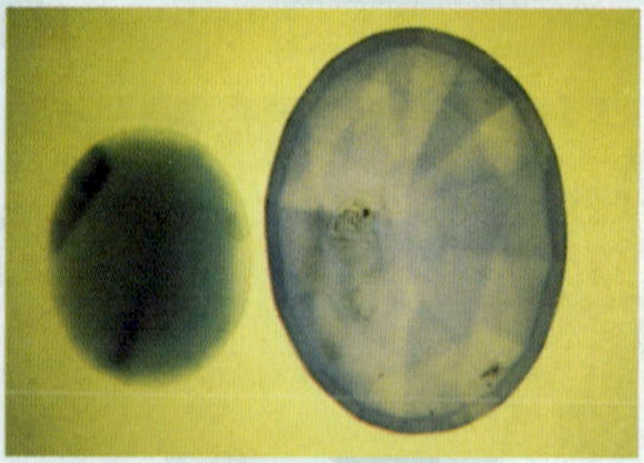

照片：C. R. 比斯利，美国宝石实验

图 76（左）：天然蓝宝石显示典型的颜色分区。

图 77（右）：扩散蓝宝石中变暗的腰棱边缘和刻面结合处形成了“网状”效应

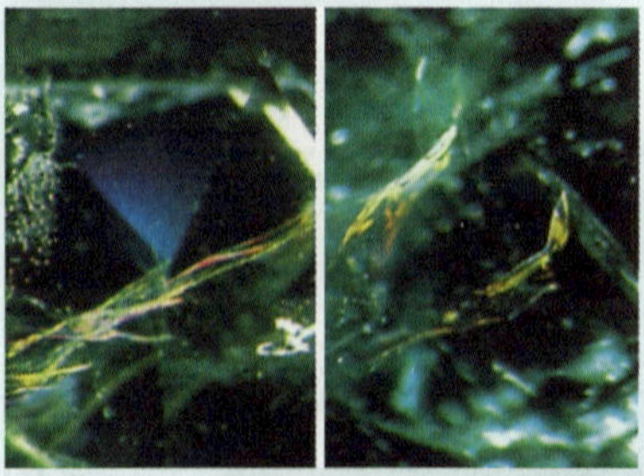

照片：DR. H. A. 汉尼，瑞士宝石学研究

图 78 环氧树脂充填祖母绿中的橙黄色闪光，蓝色树脂也表明含有环氧树脂

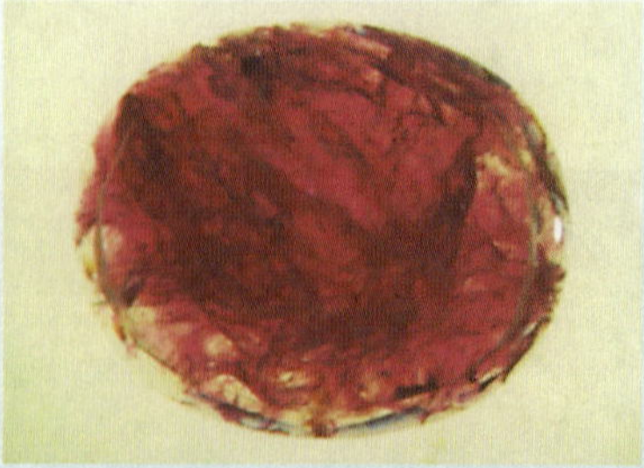

照片：DR. H. A. 汉尼，瑞士宝石学研究所

图 79 人工染红色的刚玉

照片：DR. H. A. 汉尼，瑞士宝石学研究所

图 80 玻璃碎屑充填红宝石。注意玻璃与刚玉的表面光泽不同

照片：DR. H. A. 汉尼，瑞士宝石学研究所

图 81 裂隙充填红宝石。注意到达表面的玻璃光泽不同，另外，玻璃充填物中的管状通道也可见

照片：DR. H. A. 汉尼，瑞士宝石学研究所

图 82 热处理与玻璃充填红宝石在其玻璃态充填物中出现的放射状白色晶体群

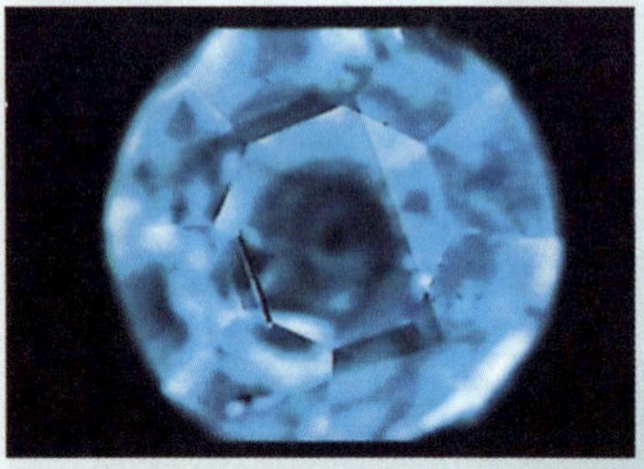

照片：K. 斯卡拉特（K. Scarratt），亚洲宝石学院

图 83 合成钻石中典型的荧光独特图案

目录 CONTENTS

第三部分　必备仪器——详细介绍及使用方法

第四部分　可选仪器——适用场合及使用方法

第五部分　古董珠宝首饰与祖传珠宝首饰

附录

专业图表

宝石属性汇总表

致 谢

书中出现的所有图表都是为这本书专门设计和使用的，但是，在某些情况下，其他出版物中的图表确实给我们提供了一定的灵感和参考。感谢以下机构及个人提供图片和数据资料，以及其他宝贵的贡献：

注册珠宝鉴定师协会（AGA）

美国宝石协会（AGS）

美国宝石贸易协会（AGTA）

美国宝石实验室（AGL）

美国评估师协会（ASA）

亚洲宝石学院（AIGS）

艾克霍斯特公司（Eickhorst & Company）
英国宝石协会（Gem-A）
美国宝石学院（GIA）
比利时钻石高阶层议会（HRD）
卡索伊宝石学设备和珠宝工具公司（Kassoy）
欧文产品有限公司（Orwin Product Ltd.[OPL]）
明治科技美国（Meiji Techno America）
《国家珠宝》（*National Jeweler*）杂志
瑞士宝石学研究所（SSEF）
罗伯特·韦尔登（Robert Weldon）

特别感谢：

英国宝石协会的威廉·普利克洛斯（William Pluckrose）和艾瑞克·布鲁顿（Eric Bruton），感谢他们对我们工作的大力支持与鼓励。

已故的技术开发总经理罗伯特·卡米令（Robert Kammerling）、美国宝石学院首席资料管理员唐娜·德拉姆（Dona Dirlam）、哥伦比亚宝石学院的罗杰·布西（Rodger Bucy）、美国宝石实验室的 C.R. 比斯利（C.R.Beesley）和以利沙·摩根（Elisha Morgan）为本书提供了特别图片援助。

凯瑟琳·博南诺 – 帕特里奇（Kathryn Bonanno-Patrizzi）、肯尼斯·E. 博南诺（Kenneth E. Bonanno）、凯伦·福特·德哈

斯（Karen Ford Dehaas）为本书提供了技术方面的支持。

史提夫·莱斯曼（Steve Liesman）和露丝玛丽·韦乐·米尔斯（Rosemary Wellner Mills）在编辑方面的大力协助。

莫妮卡·威尔逊（Monica Wilson）不懈的努力和超强的组织能力，以及塞思·C.马特林斯（Seth C. Matlins）的营销才能使这本书得以成形。

美国宝石实验室的C.R.比斯利和克里斯托弗·史密斯（Christopher Smith）为新型彩色宝石——特别是环氧树脂充填处理祖母绿，裂隙充填红宝石，以及表面镀膜坦桑石和蓝宝石——处理的检测提供了信息；与我们分享了由宝石之心（GemCore）在克什米尔红宝石矿床实地考察所得研究成果和识别特征。特别感谢他们多年来给予的大力支持和鼓励。

美国宝石贸易协会的肯尼斯·斯卡拉特（Kenneth Scarratt）、比利时钻石高阶层议会的马克·范·博克斯特勒（Mark Van Bockstael）、瑞士宝石学研究所的H.汉尼（H.Hänni）教授和简·皮埃尔·莎兰（Jean Pierre Challain）为我们提供了有关合成钻石、环氧树脂充填处理祖母绿、裂隙充填红宝石、扩散处理刚玉和高温高压处理钻石的信息和图片。贝拉泰尔有限公司的查尔斯·迈耶（Charles Meyer）无私地分享了关于高温高压工艺和贝拉泰尔生产钻石的知识。

纽约耶胡达钻石有限公司的罗恩·耶胡达（Ron Yehuda）提供了有关裂隙充填钻石诊断的信息和图片。

第五版前言

《宝石鉴定》最初是应参加我们珠宝鉴定研讨会的学员要求而得以出版的。后来，我们渐渐发现，参加研讨会的学员更愿意学习一些具体技能，方便在跳蚤市场淘宝或是在市场中甄别越来越多的仿制品、合成品和经处理的宝石，而不是成为“宝石专家”。他们更需要简单实用的信息和价格低廉、便携式的宝石鉴定工具。由此，《宝石鉴定》应运而生。

本书以前的版本侧重于满足收藏家、鉴赏家和各行业的珠宝爱好者——不论是否具有宝石学或相关的科学背景——的需求，以及宝石零售商、珠宝设计师、珠宝商和钻石宝石交易商的需求。有经验的宝石学家认识到简单的宝石检测方法有助于节约时间。更重要的是，他们一直以来主要依赖的实验室鉴定工具对日常实践或者主要宝石贸易展览帮助甚微，也认识到传统的宝石学课程很少针对有经验的宝石学家常用的简单便携、价格低廉的工具提供相应的信息与技术指导。

1989年第一版出版后,《宝石鉴定》入围美国书商协会的“本杰明·富兰克林年度最佳入门书籍奖”。这一奖项给了我和合著者安东尼奥·C.博南诺美妙的满足感，让我们觉得，写作过程中做出的所有努力都是值得的。但我们也知道，这本书的价值是要你们（我们的读者）来判断的。这本书是否实现了它的初衷：简化珠宝鉴定这一主题，并提供切实可行的方法来帮助你获得技能以此来慧眼识珠,或避免为“打眼”付出昂贵的代价？对我们来说，你的来信和反馈是判断这本书是否成功的最重要的衡量标准，因此，我们真的很感激收到的那么多精彩的来信，以及那些我们有幸与你们进行的交谈。

就在本书第三版出版前夕，我的父亲去世了，但是我知道今后本书的每一个新的版本都会践行他的观点：各行业的人都可以在宝石鉴定这个领域获得成功——特别是那些认为宝石鉴定领域太过遥不可及，需要花费很多时间，或需要的检测工具太过昂贵的人。我的父亲一直致力于让大众能够接触宝石鉴定这一领域，这一点让他体会到了很大的个人满足感，现在的我也体会到了这种感觉。今天，高科技宝石检测仪器设备越来越受到人们的重视，人们也越来越多地依赖于专业的宝石鉴定实验室，在这种情况下，普及宝石学变得比以往更加重要。这本书将继续致力于展示基础而实用的宝石学——即使是在高科技宝石检测的世界里的重要价值。

在这个版本中，要特别说明的一点是本次介绍了一种新型复合材质的宝石仿制品。这种宝石仿制品是在本书第四版出版后才进入珠宝市场的，被误认为是高品质的红宝石和蓝宝石。这种新型的复合材质仿制品（经铅玻璃充填劣质宝石产生），甚至蒙蔽了一些宝石学家和宝石鉴定师。

这种仿制品甚至在诚实的零售商那里也会被误认，人们对这种仿制品观点不一，混乱达到了前所未有的程度。鉴于这种仿制品给所有红、蓝宝石爱好者带来的威胁，本书将特别关注这种仿制品。我们增加了一个全新的章节，专门介绍这种仿制品与经处理的红宝石和蓝宝石的区别（见第五部分第18章）。

《宝石鉴定》（第五版）贯彻我们一贯的理念和方法——简单易懂、经济实用和趣味性，任何人都可以识别大部分宝石。我们在更早版本中推荐的宝石鉴定仪器和基本技术，以及这些版本所涵盖的大部分信息，到今天都很准确而可靠。除关注铅玻璃充填刚玉类宝石的仿制品外，这个版本还包括如下方面的信息：

· 介绍几种新的易于使用的便携式仪器——可以用来鉴定新型经处理的宝石、合成宝石和相似宝石，以及这些便携式仪器的使用方法。

· 高温高压法处理钻石——高温高压具体参数，以及简单的筛查方法。

·钴镀膜产生的“蓝色”蓝宝石和坦桑石，表面镀膜的“彩色”和“无色”钻石，以及其他许多表面镀膜的宝石品种——此类宝石介绍及鉴别方法。

·坦桑石仿制品充斥珠宝市场——如何采用简单快速的方法识别它们。

·诸如合成钻石之类合成宝石的简单、经济鉴定技术。

……

宝石学界近年来的趋势是逐渐放弃简单易操作的工具，而转向使用日渐复杂、昂贵的实验室设备。在科技进步的浪潮中，简单技术和它们在宝石鉴定中的应用已被忽视，甚至被遗忘。如今，人们完全依赖于高度精密的仪器和培训。然而，在现实世界的购买和销售中，这些方法并不切合实际。我们中的大多数人，甚至宝石专家，无法随时获得功能完备的实验室的帮助，也没有时间让每一颗宝石或每一件首饰都接受精密测试。对于并非“宝石学家”的大多数人来说，既没有充足的时间，又得不到经济资助成为“宝石专家”。1989 年撰写《宝石鉴定》第一版时的目的之一，就是让人们意识到简单技术的价值和可靠性。事实上，在许多情况下，这些简单技术才是人们真正需要的。今天，距离第一版已经过去很多年了，这一点比以往任何时候都更为迫切。

一如既往，我们关注的重点还是简单技术，这些技术易于掌握，即使是在远离实验室的情况下也可以使用。这就是我们把这本书命名为《宝石鉴定》的原因，我们认为这一书名最能体现书中所提供的一切。随着时光的流逝，会有越来越多的经处理宝石和新型仿制品流入市场，我将会继续致力于探寻有效、可靠、方便和高效的技术。

将宝石科学过度简单化不论是在过去还是在现在都不是我们的初衷。正如我们在这本书中反复提到的，有一些新的合成宝石和经处理宝石，只有通过非常精确复杂的设备和培训才能得以检测；我们也强调寻求专业宝石学家或宝石检测实验室服务的重要性。我们赞赏在世界范围内宝石检测实验室和专业研究机构所做的努力，这些机构包括美国宝石实验室、美国宝石学院、比利时钻石高阶层议会、瑞士宝石学研究所、泰国宝石学院（GIT）和英国宝石协会等。我们当然认识到大范围的宝石学培训的重要性和昂贵的精密设备的价值，并特别荣幸听到读者告诉我们这本书帮助他们迈出“第一步”，以及他们在主要研究机构中参加的宝石学课程！但我们也认识到简单技术的广泛用途。来自我们的读者和学生的反馈证实了他们对我们所提供的信息的需求，并确认了有效性。

我们认为明确一点很重要，甚至是必须的，即意识到你们并不需要掌握足够的知识从而成为宝石学专家，而是要确保不因许多错误鉴定付出昂贵的代价。在我们看来，整个宝石领域的魅力在于人们越来越清楚地意识到所要做的事情。我们认为，能够在一定程度上掌握宝石鉴定对于每一个喜欢宝石和珠宝的人来说都是很重要的。因此，《宝石鉴定》体现了这一理念，并为大家开启了宝石鉴定的大门。

对于那些已经拥有早期版本的读者来说，我希望这个全新的版本可以进一步扩充你的藏书。对于那些刚刚进入这个绚丽多彩领域的读者，我希望《宝石鉴定》第五版，会让您有很多新奇的发现，并在今后珠宝首饰的购买中增强自信心和鉴赏力。

安托瓦内特·马特林斯

导言

宝石学从一门艺术到科学的伟大转折至今不超过50年的历史。几十年前，如显微镜、折射仪等“外来”工具还不为珠宝商所知，在首饰店也鲜有用到。商人们判断珠宝的种类或质量主要依赖于销售人员和珠宝供应商的描述。这些商人对一些常见的特征，比如宝石种类（专指某一种类的矿产）和个体差异（同一宝石种类不同的颜色和类型）是不了解的。一小部分宝石鉴定和质量分级是基于一些个人的、原始的调查，还有一些是基于迷信，另外许多是基于古老的习俗和信仰。

像任何领域中的所有新概念一样，宝石学作为一门科学，其立足是一个缓慢而艰难的过程。在古代，今天我们佩戴的宝石，如坦桑石和沙弗莱石是不为人所知的。即使人们知道这些宝石，坦桑石也有可能被称为蓝宝石、沙弗莱石或祖母绿。那时人们一般认为，如果一颗宝石是蓝色的，那就是蓝宝石；如果它是红色的，那就是红宝石；如果是绿色的，那就是祖母绿等。那时用于鉴定宝石的主要标准是硬度和颜色。由于硬度测试是一个“破坏性的”测试（留在宝石表面的划痕肯定会破坏它的美丽），颜色几乎成为当时宝石鉴定的唯一判断标准。

此外，如果你愿意的话，可以想象一下，在古代饰物、手镯和珠子是如何被人们看待并交易的。那时宝石是仿制品还是珍贵的真品没有什么差异。在古埃及时代，就有青金石仿制品，它和真品一样受到人们的珍视——毕竟那时人们想要拥有一块石头的主要原因是它的颜色。颜色对人的身体和心理都有很深的影响，大部分古代人会基于宝石的颜色，赋予它们一些神奇的魔力和治愈力量。古代商人区分一种宝石和另一种宝石的方法就是颜色，而那些有可能有助于分辨宝石的技术方式会留给炼金术士。

在历史上，甚至是进入 20 世纪以后，只看颜色的宝石鉴定方式导致了不计其数的错误。镶嵌在英国黑王子爱德华皇冠上的红宝石就是一个典型的例子。根据珠宝历史学家提供的信息，这颗宝石进入英国后，于 14 世纪被黑王子爱德华拥有。之后，这颗宝石曾镶嵌在亨利五世的头盔上，伴随他于 1415 年在阿金库尔战役中痛击法国军队，后来的理查德三世也佩戴了这颗宝石。后在清教徒处理皇冠上的宝石时，这颗宝石遗失了。造化弄人，黑王子红宝石被一个珠宝商以区区 15 英镑的价格买走了。

斯图亚特王朝复辟之后，这颗宝石于 1660 年被卖给了查尔斯二世。几个世纪以来，这颗无与伦比的宝石一直被认为是一颗无价的红宝石，直到现代鉴定技术可以准确判断其身份的时候这个错误才得以纠正。人们发现，黑王子爱德华的红宝石事实上根本不是红宝石，而是一颗巨大的、拥有红宝石颜色的美丽的尖晶石。红色的尖晶石是另一种漂亮的红色宝石，它确实是真正的宝石，但绝不是红宝石。鉴于这颗宝石的大小和品相，如果黑王子的红宝石是真正的红宝石，其价值将超乎想象。

无独有偶，这样的故事在今天的古董珠宝店里也时有发生。人们会将自己钟爱的古董珠宝带到珠宝商那里去鉴定或者修理。往往古董珠宝中镶嵌的宝石并不是珠宝主人所认为的某种宝石。不幸的是，当珠宝主人得知宝石是如玻璃、二层石、合成宝石等的仿制品，或者一些完全不同的宝石，珠宝商的鉴定技能和诚信往往会受到质疑，珠宝主人不知该相信谁。毕竟，这样的珠宝不是祖母就是曾祖母传下来的。

诚信问题经常出现，因为珠宝贸易圈或者公众中，很少有人意识到有多种类型仿制品的存在，而且这些仿制品已有几千年的历史，一些合成宝石已经有近 100 年的历史了！ 1885 年，在瑞士日内瓦附近，一些红宝石色的合成刚玉小碎片被熔凝为大块的石头。在 1885 年和 1903 年间，这些“日内瓦红宝石”常常被当作天然红宝石出售。这些石头很有可能镶嵌在珠宝首饰上，进入一些优秀的美国珠宝企业的陈列橱窗。当时，珠宝商对宝石了解很少，主要依靠他们的供应商、批发商、制造商来获取信息。在错误的信息来源下，他们很可能会将这些石头错误地当作天然红宝石销售出去。

那个时代信息缺乏，各种技术对人们而言是新生事物，几乎任何有关检测的意见都被认为是科学的。以下由一位名叫夏路贝尔（Charubel）的人所写，摘自其作品《植物心理学》（发表于 1906 年），是检测真正的红宝石的建议：

> 找一个没有受到任何切割或标记的圆形玻璃高脚水杯，把要检测的宝石放在玻璃水杯底部的中心。然后用清水把杯子填满，让日光落在玻璃上，确保水杯不处于其他外部事物的阴影里，同时避开阳光直射。这时宝石会被放大，而且任何角度的放大效果都是一样的，这样你可以看到用其他方法无法看到的一些典型特征。如果你发现宝石具有石叠层，而且在某个点上有一层薄雾，这时你可以推断它是真正的红宝石。仿制品（玻璃）不具备这些特性，因为仿制品会比真正的红宝石显得更加璀璨夺目，更具玻璃光泽。

在很大程度上，美国宝石学界一直植根于一些原始的宝石学技术，直到 1930 年，一个名叫罗伯特·莫里尔·希普利的有远见的年轻人开始教授和呼吁珠宝贸易中的专业技能，这种情况才得以改变。希普利先生，毕业于地处伦敦的国家金史密斯协会（National Association of Goldsmiths，现在称为英国宝石协会），具备广博的宝石学知识。1931 年，他去了加利福尼亚，成立现在的美国宝石学院。在希普利决定学习检测具有欺骗性的宝石仿制品的方法，了解其与真正的天然宝石的区别后，他成为美国珠宝商的传道者，给宝石界带来了福音。

在过去的50 年中，在宝石学技术迅速发展的同时，宝石合成材质也在不断涌现。有宝石学专家声称，除石榴石和橄榄石以外，所有的宝石都出现了人工合成品并出现在市场上。其中包括青金石、孔雀石、珊瑚和绿松石。还有一些数量有限的“彩”黄色钻石合成品和一些高质量的无色钻石正在被生产出来。

随着合成宝石和宝石处理技术的不断进步，珠宝商和宝石爱好者需要更多更好的实验室设备和培训。研究宝石学的科学家们不断地开发新的检测方法和检测仪器，在减少宝石“打眼”中发挥了重要的作用。

如今，科学、宝石和珠宝密不可分地交织在一起，这让一些人担心不已。这是不是意味着购买、拥有和佩戴宝石和珠宝带来的浪漫情调会逐渐消失呢？几乎不。除科学以外，还有人类对美和装扮自己的深切渴望，对璀璨色彩的爱，以及看到来自钻石的闪耀光芒时激动不已的心情，这些都是人们购买和拥有宝石的真正动机。在每一个热爱和欣赏美丽宝石的人的心中，都有这样的认识，即每一颗宝石都有其独特的神奇魔力，都是独一无二的、珍贵的瑰宝。同时每一颗宝石、每一件珠宝上都有一种特别的美学价值，反映了人们的一种情感诉求，这些都不是单纯用科学可以衡量的。

在新闻调查、媒体探索和行业丑闻的领域中，正是专业的宝石学家和宝石鉴赏家对宝石真实身份孜孜不倦地探索，才确保每一颗宝石都得到正确的描述，这些专家维护和保持了人们对这个令人兴奋的领域的信任。也正是他们的工作最终使得我们如此热爱的珠宝，带给我们的激情和乐趣得以延续！

安娜·M. 米勒（Anna M. Miller）

《宝石与珠宝首饰评估》作者

第一部分

写在前面的话

第 1 章　写在前面的话

今天，了解你的宝石，准确地知道所要购买和销售的珠宝是什么，是必不可少的技能。现在宝石世界发生的重大变化——新的合成宝石的出现，用于增色和掩盖瑕疵的新的处理方法的增多，新的宝石品种的出现，更多宝石可以处理为不同的色调和饱和度——使准确的宝石鉴定对于珠宝买家和卖家来说比以往任何时候都更为重要。

无论你是大型零售连锁店主或小型家族经营企业主，对于因个人兴趣收集或购买宝石的人来说，相关知识的缺乏可能会让你付出昂贵的代价。这样的代价可能是一次失败的购买经历，声誉遭到损害，也可能让你错过宝贵的机会。

最近，在我的课堂上，一个学生了解到错误的宝石鉴定会带来怎样残酷的后果。作为一个狂热的珠宝爱好者，她了解到在一家酒店即将举行一场珠宝拍卖会——根据宣传材料，许多珠宝拍品都是被“执法官员检获的”。她热切地渴望见到这些拍品，希望能以非常便宜的价格买到一些珍宝。

在拍卖会上她发现了一颗非常漂亮的红宝石和一条钻石项链，上边镶嵌着一颗巨大的，色彩、亮度独特的椭圆形红宝石，周围镶嵌着无数的钻石。这条项链附带一份由洛杉矶一家听起来似乎合法的公司提供的“实验鉴定报告”和“评估报告”，这家公司拥有看起来很专业的网站。这应该是第一个问题。人们一般会质疑这种“附随文件”，即一个“实验室”颁发的鉴定证书和评估报告。GIA 会提供实验室鉴定报告，但从来不提供任何的“评估报告”。在这样的场合购买珠宝时，这些带有误导倾向的报告——通常是由销售者出资出具的——经常被用来提升珠宝价值。

这件首饰的评估报告认定其主石是真正的红宝石，并注明该红宝石“经过处理”，评估报告给出的评估零售价为 22100 美元。这位学生认为这颗宝石真的很美，并不在乎它是“经过处理”的——她知道现在出售的大多数红宝石都是“经过处理”的——她打算出价购买。当她成功地以总价大约 10000 美元（包含需支付的买家佣金，买受人按拍卖成交价的一定比例向拍卖行支付的拍卖佣金，以及当地的销售税）拍得这件首饰时，她感到非常激动。

然后，她把拍得的首饰带到一家珠宝店，她是这家店的老顾客，希望这家店可以对这件首饰进行独立评估。当这件首饰被评估为市值 25000 美元时，她简直开心极了！一切都很好……直到一年后，当她在佛蒙特州伍德斯托克参加一个由我主讲的为期 3 天的年度课程时……她才发现真正拥有的是什么东西！

我们课程中的一项内容就是讲授一种充斥市场的新型红宝石仿制品，这种仿制品被误传为真正的红宝石，价格飞涨。这种红宝石仿制品事实上就是一种合成物——两种截然不同的物质的混合物：这两种物质是染色铅玻璃和低品质刚玉（即我们所知道的叫作“红宝石”的矿物，而宝石是这种矿物中透明的、颜色为红色的品种，它是非常稀少的）。

由于低品质刚玉的存在和铅玻璃的使用，使得这种仿制品在某些宝石学家检测中表现出“红宝石”的特质，表面的测试有可能将非红宝石的石头认定为红宝石。但是铅玻璃的存在，也导致了一些不可能发生在红宝石上的问题。红宝石是非常结实耐磨的，而这种仿制品完全不同于红宝石，非常脆弱，在日常佩戴过程中就可能会磨损。更糟糕的是，它对宝石工匠来说简直就是噩梦。这些工匠经常做首饰，调整首饰大小，修复宝石或重新镶嵌宝石。当他们遇到这种仿制品时，这些常规操作都会很快速，并且无可挽回地损坏这些所谓的“红宝石”，从而导致无辜的珠宝商被指控破坏客户的宝石，事实上错误并不在珠宝商而是在石头本身，因为它根本不是真正的红宝石。而事实上这些常规操作用在真正的红宝石上已经有几个世纪的时间了！

现在，我们回到这个学生的故事中。在课堂上，我们将几颗铅玻璃充填的红宝石传给大家观看，其中一颗小的被放在一杯刚刚挤出的新鲜柠檬汁中。在场的每个人都认为将这些看起来漂亮极了的铅玻璃充填物与真正的红宝石区分开来，真不是一件容易的事情，这些充填的铅玻璃比玻璃或其他类型的红宝石仿制品看起来更像红宝石。学生们突然担心自己是否曾经也犯过混淆的错误。幸运的是，当他们了解了该去寻找什么的时候（见第五部分第 18 章），他们很容易找出了这种铅玻璃复合物，并且每个人都很快地掌握了这种鉴定技术。

经过了一段时间，我取出那颗已经放在柠檬汁中的“红宝石”，每个人都大吃一惊，他们看到白色蚀刻线贯穿整颗宝石……要知道这颗“红宝石”放在柠檬汁中只有大约5小时的时间！诸如柠檬汁这样的酸性物质在与这种仿制品表面接触时，就足以蚀刻铅玻璃。

这个时候，很显然那个购买了红宝石的学生变得非常不安。她解释说，她带来了那件红宝石首饰，而且在学习了如何鉴定这种仿制品的技术后，她热切地想要检验一下自己的红宝石。但是当她在红宝石上看到了与这些仿制品相同的迹象时，她感到非常困惑。她认为这是不可能的，因为评估师已经确认这是真正的红宝石，而且它的市值要远远高于支付的价格。但是当她看到之前那颗小“红宝石”放在柠檬汁这样并不具有多大威力的液体中就发生了大的变化，她真的很担心，还问我自己是不是看错了。不幸的是，她没有看错！她确实看到了，而且我还告诉她这不是真正的红宝石会产生的迹象。

当然，这对她来说是非常痛苦的。为此，她立即着手设法确定这件购买品的真伪，她当然期待着评估师的鉴定是可靠的。但要做到可靠，宝石鉴定师必须了解珠宝市场中的最新商品信息，而这个鉴定师并没有做到这一点。更为糟糕且让人难以置信的是他竟然寄回一封信，根据信中所说他“认为该公司出售给她这件拍品的价格是合理的，这个价格也是由卖方确认的，而且他给出的重置价格是基于（她的）购买价格”，这样的“评估”真是太常见了。

本来她还有时间去做些挽救，但是鉴定师不负责任的行为剥夺了她的法律追索权。她当时是用信用卡支付的，而且那个拍卖会延续了好几天，当时如果已确认这块石头的品质，她还有可能具有法律追索权，或通过信用卡公司追索。但是当她在我的课上发现了真正购买的是什么东西时，已经是一年之后了，这时她已经什么都做不了了。

这是一个悲伤的故事，不仅仅证明了这个学生被无良卖家所利用，也强调了知晓从宝石鉴定师那里应该得到什么样的证书是多么重要，或是在确定你所拥有的到底是什么东西，以及想要掌握我们的宝石鉴定技能时，知晓求助什么样的宝石学家是多么重要。为确保找到称职、值得信赖的鉴定机构和宝石专家，请参考本书附录中所列的国际宝石检测实验室及宝石专家名录。

我的学生没有找到珍宝。但在寻求珍宝的路程中，她并不是独行者，他们都渴望找到其他人没有发现的瑰宝。我们每个人都渴望有这样的发现，我们确实有可能会的。因为还有这样的宝藏在某个地方，等待被发现。能否有这样的发现关键在于我们在看到它时，是否具备认出它的能力。这样的事情也会像发生在其他人身上一样轻易地发生在你的身上。

几年前，父亲以前的一个学生为了消磨时间走进中西部一家当铺。在那里，她发现了一枚美丽的戒指，看起来上面镶嵌着钻石和祖母绿。当铺老板告诉她，上面的钻石具有极好的品质，她经过检查也证实了这一点。这枚戒指设计精美，做工出色。然而绿色宝石的品质却成了问题。它是一颗祖母绿，还是其他一些相对便宜的绿色宝石呢？还有一个问题，如果检测证实它是祖母绿，那么它是天然的还是合成的呢？

她运用所学知识，使用三件便携式宝石鉴定仪器检测了这颗宝石，最后得出的结论是，这颗宝石确实是祖母绿。唯一剩下的问题是，它是天然的还是合成的。当铺老板的开价是 500 美元，这表明当铺老板认为这颗宝石是合成的。

然而当她用手持放大镜观察这颗宝石时，她认为自己看到了一个能证明这颗宝石是天然的特征——内含物。虽然当时她没有携带必要的设备可以清楚准确地观察到内含物，但她还是决定买下这枚戒指，因为她非常喜欢这枚戒指，即使祖母绿是合成的，这个价格也是合理的。但她几乎不能抑制自己的兴奋。她真的认为自己可能买到了一颗高品质的真正的天然祖母绿。她一回到华盛顿，就将这枚戒指拿到我们的实验室进行鉴定。经鉴定，这枚戒指上确实镶嵌着一颗高品质的真正的天然祖母绿，当时价值近 50000 美元！

不幸的是，很少有人具备宝石鉴定知识，可以清楚地知道自己得到的究竟是什么，还有许多人在当铺、拍卖行、跳蚤市场和私人那里“打眼”，经历了失败的购买。但对于具备相关知识的人而言，这些地方有可能蕴藏着巨大的商机。

要避免付出高昂的代价，并发现巨大商机的关键是必须知道要寻找什么，以及要留心什么。

在今天的宝石市场中，人们不得不面对比以往任何时候都要多的宝石材质。不仅有老式合成宝石（这些辨认起来相对容易），还有一些由现代复杂技术催生的新型合成品（要区分这类合成品与天然宝石是非常困难的）。

大自然还创造了一些看起来非常相似的宝石，这些看起来很像的宝石比比皆是，这进一步增加了宝石鉴定的困难——例如坦桑石看起来很像蓝宝石，沙弗莱石（石榴石的一个绿色品种）看起来会像祖母绿，红尖晶石可以很像红宝石，等等。

不管你列举哪种颜色的宝石，都至少会有三种不同的宝石呈现出这种颜色。还有许多新型的仿制品，而且随着越来越多的人进入古董珠宝这个令人兴奋的领域，最古老形式的仿制品和复制品重新浮出水面，有时还会加入一些现代的手法。

所有这一切意味着珠宝商和宝石爱好者比以前更容易受到伤害。他们面临的风险比以往任何时候都要大。这样的情况下要更多地依靠自己的技能，而不是别人的技能，这是至关重要的。

这就是我们写这本书的原因。

我们认识到，并不是所有人都想成为专业的宝石专家，我们也不建议这样。但是，很多人会想知道更多关于如何鉴定宝石的知识。迄今为止，这类令想要了解更多知识的人得到帮助的著作是很少的。事实上，人们要么选择成为一个专业的宝石学家，要么对这个领域一无所知。

事情是可以改变的。只要辅以最小的努力并且花一些宝石鉴定仪器上的投资，几乎任何人都可以进入宝石学的世界，并开始体验在这个世界中的各种发现带来的兴奋和快乐——你可以学会判断一颗特别的宝石到底是什么。你可以做到区分真宝石和仿制品，可以区分出看起来很像的宝石，能够判断哪颗宝石是染色的哪颗是天然的，等等。有时只需掌握一个简单仪器的使用方法，就足以避免让你付出昂贵代价的错误，或者帮助你发现一个有利可图的机会。

我们在宝石鉴定上的教学经验告诉我们，各行各业的人都能掌握这项技能——包括英文教师、拍卖师、家庭主妇等。人们不需要具备在科学或者技术方面的背景和资质，就可以熟练地完成大部分基本的宝石鉴定，并且轻松地掌握一些宝石鉴定仪器的使用方法。要做到这些只需要耐心、坚持和实践。它也可以给人带来极大的生活乐趣，并提供一些个人挑战。

本书的目的是给所有有兴趣学习珠宝鉴定的人——不论背景和职业——开启一扇通往这个世界的大门。本书主要目标读者：那些具备很少或者不具备科学背景的人，那些无法参加宝石学课程获得相关培训的人，以及那些无法停下手头的工作或生活走进课堂的人，或者一些不确定是否真的有什么是想要花费时间和金钱去学习的人。

我们尝试让本书成为实用指南，告诉你将会需要什么样的宝石鉴定仪器、如何使用它们，以及针对每一种宝石要去寻找的鉴定特征是什么。我们没有对你将看到的特征进行深入的科学解释（对于那些对科学解释感兴趣的人，请参阅附录）。想要成为一名合格的专业宝石学家，需要有多年的训练和工作经验，但是通过练习和一点实践工作，你会惊奇地发现只需花费很少的时间，就能在购买和销售珠宝时变得更加自信。

但是在你变得非常自信之前，我们希望本书可以为你做一件更重要的事情。除教会你鉴定宝石的一些基本技能，发现某些处理方式，找出仿制品外，我们也希望能帮助你认识到专业的宝石专家和宝石检测实验室的重要性。在获得技能的同时，同样重要的事情是需要知道当你发现自己的能力不足时，什么时候去寻求专业的宝石学家或实验室的帮助。一般来说，每当有疑问，就需要寻求专业帮助（见附录）。

我们还希望这本书会成为一些人的发射台，而不仅仅是追求宝石知识的开始。鼓励你跟上行业的变化趋势，尽可能通过订阅宝石学期刊、参加讲座与研讨会来更新知识。在这个迷人的领域里，永远不会改变的一件事是：事情总是在改变。

最后，希望你在发现这本书的趣味性和用途后，继续通过参加宝石学课程学习相关知识。

总之，我们真心希望《宝石鉴定》一书，可以使宝石鉴定变得有趣好玩，而不是枯燥乏味。我们希望本书可以帮助你：

· 辨认出如今宝石和珠宝世界中可能遇到的各种类型的仿制宝石、合成宝石、外形相似宝石和假冒珠宝。

· 辨别宝石的优劣。

· 在意识到自己宝石鉴定技能的局限性时，知道该如何寻求专业的宝石学家或宝石鉴定实验室的帮助。

· 在你的宝石商业活动或爱好上变得更加专业。

最重要的是，我们希望本书有助于你变得不那么依赖于所听到的……而更依赖于你自己所学的宝石知识。

安托瓦内特·马特林斯

第二部分

准备工作

第 2 章　宝石鉴定实验室建设

许多人认为建立一个宝石实验室必须花费 100000 美元（或更多的钱）去购买那些精密的宝石检测仪器，事实上情况恰好相反。少于 3500 美元的宝石检测仪器投资足以完成大多数宝石的宝石学鉴别与鉴定工作。或者，仅用 200 美元购买的放大镜、查尔斯滤色镜和二色镜这三种宝石检测仪器就能进行珠宝鉴定工作。这三种简单便携式的宝石检测仪器的综合运用，可以使你正确地完成对当今市场上出现的几乎 80% 的彩色宝石材质，以及钻石与相似品的鉴定工作。一旦你熟练掌握了这三种检测仪器，就可以增加其他便携式珠宝检测仪器，帮助你完成其余的宝石材质鉴别与鉴定工作。其他一些便携式宝石鉴定仪器可以使宝石鉴定变得更快、更容易。

在建设一个有用的宝石鉴定实验室过程中，我们推荐六种必备检测仪器：放大镜、查尔斯滤色镜、二色镜、折射仪、紫外灯和宝石显微镜。同时，根据检测过程中遇到的宝石品种不同，我们还推荐几种可选的仪器设备。它们是分光镜（鉴定彩色钻石时，分光镜已不是可选的，而是必备的检测工具）、偏光镜、合成祖母绿滤色镜和浸液槽。

为了避免把合成碳硅石误认为钻石的情况出现，对于任何鉴定钻石（即使是古董首饰上的镶嵌钻石）的人来说，我们强烈推荐使用一种电子“双重”钻石检测仪进行检测。电子“双重”钻石检测仪是一种可以测试钻石导电性和导热性的仪器。此外，具有暗视场的放大镜，可以使检测含有裂隙充填的钻石、铅玻璃充填的红宝石与蓝宝石变得更快、更容易。瑞士宝石学研究所生产的电子钻石类型测试仪，可用来筛查钻石是否经过高温高压（HPHT）处理。此外，稀土磁铁对检测合成钻石和鉴定彩色宝石是有帮助的。

宝石检测仪器的个人偏好和使用习惯

当选取自己使用的宝石鉴定仪器时，首先要确保你选择的仪器具有书中所描述的宝石鉴定的功能，但最终选择何种检测仪器主要还取决于个人偏好。例如，虽然小型的放大镜在检测宝石时更容易精确聚焦，但有些人觉得较大的放大镜更易操作。当提到选取二色镜时，大多数人喜欢那种具有大矩形窗口款式的二色镜，因为他们认为在一个较大的视域范围内更易于发觉宝石具有的细微色差，但另一些人却喜欢具有重叠圆形窗口的二色镜。最重要的是你习惯使用所购买的仪器。要经常使用你的仪器进行实践操作，直到能熟练操作就可以了。只要有可能，记得要随身携带自己的鉴定仪器，是否能舒适地使用自己的检测工具将影响你检测的熟练程度。一些人有不随身带着自己信用卡就不出家门的习惯——我们也要养成不随身带着自己的放大镜、二色镜、查尔斯滤色镜与合成祖母绿滤色镜绝不外出鉴定的习惯。虽然这些仪器中的任何一种单独使用时，都不足以给出决定性的鉴定结论，但是两种或更多检测仪器的结合使用，通常足以给出我们所需的鉴定结论。当然，关键的问题是要知道如何使用这些检测仪器。

宝石检测——必备仪器

宝石检测必备仪器将在随后的章节中逐一进行讨论，通过这些章节你能详细获知必备仪器的操作方法，并了解它们将能带给你什么样的检测结果。本书中所讲述的必备检测仪器，大多数品种可以从主要的宝石供应商那里购买。本书中对每种必备仪器给出了简要的概述，包括仪器的种类、价格、基本的使用方法，以及推荐的型号或类型。需要注意的是，书中所给出仪器的价格仅供参考和比较，反映本书出版之前提供的报价。想要获悉这些必备宝石检测仪器的实时报价，请联系仪器供应商。

佩戴框架眼镜或隐形眼镜并不会影响宝石质检人员鉴定宝石的能力。不管你是否戴眼镜，进行宝石检测时，唯一的要求就是你至少有一个视力良好的眼睛。我的父亲有一只眼睛是瞎的，并且年轻的时候就开始戴眼镜了，但这并不妨碍他成为一名技术娴熟的宝石学家。本书中介绍的所有宝石检测仪器都适合戴眼镜的人，且不需要任何特殊技能。佩戴框架眼镜或隐形眼镜的人近距离检测宝石时，不需要摘掉眼镜。

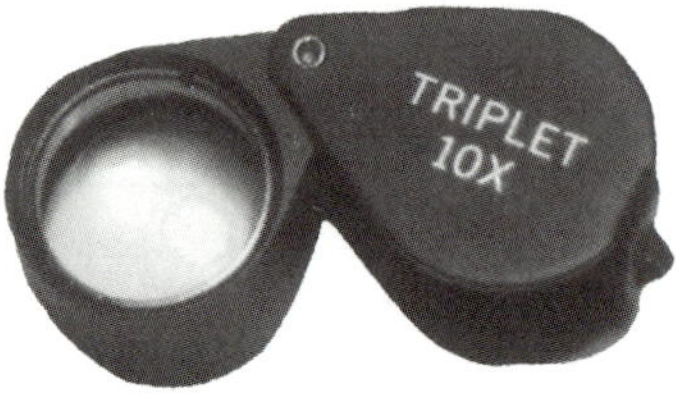

图 2.1　带有黑色外框的 10 倍三组合放大镜

10 倍三组合放大镜（售价 30~90 美元）

被称为珠宝商的放大镜，通常用于检测宝石表面存在的缺口、裂隙、划痕，切工的对称性和宝石边棱的尖锐程度，以及宝石内部存在的缺陷。有许多放大镜厂商都可以生产出好的放大镜，我们也认为其实放大镜品牌并不是很重要。然而，对于宝石鉴定来说，重要的一点是，放大镜最好是一种带有黑色外框的 10 倍（10×）三组合放大镜（千万不要购买铬黄色或镀金的放大镜）。

暗视场放大镜（售价 60~200 美元）

图 2.2 暗视场放大镜

暗视场放大镜是一种小型圆筒状的仪器。结合特殊构造区域，在强烈的横向照明条件下，它能让你在黑色背景下对宝石特征进行标准或放大 10 倍的观察。这种照明的方式被称为暗视场照明，因此，具有暗视场的放大镜被称为“暗视场放大镜”。这种型号的放大镜比标准的放大镜要大，它的高大约是 2.75 英寸[①]，直径为 1.125 英寸。放大镜被嵌在仪器的上部，暗视场位于暗视场放大镜和

① 长度单位，1 英寸等于 2.54 厘米。

手电筒仪器的下部，中间的区域可以放置需要检测的宝石或珠宝。使用暗视场放大镜检测宝石的时候，你只需要在暗视场的上部放置一个小型手电筒就可以了。

在黑色背景中，使用来自宝石侧面照射的侧向照明光要比从底部，或从顶部穿透宝石的照明光更易观察宝石的内含物，进而能够更准确地判定宝石的种属。

暗视场放大镜一直受到彩色宝石买家和宝石学家的青睐，因为内含物在鉴定天然宝石和检测优化处理宝石中起到了非常重要的作用；任何能使宝石鉴定变得更容易的工具都是无价的。现在，暗视场放大镜已经成为钻石裸石或钻石首饰买家的一个必备工具。因为，暗视场放大镜可以使钻石买家（即使是初次购买者）简单快速地观测具有裂隙充填的钻石。

现在市场上有好几种暗视场放大镜，但有些类型的放大镜并不是具有真正“暗视场”的放大镜，它们提供的侧向照明光非常微弱，以致你不能看到在真正暗视场放大镜下易于观察到的宝石检测指标。我们推荐的暗视场放大镜是 RosGem 宝石分析仪 ™（售价 285 美元，包括便携式偏光镜和浸液槽）或钻石观察仪 ™（售价 60 美元）。虽然美国宝石学院也生产了一款很好的暗视场放大镜（售价 195 美元，附带一个手电筒），但这种放大镜仅适用于对未镶嵌的宝石进行鉴定，不适用于对镶嵌在大多数戒指或其他首饰上宝石的鉴定。

查尔斯滤色镜（售价 45 美元）

查尔斯滤色镜（有时也叫祖母绿滤色镜）是一种便携式的颜色滤

图 2.3 查尔斯滤色镜

色镜。现在，查尔斯滤色镜主要用来区分彩色宝石中的天然宝石和赝品，也可用来区分祖母绿与相似品、蓝宝石与相似品、海蓝宝石与相似品，以及染色绿色翡翠与天然高品质绿色翡翠。

除查尔斯滤色镜外，市面上还有其他类型的颜色滤色镜（价格可在25~80美元之间）。这些颜色滤色镜中的一些适用于所有的宝石品种，一些仅适用于红色、蓝色或绿色。

最受欢迎的颜色滤色镜包括法国生产的沃尔顿滤色镜（售价80美元），具有四个滤色镜的哈内曼四色滤色镜镜组（售价25美元），以及瑞典 Gepe 公司生产的“宝石滤色镜”。新型的霍金斯－哈内曼合成祖母绿滤色镜组（售价35美元）是一个非常重要的检测仪器。它与查尔斯滤色镜结合使用可以将大多数合成祖母绿与天然祖母绿区分开来。

合成祖母绿滤色镜组（售价35美元）

20世纪90年代中期，苏格兰宝石学家艾伦·霍金斯和美国的威廉·哈内曼开发了一套新型口袋大小的具有两个滤色镜的滤色镜套装。与查尔斯滤色镜结合使用，这套滤色镜可以快速将大多数天然祖母绿

图 2.4 霍金斯－哈内曼合成祖母绿滤色镜组

从合成祖母绿中区分开来。它也是从事祖母绿买卖商人的必备工具。在这套滤色镜中，一组滤色镜用来区分助熔剂法合成祖母绿与天然富铬祖母绿，另一组用来区分水热法合成祖母绿与天然贫铬祖母绿。这些天然贫铬祖母绿产自印度、赞比亚等国家。

方解石二色镜（售价 115~150 美元）

方解石二色镜是一种小型便携管状仪器，可用于区分相同颜色不同品种的透明彩色宝石。因此，它是彩色宝石购买者最方便实用的检测仪器之一，它也是最快最容易鉴别宝石的检测仪器之一。举例来说，它可以用来区分具有蓝宝石颜色的合成尖晶石与天然蓝色蓝宝石，以及绿色石榴石与铬致色绿色碧玺或祖母绿。然而，二色镜不适用于区分天然宝石和与之对应的合成品（不能把合成祖母绿与天然祖母绿区分开，也不能把合成蓝宝石与天然蓝宝石区分开）。方解石二色镜可以很容易地将单折射宝石与双折射宝石区分开，因此，它是区分天然宝石与相似品、仿制品的重要工具。

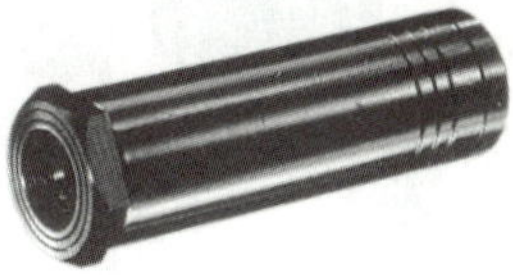

图 2.5 英国宝石协会的 EZ 观察二色镜

图 2.6 RosGem 的二色镜

另一个重要的好处是，二色镜仍然适用于“原石”（也就是没有经过切割或抛光的宝石）检测。对切割后抛光较差的宝石或镶嵌在珠宝首饰上的宝石进行鉴定时二色镜也是非常有用的，在这种情况下其他仪器（例如折射仪）不能用于检测。最好的方解石二色镜是由RosGem公司、美国宝石学院和英国宝石协会生产提供的。

折射仪（售价435~900美元）

折射仪是一件小型仪器，有便携式和台式。折射仪用于测量宝石的折射率（通常来说，宝石的折射率越高，光泽越强）。虽然折射率不能区分天然宝石与对应的合成宝石，但是，由于每种宝石都有其特有的折射率，因而可以通过用折射仪测量出来的折射率来区分大多数宝石品种。折射仪最容易鉴定那些只有一个平面或抛光面的宝石（点测法可以对弧面型宝石进行检测，但是这种方法操作时难度很大）。

大多数折射仪的主要缺点是不能用来检测折射率很高的宝石品种，如钻石、某些钻石仿制品、某些品种的石榴石。此外，使用折射仪检测时，宝石必须有一个良好的抛光面，因此，你不能使用折射仪鉴定宝石原石或那些表面磨损严重又没有一个好的抛光面的宝石。

图2.7 美国宝石学院的型号为Duplex Ⅱ折射仪及附带的通用灯。

图2.8 RosGem折射仪与装有折射率液、偏光滤片、单色与白光的照明光源的完整手提箱。

美国宝石学院的 Duplex Ⅱ 台式折射仪 （售价 595 美元）在美国可能是使用最广泛的一款折射仪（可选的配套光源的售价大约为 475 美元；二者的总价格为 1070 美元）。RosGem 折射仪（售价 625 美元，配有光源）在宝石检测折射仪中迅速崛起，它有比大多数折射仪（包括美国宝石学院的折射仪）更精确的测量标尺（用来改善折射率测量的准确性），同时可提供单色光照明和白光照明。它的这种紧凑的设计和坚固的结构令其方便携带。RosGem 折射仪的一个重要优点是，在进行折射率测试时，它不需要一种特殊光源照明，只需要一个简单价廉的手电筒（售价 15 美元）即可。我们也建议使用英国宝石协会生产的雷纳 Dialdex 折射仪（售价 580 美元）和艾克霍斯特公司的几款折射仪（售价 435~1000 美元）。

图 2.9 艾克霍斯特公司的型号Ⅲ折射仪

图 2.10 雷纳 Dialdex 折射仪

紫外灯（售价 85~425 美元）

紫外灯是一个非常有用但经常被宝石学家忽视的宝石鉴定仪器（有便携式和台式两种类型可供选择）。它可用来检测宝石的发光性

（有无荧光）——宝石在紫外灯照射下呈现出可观察的发光颜色的能力。这种发光颜色在普通光线下是不可见的。在进行宝石鉴定时，我们推荐可提供长波照明和短波照明的手持式的紫外灯。长、短波紫外灯的切换可由单独的按钮控制（因此，你可以分别在长波紫外灯下或短波紫外灯下观察宝石的发光性，但绝不能同时在这两种光源下观察宝石的发光性）。我们推荐的紫外灯是由 UVP 公司（Ultra-Violet Products, Inc.）生产的型号为 UVGL-25 （售价 200 美元）与 UVGL-58 的 6 瓦的紫外灯（售价 400 美元），以及型号为 UVSL-14P 的便携式迷你型双波长紫外灯（售价 75 美元）。其中，便携式迷你型双波长紫外灯是一种非常实用且携带方便的紫外灯！ 美国宝石学院也提供了一种长波 / 短波紫外灯（售价 350 美元）。此外，还有其他诸如锐特驰公司和 Spectroline 公司生产的物美价廉的紫外灯。

我们也建议在紫外灯下观察宝石的发光性时，最好将宝石放置在一个类似微型“暗室”（暗室是观察宝石发光性必不可少的条件）的观察仓里。这种观察仓可以从好多公司购买，其价格 125 美元到 200 美元不等。或者，也可在关闭房间的照明光源后打开紫外灯进行宝石发光性的观察（如果是白天，要到一个密闭的房间里并关闭照明光源）。

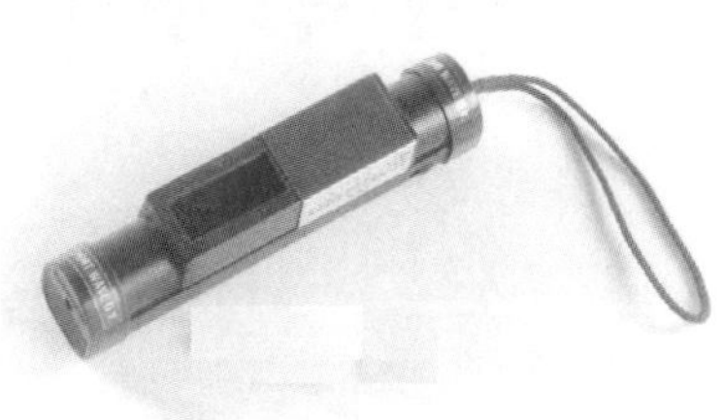

图 2.11 UVP 公司的一种便携式迷你型双波长紫外灯

图 2.12 美国宝石学院的一种紫外灯和宝石观察仓

显微镜（售价 990 美元或更高）

显微镜是一台放置在工作桌或工作台上的主要用于放大观察的宝石检测仪器。显微镜的型号很多，也有便携式的。观察相同的宝石时，显微镜会比放大镜观察到更清楚的宝石特征。显微镜具有更高的放大倍数，这一观察能力在区分天然宝石和现在的合成宝石中起到了非常重要的作用。

对于宝石鉴定者而言，必备的仪器是一台双目宝石显微镜。这台显微镜能够提供暗视场照明和亮视场照明，同时配备从显微镜顶部照射待检测宝石的反射光源。如果你想要使用显微镜来鉴定当前的新型合成宝石，必须有一个能放大到 60 倍的显微镜。如果没有放大 60 倍的显微镜，放大 30 倍的显微镜是你进行其他宝石鉴定时所必备的。然而，切记如果你观察的宝石看起来完美无瑕，那么它有可能会是合成宝石。如果你缺乏能够观察宝石特征内含物的合适的检测仪器，那么你只能去求助技能娴熟的宝石学家或宝石检测实验室。“变焦”能力——可以增加放大倍数而不用改变目镜的能力——是显微镜具有的一个特征，这个特征可以方便宝石鉴定（但这种特征不是必要的）。如果你打算使用显微镜来观测钻石的比例和尺寸（例如台面宽度），变焦特性将是非常有用的。

我们推荐的显微镜如下。

· 明治科技公司的 GM5-Z 显微镜 （售价 2420 美元）具有我们推荐的宝石鉴定显微镜应该具有的所有基本特性（配有暗视场附件）：具有 90 倍放大倍率，10 倍、20 倍超广角目镜；GEMT-2 显微镜（售价 2460 美元）具有内置暗视场照明，可放大到 60 倍观察，同时配有盒式荧光照明灯与宝石夹；GEMZ-5 Zoom 变焦显微镜（售价 3075 美元）具有宝石鉴定显微镜的所有基本特性，包括内置暗视场照明，可从 7 倍放大到 90 倍，具有可旋转底座和内含物指针。

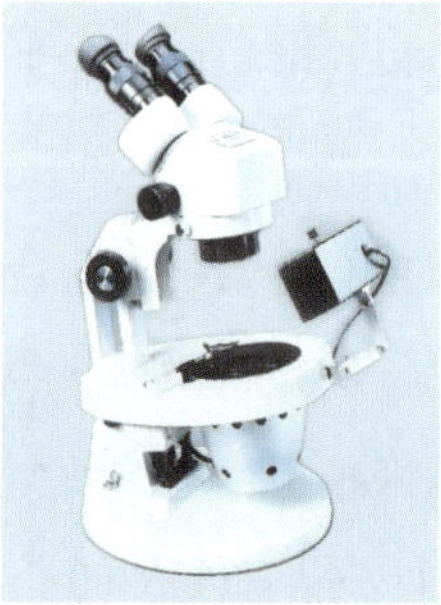

图 2.13 明治科技公司的 GEMZ-5 显微镜

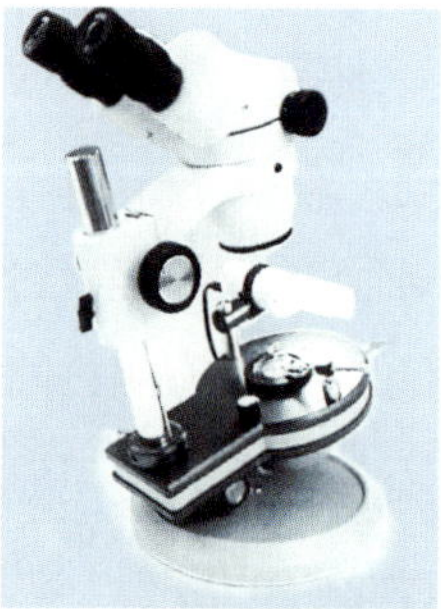

图 2.14 艾克霍斯特公司的 Gemmoscope E 显微镜

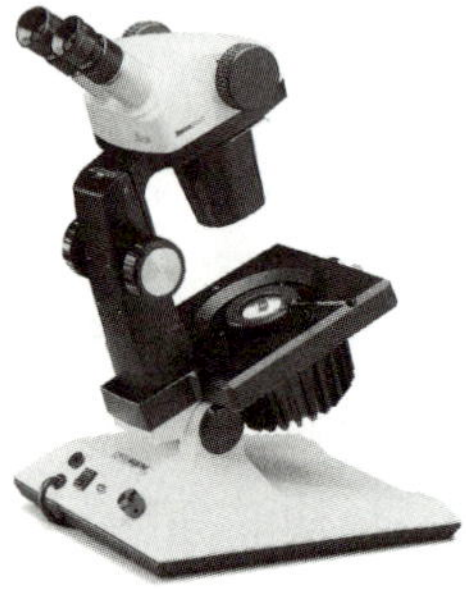

图 2.15 美国宝石学院的 GemoLite Super 60 Zoom Mark X 显微镜

· 美国宝石学院的 GemoLite Super 60 Zoom Mark X 显微镜 （售价 3850 美元）具有宝石鉴定显微镜的所有基本特性，可从 10 倍放大到 60 倍。

· Kassoy 莱卡 GMK775300 显微镜（售价 3495 美元）具有宝石鉴定显微镜的所有基本特性， 具有 64 倍放大倍率， 加上可选的双倍目镜后可放大到 128 倍（售价 200 美元），且内置光纤照明光源，具有 360 度旋转与可倾斜的底座，以及镶嵌宝石夹。

· Eurotool Zoomscope 公司的 5MIC300 显微镜（售价 990 美元）具有宝石鉴定的基本特性与变焦特性，可提供 45 倍放大倍率。

· 艾克霍斯特公司的 Gemmoscope E 显微镜（售价 2190 美元）具有宝石鉴定的基本特性与变焦特性，可提供 40 倍放大倍率。

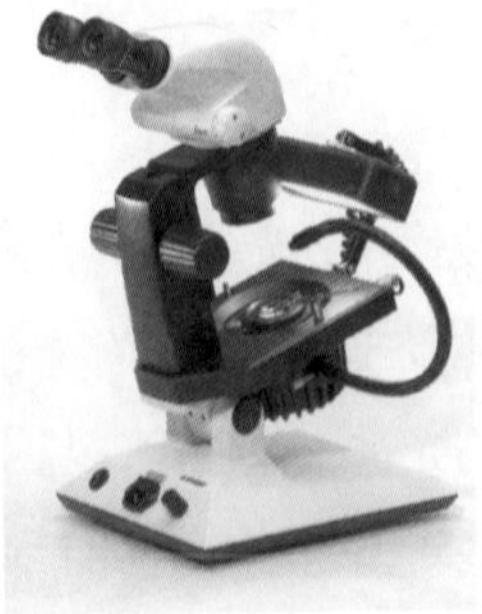

图 2.16 Kassoy 莱卡 GMK775300 显微镜

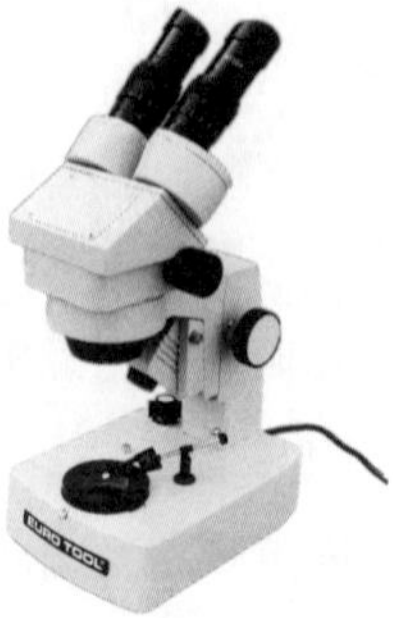

图 2.17 Eurotool Zoomscope 公司 5MIC300 显微镜

宝石检测——可选仪器

除我们刚刚讨论过的必备检测仪器外，你可能还想增加一些可选的检测设备。对宝石鉴定初学者来说，我们认为这些可选工具不是必要的，但是它们在鉴定某些宝石品种时，具有快速而准确的特定用途。在某些情况下，还可能是唯一能给你诊断性结论的鉴定仪器。

确定是否购买可选仪器最好的方法是仔细阅读本书中关于它们的介绍，看看它们是否能应对你在宝石鉴定中遇到的难题。当然，你没必要立刻去买这些可选仪器。你可能会从事宝石鉴定一段时间后，才能决定是否需要增加额外的仪器设备。例如，如果你经常从事彩色钻石（尤其是彩黄色钻石）的鉴定工作，你会发现分光镜是区分天然彩色钻石与辐照处理彩色钻石必不可少的检测工具，因为它可以节省你大量的检测时间并能提供可靠的鉴定结论。或者，你经常从事高温高压技术处理钻石（见第四部分第 12 章）的检测工作，那么瑞士宝石学研究所生产的 SSEF 钻石类型测试仪就是你必选而非可选的鉴定仪器。如果你认为其他宝石鉴定仪器可能有助于你进行宝石检测，可以根据你的需求变化随时购买它们。

分光镜（售价 225~5000 美元）

宝石鉴定中常用到的分光镜有两种类型：棱镜式分光镜和光栅式分光镜。标准的光栅式分光镜相对便宜，但是棱镜式分光镜具有光栅式分光镜不具备的两个优点：一个是允许更多的光进入仪器中，另一个是更易读取光谱黑蓝端的测试结果。还有一些新型的配备光纤照明与数字读取测试结果的光栅式分光镜。数字读取测试结果，可以解决标准光栅式分光镜测试时可能出现的问题，但是这种分光镜的价格更昂贵。无论你打算购买棱镜式分光镜或光栅式分光镜，我们都建议你购买折射仪的全套配置。全套配置中除分光镜外，还有照明光源和分光镜固定支架。因为我们认为只有使用全套配置，才能更好地控制折射仪本身、光照强度与光照方向来确保测试成功。折射仪也可以插入显微镜来代替目镜进行有效测量（但必须有显微镜才可以）。在宝石鉴定领域中，OPL 手持式分光镜是非常有效的测试工具，尤其是与哈内曼制造的方便携带的仪器 / 宝石固定支架一起使用会更为便捷。这种处理宝石与控制光源的操作方法使得读取宝石的吸收光谱变得更加容易。

使用分光镜鉴定宝石时，可以在分光镜中看到一个完整的可见光色谱。在这个色谱中的某个波段内出现的垂直黑线或黑带就是待测宝石的特征吸收谱线，据此可以对宝石进行鉴定。分光镜在宝石学中最重要的应用有：区别天然彩色钻石

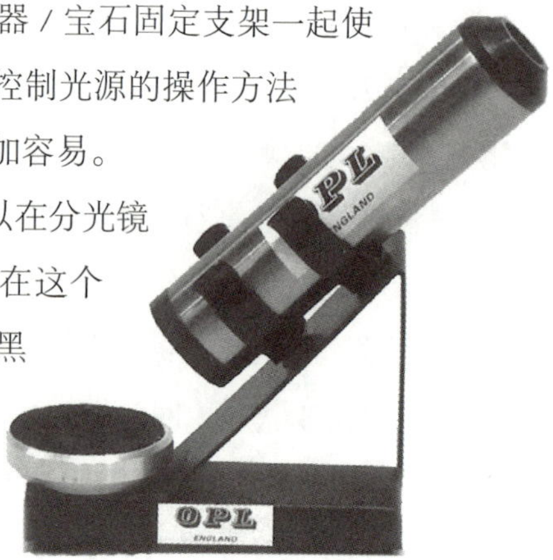

图 2.18 OPL 分光镜固定支架

和辐照彩色钻石，辨别天然绿色翡翠和染色充胶翡翠，以及区分天然蓝色蓝宝石和大多数合成蓝色蓝宝石。相对于其他宝石检测仪器而言，有些宝石学家更喜欢使用分光镜进行宝石鉴定。

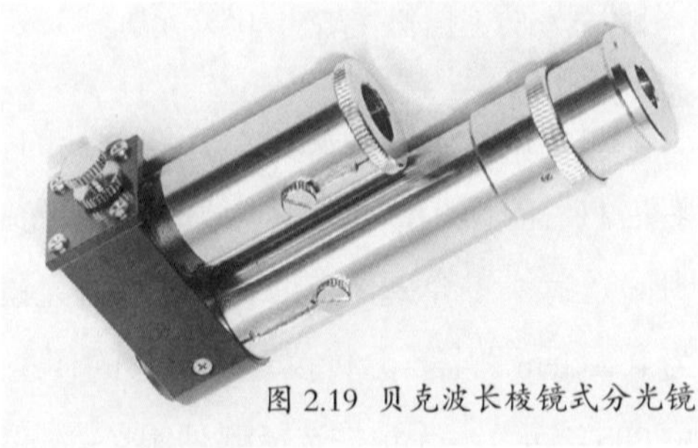
图 2.19　贝克波长棱镜式分光镜

我们推荐的分光镜包括美国宝石学院的 Prism 1000 型台式分光镜（售价 4950 美元）和贝克波长棱镜式分光镜（售价 3800 美元）。这些分光镜在进行读取测试时操作简单且结果非常精确。像 OPL 便携式分光镜之类的标准光栅式分光镜售价非常便宜（只有约 90 美元）。但是，正如我们所提及的那样，相对于其他分光镜，许多便携光栅式分光镜鉴定宝石时检测的结果可靠性较差且测试更加困难。因此，我们更喜欢带有固定支架的 OPL“标准”分光镜，这种分光镜相对大些但用起来比较简单（售价 225 美元）。

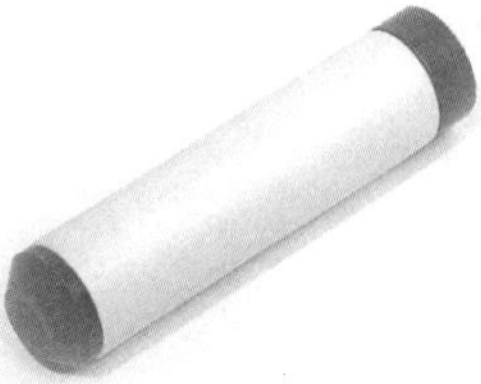
图 2.20　OPL 光栅式分光镜

图 2.21　艾克霍斯特分光镜

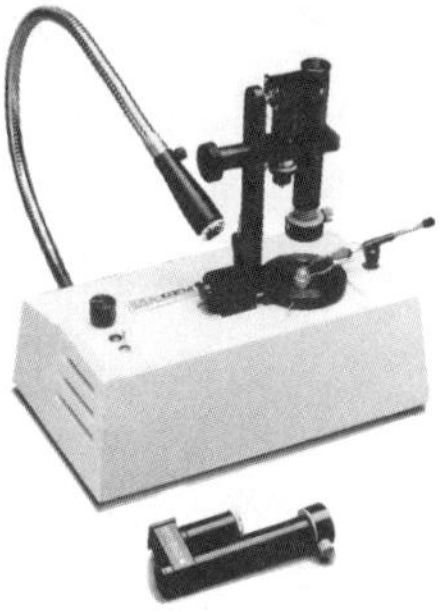
图 2.22　美国宝石学院的 Prism 1000 型台式分光镜

偏光镜（售价 175~400 美元）

偏光镜是一种检测宝石光性特征的台式宝石鉴定仪器。就宝石鉴定的目的而言，我们认为最好的偏光镜是美国宝石学院的宝石照明偏光镜（售价 295 美元）和雷纳偏光镜（售价 340 美元），以及作为 RosGem“宝石分析仪”一部分的便携式偏光镜 / 浸液槽套装（售价 285 美元）。无论你选择哪种偏光镜，我们建议你将它和浸液槽（售价 30 美元）、苯甲酸苄酯浸液（售价 15 美元）及外用酒精一起使用。苯甲酸苄酯浸液是鉴定紫晶必选的浸液。这样你可以通过使用浸没技术去鉴别宝石种属。

偏光镜可用来简单快速地判定待测宝石是单折射宝石还是双折射宝石，以及所观测钻石或其他宝石中是否有应力出现。今天，偏光镜越来越多地被用来区分合成紫晶与天然紫晶。这是当前唯一价格不算昂贵的，大部分人可以负担的宝石品种分离工具。

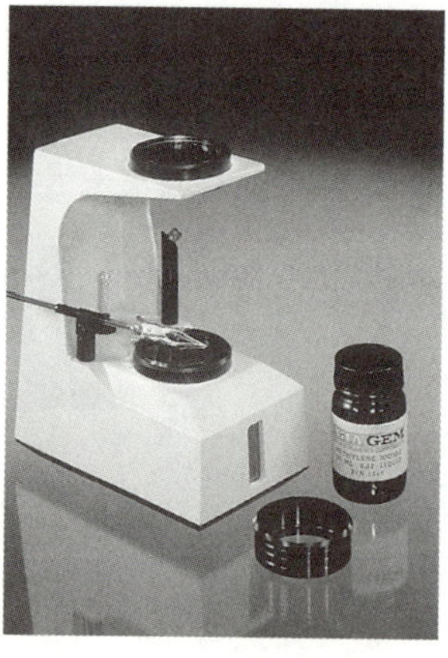

图 2.23 美国宝石学院的宝石照明偏光镜

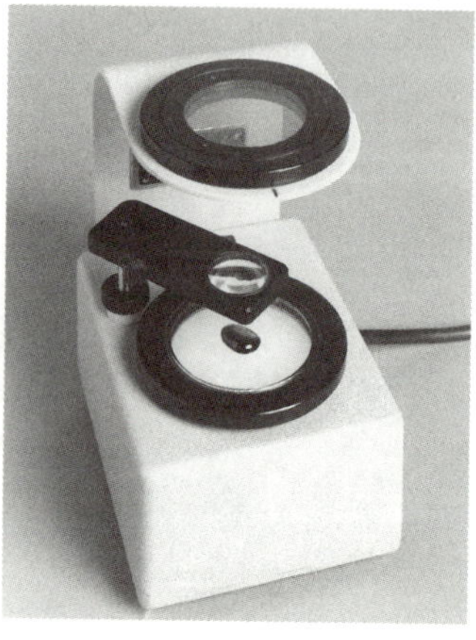

图 2.24 雷纳偏光镜

现在，合成紫晶非常受欢迎，且经常被人们认为是天然紫晶，偏光镜在区分合成与天然紫晶方面起到了重要的作用。当然，它也可以在其他宝石鉴定中使用。

SSEF 钻石类型测试仪和 SSEF 蓝色钻石测试仪（售价 150 美元）

今天任何购买高品质钻石的人（无论是无色钻石还是彩色钻石）都很在意所要购买钻石的颜色是天然未经处理的，还是经过高温高压热处理的。幸运的是，并不是所有类型钻石的颜色都可以通过高温高压热处理得以改善，只有某些稀有的钻石“类型”才可以改善颜色（见第四部分第 12 章）。然而，据专家估计，有大量的 3 克拉以上具有高净度（净度级别为 VS 级或更高级别）的钻石经过了高温高压处理。据未公开的数据表明，这一比例有可能超过了 20%。

瑞士宝石学研究所指出，这些稀有类型钻石的颜色可通过短波紫外线辐射传输的高温高压处理转变为无色、近无色、粉色或蓝色。为了判断钻石的类型，瑞士宝石学研究所开发了一款简单便携的测试工具。任何人都可以通过它简单快速地判定一粒钻石是不是可以经过高温高压法处理的钻石类型中的一种，进而判断这粒钻石是否存在被改色的风险。假如这粒钻石的颜色是褐色的，它的颜色就有可能是被高温高压法改色的（见第四部分第 12 章）。对许多从事宝石鉴定相关行业的人来说，这个工具可能是可选的。但是，对于想要降低买卖经高温高压法改色钻石所带来的意外风险，以及检测褐色钻石的人来说，SSEF 钻石类型测试仪是必不可少的检测工具。因为褐色钻石很

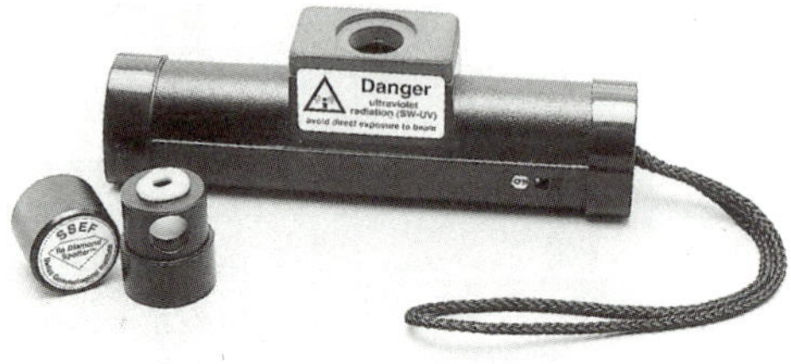

图 2.25 SSEF 钻石类型测试仪和便携式照明光源
图片来源：H. 汉尼教授拍摄，瑞士宝石学研究所

可能是被高温高压法改色的钻石。就检测褐色钻石而言，如果SSEF 钻石类型测试仪测试结果显示是可以被改色的钻石类型，那么 SSEF 蓝色钻石测试仪——一种便携式电子热导仪，将会告诉你这粒钻石经高温高压法改色后的颜色是否是蓝色（售价 695 美元）。

SSEF 钻石类型测试仪售价为 150 美元。另外，在使用 SSEF 蓝色钻石测试仪测试时，你需要一个可以提供短波紫外光的瑞士宝石学研究所的 SSEF 钻石类型测试仪和便携式照明光源灯，例如标准的或便携式长短波紫外灯，或者专门为 SSEF 钻石类型测试仪设计使用的高强光短波紫外灯（瑞士宝石学研究所的标准短波紫外灯售价 450 美元，便携式短波紫外灯售价 300 美元）。在使用短波紫外灯时，我们还推荐佩戴具有紫外线防护功能的护目镜（售价 25 美元）。

浸液槽与散射照明光源（售价 120~285 美元）

在散射光照射条件下，观察浸在液体中的宝石时，可以发现宝石重要的鉴定特征。在鉴定宝石的过程中，无论是与偏光镜、显微镜结合使用，还是直接用肉眼观察，这种观察方法都是非常有效的。它可以简单快速地识别传统的拼合宝石，也是检测扩散处理蓝宝石必不可少的检测设备。在宝石检测时，有几种便携式浸液槽可供使用。当然，你也可以将干净的玻璃烧杯、果汁杯等器具放在散射光源上进行宝石鉴定。

电子钻石测试仪（售价 150~800 美元）

电子钻石测试仪有便携式和台式两种类型。利用钻石测试仪检测钻石操作很简单，只要用测试仪金属尖点触压钻石的一个刻面就可以进行鉴定。然后钻石测试仪就会给出所测宝石是否是钻石的指示信号。钻石测试仪因不需要任何宝石学技能就可快速便捷地鉴别钻石，深受从事钻石行业人士的青睐。钻石测试仪还有助于进行群镶小粒钻石的鉴别。在使用其他检测仪器时，这种小粒钻石的鉴定比较困难。钻石测试仪也可用来鉴定一批石头是否为钻石。但是，大多数情况下，钻石测试仪只能告诉你所测试的石头是不是钻石，除此之外，不能鉴定它到底是什么。

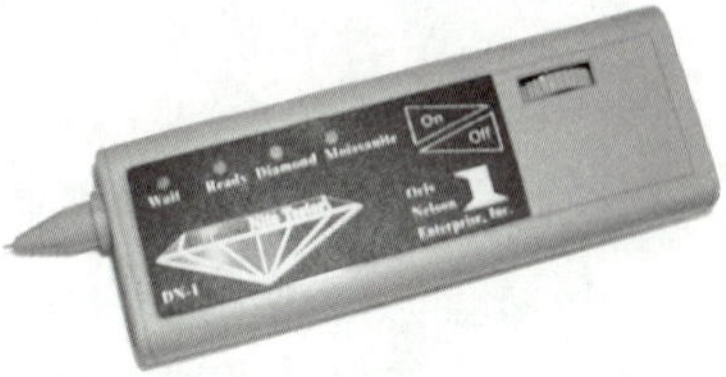

图 2.26 DiamondNite 双重测试仪

在鉴别钻石时，许多人完全依赖电子钻石测试仪。然而，电子钻石测试仪在区分钻石与大多数仿制品（例如立方氧化锆）时，并非万无一失。钻石测试仪主要的缺点是，可能会得出虚假“正面”的结论。也就是说，有可能当测试仪显示一粒宝石是钻石时，事实上它并不是。对无色刚玉（蓝宝石）和钻石新型仿制品——合成碳硅石来说也是这样的。对这两种宝石的鉴定，许多可用的钻石测试仪都会给出虚假“正面”结论，显示它们是钻石。在当今的宝石检测中，只能测量导热系数的电子钻石测试仪已经不合时宜了。大多数人喜欢使用一种叫作“双重测试仪”的电子钻石测试仪。这种仪器可以测试钻石的导热性和导电性，几秒钟就可以区别合成碳硅石与钻石。

当使用电子测试仪检测钻石时，我们建议不要单纯依赖钻石测试仪给出的“正确”结论。正如前面所说的那样，不要过分依赖于单一测试结果给出的鉴定结论。对于无色刚玉或合成碳硅石的鉴定来说，使用简单检测仪器（如偏光镜）可以快速地将它们与钻石区分开来。但是对刚玉的鉴定来说，标准折射仪或紫外灯（我们建议将其作为电子钻石测试仪的补充来结合使用），能快速地将它们与钻石区分开来（见第三部分第 8 章和第四部分第 14 章）。

常见的电子钻石测试仪型号包括以下几种：

表 2.1

美国宝石学院便携式钻石测试仪（便携式）	售价 150 美元
刻瑞斯（Ceres） Czeck Point （便携式）	售价 170 美元
钻石之星 （Diamond Star）（便携式）	售价 110 美元
钻石束Ⅱ（Diamond Beam Ⅱ）（便携式）	售价 170 美元
DiamondNite 双重测试仪 （便携式）	售价 270 美元

合成钻石测试仪

合成宝石级无色钻石虽然还没广泛出现在国际钻石市场上，但是合成宝石级钻石的技术已经取得了重大进步，1 克拉以上，甚至达到 2 克拉的合成宝石级钻石目前已面世。现在更大尺寸的钻石也在不断增加。当前技术下，在彩色合成钻石中，可以合成的颜色有黄色、橙黄色、绿黄色、黄绿色、深绿色、浅蓝色，甚至还有红色。

主要宝石检测实验室可以区别天然钻石与当前市场上出现的所有合成钻石品种。当今，有好几种可以快速检测大批量钻石的仪器可供使用。但是，对大多数人来说，这些检测仪器价格太高且缺乏便携性。幸运的是，当前在钻石市场上出现了几种可有效鉴定许多合成钻石的简单价廉的检测仪器。

现在的许多合成钻石常通过使用一些简单便携的常规仪器就可以鉴别，如长短波紫外灯。有时候只是一个简单的放大镜，就足以对合成钻石进行鉴定。这些鉴定仪器和鉴定方法将在稍后的章节中展开更详细的讨论。虽然不是100%有效，但它们的检测结论却是积极可靠的。也就是说，当这些仪器的鉴定结果显示一粒钻石为合成的时候，那么它就是合成钻石；反之，如果仪器没有给出鉴定结果，或给出的结果显示这粒钻石是天然钻石，那么你必须做进一步检测，或将这粒钻石转送到宝石检测实验室进行深入检测。

检测合成钻石的一个最简单可靠的方法，是用一个特殊的稀土磁铁检测该钻石的磁性。合成钻石因在生产过程中混入金属触媒而经常具有某种程度的磁性，它们将会被磁性很强的磁铁吸引，而天然钻石却不会。如果你发现一粒待检钻石能够被磁铁吸引，那么它很可能是合成钻石。但是，如果这粒钻石没有被稀土磁铁吸引，那么它可能是天然钻石，也可能是缺少产生足够量磁性触媒的合成钻石。这时候，要进一步检测以检验你得到的检测结果。

稀土磁铁不是你所获知的常规磁铁。它是一种钕铁硼磁铁，是一种强磁性磁铁。由于稀土磁铁的磁性很强，你只需要使用价格很低的一小块磁铁就可以对钻石的磁性进行检测。哈内曼生产的钻石磁性棒其实是一个一端粘有稀土磁铁的木棒（个头比火柴杆略大一点），它的售价不足15美元。

这个简单的磁性棒在区分天然钻石与合成钻石的鉴定过程中，如果使用恰当，可以是一个非常宝贵的检测工具（见第四部分第15章）。

想要从合成钻石或处理钻石中排查出无色和近无色钻石，一个非常有价值的方法就是使用判定钻石是否为Ⅰ型钻石或Ⅱ型钻石的工具。在判断钻石的类型检测过程中，我们的做法是，把SSEF钻石类型测试仪与便携式长短波紫外灯结合在一起鉴定。我只要出门就会随身携带这些工具，它们对我有很大的帮助（见第四部分第12章）。

这些工具的磁感应强度可能干扰起搏器和其他类似救生设备的运行。带有起搏器和类似简单装置的人不应使用这些磁性检测工具，或者不应在这样的人群周围使用。不要在电脑或其他电子设备周围使用磁性检测器。

想要获取更多有关磁性和宝石的信息，请访问以下网址：

www.gemstonemagnetism.com

碳化物划针（售价15~25美元）

市场上有很多类型的划针（包括不锈钢划针）。但就钻石检测目的而言，所使用的划针必须有一个碳化物的尖点。碳化物划针已成为任何购买钻石的人必不可少的检测工具，它可以帮助检测所测钻石的“无色”和“彩色”是不是由品质较差的钻石经镀膜而产生的。

市场上流行的碳化物划针有几种不同类型，且针头的尺寸大小也不尽相同。我们建议使用带有中等尺寸针头的划针，因为这种划针可以帮助我们简单地辨别钻石表面是否有镀膜（参见第四部分第15章碳化物划针的使用技巧）。我们推荐可以在箭杆内放入不同尺寸针头的划针，这样你就可以根据需求选择不同尺寸和形状的针头，以便使用。非常明智的做法是把不使用的针头储存起来而不是暴露在外。因为碳化物划针非常脆，如果它以合适的角度跌落撞击地板，有可能会摔断。我们推荐从注册珠宝鉴定师协会网站购买高级碳化物划针。这种划针有两个针头且可以存储在钢笔形状的箭杆内，如果针头坏了还可以更换。

正如你所见，通过仔细挑选，你可以以2200美元左右的花费购买所有必备的宝石检测仪器，如果再增加800美元的预算，还可以购买大部分可选的检测仪器。另外，大多数检测工具都足够小，当你去旅游时可以随身携带。

表2.2

放大镜（便携式）	售价30美元
查尔斯滤色镜（便携式）	售价45美元
合成祖母绿滤色镜组	售价35美元
方解石二色镜（便携式）	售价120美元
折射仪（便携式，带照明光源）	售价625美元
紫外灯（小型）	售价75美元
显微镜	售价1200美元
共计	售价2130美元[①]

① 不同品牌及型号产品，价格存在一定差异，此价格仅供参考。——译者注

可选仪器

表 2.3

偏光镜 / 暗视场放大镜 / 浸液槽（便携式组合套装）	售价 285 美元
便携式电子“双重”钻石检测仪	售价 270 美元
光栅式光谱仪（便携式）	售价 90 美元
SSEF 钻石类型测试仪	售价 150 美元
SSEF 蓝色钻石测试仪	售价 695 美元
碳化物划针	售价 20 美元
共计	售价 1510 美元

你可能需要的辅助检测物品列表

在你开始宝石鉴定之前，可能还需要配备其他的辅助检测物品，列表如下。

· 良好的照明光（见第二部分第 3 章）。你将需要两种光：发出白炽光的光源，例如家庭用的普通灯泡；自然光，或者是由自然光型的荧光灯管照明设备发出的光。我们推荐一个可提供这两种照明光的台灯，这种台灯配有连接底座的可伸缩连接臂。我们也推荐艾克霍斯特公司的 Dialite Flip 照明灯（售价 70 美元），这种灯的结构设计非常紧凑，占用很小的办公桌空间。

· 便携笔式手电筒。非常适合宝石鉴定，尤其适用于彩色宝石鉴定。它可以在包括杂货店的很多地方购买到。珠宝仪器销售店销售的便携式手电筒的价格在 5~20 美元。

· 一副带锁的镊子。我们推荐中号的有自锁功能的镊子（售价 15~30 美元）。

· 伸缩臂宝石夹。更容易夹住未经镶嵌的宝石。推动宝石夹的末端（像一个圆珠笔）伸长 3 节或 4 节镊子臂，以便它能紧紧地夹住待检测的宝石。宝石检测完成后伸出的镊子臂可以被收回（售价 5~10 美元）。

· 一瓶擦拭酒精（售价 1 美元）。

· 一瓶成分为丙酮、没有调节剂的指甲油去除剂（售价 2 美元）。

· 压缩空气罐可以从任何一个照相器材专卖店或珠宝检测仪器销售店购买到，任何品牌都可以。“灰尘去除－Ⅱ”是专门为珠宝设计的带有扳机阀的除尘器具，售价大约 45 美元，再次充气需 15 美元。便携式空气压缩罐售价为 10 美元。“无尘”牌压缩空气罐（可从照相器材店购买到，售价 20 美元），再次充气需 15 美元。

· 液体：

二碘甲烷——有很多用处的一种液体。一瓶 30 毫升的二碘甲烷售价为 50 美元。

折射率液——这是大多数折射仪需要用到的液体，可以用来检测折射率在 1.81 以内的很多宝石品种。10 克的售价为 70 美元。

图 2.27　型号为 OptiVISOR 的头戴放大镜。其他厂商（如 Vigor）也可提供类似的产品。当你需要双手自由的时候，这种放大镜特别有用。

苯甲酸苄酯——使用偏光镜检测紫晶石需要用到的一种液体。30 毫升售价为 20 美元。

· 头戴（头盔）放大镜。例如型号为 OptiVISOR 的头戴放大镜（售价 25~30 美元）或型号为 VigorVISOR 的头戴放大镜（售价 15 美元）。这种放大镜可以调节不同的放大倍数，而且它们可以解放你的双手，非常有用。

- 一卷卫生纸（粗制的不起绒的品牌），可以发挥多种用途。

（比）重液的介绍

在本书中，我们的讨论仅限于我们认为在宝石鉴定中很重要的仪器，因此我们不讨论宝石检测液体。然而使用特殊的液体可以简单快速地辅助鉴定许多宝石品种，同时也有助于辨认相似的宝石品种。用于确定宝石材质密度的“相对密度”液（重液）在鉴定宝石的时候特别有用。有些宝石学家认为一个实验室必须有一套可以测量不同密度的重液。我们将简要讨论这种测量密度的液体，但是任何对这种液体感兴趣的宝石检测人员在使用它检测宝石之前，需要对它的操作使用进行更深入的了解。关于这方面的内容，我们推荐理查德·T. 利迪科特（Richard T. Liddicoat）所著的《宝石鉴定手册》（*Handbook of Gem Identification*，第 12 版，美国宝石学院出版）、罗伯特·韦伯斯特所著的《实用宝石学》（*Practical Gemology*，第 6 版，伦敦 N.A.G. 出版）。

什么是相对密度

物质的相对密度是一个表示物质重量程度（密集程度）的测量指标——是用一种物质的重量与同体积水的重量比值来表示的。

现在让我们用立方氧化锆和钻石解释相对密度的概念。立方氧化锆的相对密度是 5.65，这意味着立方氧化锆的重量是同体积水重量的 5.65 倍。相比之下，钻石的相对密度是 3.52，这意味着钻石的重量是同体积水重量的 3.52 倍。立方氧化锆的相对密度是钻石的 1.6 倍。换句话说，立方氧化锆比钻石重 1.6 倍。

这究竟意味着什么呢？让我们以直径均为 6.5 毫米的未镶嵌的立方氧化锆和未镶嵌的钻石各一粒为例——二者都是圆钻形明亮式切工。我们都知道，在钻石直径与重量对比尺标准表中，6.5 毫米标准圆钻形切工的宝石重量大约是 1 克拉。如果相同尺寸的立方氧化锆与钻石具有相同的相对密度，那么它的重量大约也是 1 克拉。但是我们发现相同尺寸的立方氧化锆要比钻石重。它的重量大约是 1.75 克拉！由于立方氧化锆的相对密度要比钻石大，即使它们的尺寸相同，它们的重量也是不同的。

物质的相对密度越高，重量越大；反之，物质的相对密度越低，重量越小。如果你比较一粒重量为 1 克拉的立方氧化锆与一粒重量为 1 克拉的钻石的时候，你会发现，由于立方氧化锆的相对密度较大，它看上去就要比同重量的钻石小一些。由于相同的原因，一粒 1 克拉重的红宝石（相对密度为 4.0，比钻石的相对密度高），要比相同重量的钻石看上去小一些。

既然每种宝石都有不同的相对密度，你可以把怀疑的宝石品种浸没在具有相近密度的重液中，通过观察该宝石是否下沉或漂浮在液体中，轻易地粗略估算出宝石的相对密度。如果该宝石漂浮在液体中，则还要看它是如何漂浮的（上浮还是悬浮）；或者，如果它下沉，还要看它下沉速度的快慢。

知道一种宝石的相对密度可以辅助宝石鉴定。虽然单独使用重液测量通常不够精确，但是当与折射仪或其他检测仪器结合使用时，却可以提供鉴别宝石所需的判断依据。

对使用重液鉴定宝石感兴趣的人来说，下面所列的重液非常有用：

· **二碘甲烷** 这是一种我们认为最重要的重液。我们推荐它是因为它在宝石检测中有许多用途。

· **苯甲酸苄酯** 由苯甲酸苄酯与二碘甲烷混合而成的其他重液，在确定未镶嵌的宝石密度或相对密度时可以起到非常重要的作用。

· **四溴乙烷** 有助于鉴定宝石的相对密度。它在区分翡翠与软玉的鉴定中也有非常重要的作用。

美国宝石学院销售的宝石检测重液套装（售价 195 美元）包含 5 种最有用的重液。

如果吸入、吞食，或皮肤接触这些重液，它们对人体健康是有害的。切记，在使用任何化学药品进行宝石鉴定时都要小心谨慎。

一本好书的价值

除了必选、可选和前文所列的辅助检测物品外，我们还强调拥有一本可以提供参考和帮助的可靠图书的重要性。对于宝石鉴定而言，我们强烈推荐理查德 · T. 利迪科特所著的《宝石鉴定手册》、罗伯特·韦伯斯特所著的《实用宝石学》、彼得·G. 里德（Peter G.Read）所著的《宝石学》（*Gemmology*）、古柏林（Gübelin）与科伊武拉（Koivula）合著的《宝石内含物图册》（*Photoatlas of Inclusions in Gemstones*）和特德·塞梅利斯（Ted Themelis）所著的《红宝石和蓝宝石的热处理》（*The Heat Treatment of Ruby and Sapphire*）。对于钻石鉴定而言，我们推荐埃里克·布鲁顿（Eric Bruton）所著的《钻石》（*Diamonds*）和维丽娜（Verena）、帕格尔·泰森（Pagel Theisen）所著的《钻石分级 ABC》（*Diamond Grading ABC*）。对于购买宝石的基本信息而言，我们的《宝石鉴定》《彩色宝石》《钻石》和《珍珠》是值得推荐的。鉴于一种新型冒充红、蓝宝石的复合宝石的出现已成为全球性的问题——大量的这种宝石被误传为真的红蓝宝石——强烈推荐克雷格·林奇（Craig Lynch）所著的《它真的是红宝石吗？》（*Is It Really a Ruby?*）。书中有大量非常优秀的可用简单鉴定仪器检测出来的充填迹象图片。本书可以直接从作者手中购买（见第五部分第 18 章）。

除了这些推荐的图书，从网站（www.gemologytools.com）所获得的 GT Pro 互联网软件也是非常有用的，因为不断更新有关宝石处理与合成技术方面发展的信息是必要的。就像我们反复指出的那样，宝石鉴定领域是不断变化的。事实上，在本书出版的过程中，宝石鉴定这一领域可能已经发生了变化。应对这些变化的唯一措施是你随时保持信息畅通。我们特别推荐美国宝石学院出版的《宝石与宝石学》（*Gems & Gemology*）和英国宝石协会出版的《宝石学杂志》（*Journal of Gemmology*）。

第 3 章　宝石鉴定的合适光源

开始探索宝石世界时，你一定会遇到一些单词或术语。这些单词或术语可能对你而言是新的，有时听起来是复杂的，但是你会发现，其实这些术语大多数并不复杂。然而，在宝石鉴定时，有一个非常重要的领域的特定术语是需要理解的。在我们开始进行宝石鉴定之前，理解这些术语是非常重要的。

宝石鉴定初学者经常想当然地认为最重要的检测工具是他们进行宝石鉴定时所用的“灯光”。宝石鉴定会使用一种高于一切的感觉进行——视觉。即使是最昂贵的仪器，如果使用了错误的光源，对我们的宝石鉴定也起不到任何作用。不正确的照明光源可能致使宝石鉴定更加困难，甚至得出错误的鉴定结论。因此我们要确保你真正理解什么是恰当的照明光源，并简要解释每种仪器所需的不同类型的光源。在你使用任何宝石检测仪器之前，要核查本书中介绍特殊照明使用说明的章节。

在你进行宝石检测时，一旦提到照明光源，你必须考虑如下因素：

· **强度** 是指光源足够明亮让你看到需要看到的东西，还是非常微弱致使你看什么都很费劲。

· **照明光源的位置** 是指照射光来自宝石的上部、后面、底部还是侧面。

· **照明光类型** 是指照明光是白炽光、自然光、荧光，还是单色光或白光。

光的强度（光强）

强度是光的明亮程度的简单描述。强度可以增加或降低，例如，简单地打开或关闭一个照明灯具。一些照明灯，甚至一些笔式照明灯都有可调光强的功能。

对宝石鉴定而言，“标准”光——照明光不太强也不太弱——通常是足够的。采用仪器进行宝石检测时，美国宝石学院销售的小型多功能照明灯是派得上用场的。多功能灯在宝石检测时可以很容易地进行直接照明。我们还推荐使用由艾克霍斯特生产的具有可弯曲软管臂和点光斑的光纤灯。

如果照明光源非常微弱，就不能进行宝石检测。例如，当朋友们在一个有优美烛光的餐厅里要求我评价一件珠宝时，我总是感觉很惊讶。但当我告诉他们光线太暗无法进行宝石评价时，他们往往表现得很不理解。这时你将会意识到我们讨论的问题是在光线不足或光线昏暗的光照条件下，如使用放大镜或其他宝石检测仪器进行宝石检测，将降低你看出宝石内部瑕疵或内含物的能力。在不良的照明条件下——尤其在错误的照明条件下进行宝石检测，将会增大宝石检测的出错概率。

光的照明位置

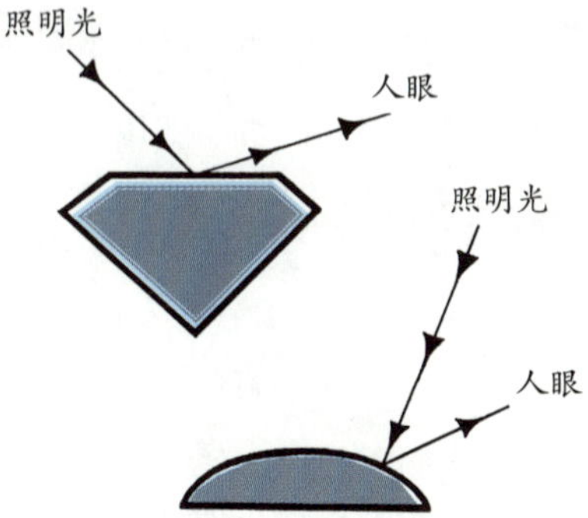

图 3.1 反射光

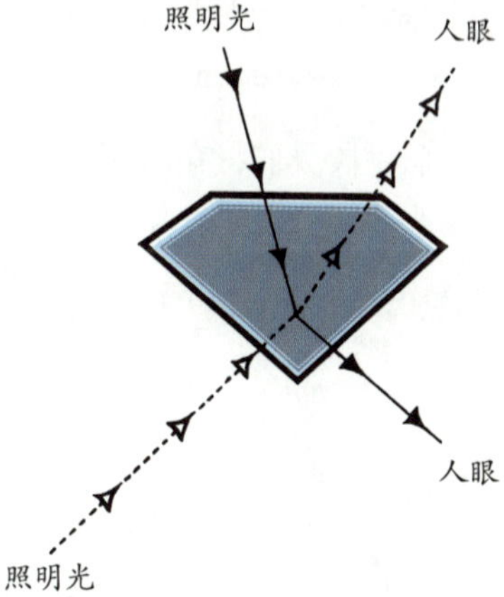

图 3.2 透射光

认识光的照明方向对宝石检测是非常重要的。照明光可以来自宝石的顶部、底部，或从宝石的侧面透射宝石。

反射光

反射光是指照射光在宝石表面闪烁的照射方式。当使用反射光照射宝石时，你必须使照射光从宝石顶部并以略微倾斜的角度照射到宝石表面。这种照明方式的目的是使照射到宝石表面的光，可以反射回去而不是继续穿透宝石。生活中反射光照明观看事物的例子可以在湖边发现。当你以一个恰当的角度观察湖面时，你经常会发现湖面几乎像面镜子一样，可以看见闪闪发光的亮点。

像镜子一样的视觉效应是从照射到物体表面的反射光产生的。你看到的湖面闪烁现象是反射光照明的一部分。

采用反射光照明方式进行彩色宝石检测尤其重要，它可以帮助你发觉“夹石榴顶石”（一个经常在老式珠宝中发现的独特造假手段，该造假手段我们将在后面进行讨论），一个破坏宝石表面的裂缝，或者当你成为一个鉴定能手时可能发现的玻璃充填的凹坑，即用于充填裂缝和改良宝石颜色（例如红宝石）的一种优化处理技术。

透射光

如果你在透射光照明条件下检测宝石，这就意味着你是在照射光穿透宝石的照射条件下鉴定宝石。

照射光可以来自宝石的各个方向——顶部、后面或侧面。灯光穿透宝石可以照射观察它的内部特征。在宝石鉴定中，一个非常有用的方法是，采用一个白色扁平卡片使来自上面的反射光透射到宝石内部。这种照明方式可以削弱透射光耀眼的程度，并增强你所看到的宝石内部结构的清晰程度。

采用放大镜检测宝石时，可以使用透射光和反射光两种照明方式。大多数的宝石检测可以在透射光照明条件下完成，但是反射光照明有时可以帮助你认出某些内含物，或者发现某些宝石切割面反射的差异——能提供非常明确的警示信号。

在使用二色镜检测宝石时，你必须采用透射光照明的方式观测宝石。便携笔式手电筒可以给出很好的透射光。在检测宝石过程中，照明光从宝石顶部照射时——如美国宝石学院销售的小型多功能灯——可提供透射光，并可以消除反射光。当待检宝石靠近光源时，便携笔式手电筒和小型多功能灯都可以提供更强的透射光。

在使用二色镜检测宝石的时候，你也可以采用来自天花板上固定光源照射的光进行宝石检测。这时候你只要把二色镜朝上放在人眼和宝石之间，并对着灯光观测就可以进行宝石鉴定了。

照明光的类型

当我们讨论不同的检测仪器，以及如何使用它们进行宝石检测时，你将会反复遇到四种照明光类型的术语：白炽光、自然光、荧光和单色光。

当我们谈论照明光的时候，通常会想到的是“可见”光——我们真实可以看到的光。但是很少有人真正理解光的概念，并能够对它包含的一些复杂科学原理全面理解。我们尽可能简单地解释一些你需要知道的有关光的东西。

首先，你必须懂得光有可见光和不可见光两种。光以波的方式传播，波的长度决定我们是否可以看到它，它还决定我们看到的光的颜色。

我们看到的最长波长的光产生了红色，最短波长的光产生了紫色。这种光的可见颜色，有时候我们称为光的可见光谱，包括（从我们肉眼可见的最长波长到最短波长）红色、橙色、黄色、绿色、蓝色、靛蓝色和紫色。

白光与单色光

当所有可见光谱的颜色混合在一起的时候，我们就得到了白光。在多数宝石鉴定仪器上我们都使用白光。

然而，有时我们想用“单色”进行宝石检测。单色光是指组成光谱的只有一种颜色的光。在七种单色光组成的可见光谱中，有六种单色光可以被棱镜分离，只有一种（单）颜色（色品）的光被留下。黄色的单色光通常被用在折射仪上。许多多功能灯（例如美国宝石学院销售的那些灯）可以提供白光和单色光两种。然而，如果你没有黄色的单色光灯，那么滤色镜是个很好的替代品。或是把几片黄色的玻璃纸（例如糖果包装纸）简单地盖在白光光源上即可产生黄色单色光。

白炽光

白炽光就是白光，是所有可见的光谱颜色混合后形成的光。词语“白炽”是 “产生热”或“发热”的意思，经常是指由发热或加热的物体产生的光——烛光是白炽光。家庭用的普通照明灯也可以产生白炽光。这种灯包含一个普通的灯泡（ “发热”来自灯泡内部加热的钨丝）。

自然光

可见和不可见波长都存在于自然光中。因此，我们看到的宝石颜色在自然光和白炽光下是有区别的。例如，变石（一种可以变色的宝石）在自然光下呈现的颜色是绿色和蓝绿色，而在白炽光下呈现的颜色却是紫红色。当你在室外自然光下发现变石可能被看作祖母绿，这是不足为奇的。当你在灯笼或烛光照耀的夜晚再次观看在自然光下看过的变石时，你所看到的颜色是多么令人惊叹啊！

在许多例子中，人们既可以使用自然光观察又可以使用白炽光观察事物。而当我们特指荧光或日光型荧光时，意思是白炽光不可用；或者，如果特指白炽光，那么荧光不可用。例如，当使用查尔斯滤色镜检测宝石时，特指的光是白炽光。这种情况下，自然光也可以使用，但是由于荧光不能产生像白炽光那样的照明效果而不可用。

荧光灯

通常有两种类型的荧光灯可以在家里和办公室里见到——这两种灯都可以装在台灯和天花板上——冷白色型荧光灯和日光型荧光灯。荧光灯产生了超越我们可见光谱范围的，包括某种“紫外线”波长的——一种超越可见紫色的波长。日光型荧光灯产生的紫外线要比冷白色型荧光灯产生得多。通常，我们特指的荧光灯是指日光型荧光灯。在这里应该指出，我们使用日光型荧光灯进行宝石鉴定和大多数宝石颜色分级。而对于钻石颜色分级，使用这种类型的荧光灯可能得出错误的结论（我们将在紫外灯章节中解释原因）。

对于宝石鉴定而言，你需要认识到，荧光是由安装在天花板上的长形玻璃管发出的光（有时是嵌壁式的，通常是在扩散器的背后。这种发光模式可能使观察的宝石变得最糟糕——所有珠宝在这些灯下看起来都“毫无生气”）。

当你必须查清宝石鉴定时，你使用的那些灯管是产生冷白色型荧光，还是产生日光型荧光。如果你不知道所使用的灯产生哪种类型的光，可以在灯管的一端寻找相应的标识。如果你不能近距离观察灯管，也可以从灯管发出的光来辨别灯管的发光类型——日光型荧光灯产生更强的蓝色调，而冷白色型荧光灯会产生微弱的淡黄色调。

在宝石鉴定中，我们推荐使用带有“光”型荧光灯管的台灯（如果你使用的台灯没有这种类型的荧光灯管，只需简单换掉它们就可以了）。如果你没有荧光灯且正打算去购买一个，我们推荐你购买具有荧光和白炽光两种照明方式的环形灯管荧光灯（售价大约100美元）。我们喜欢那种具有伸缩臂的荧光灯。而在台灯中常见的环形荧光灯管是冷白色型荧光灯管，因此你必须从电器供应商购买日光型荧光灯管，然后更换它。我们也建议使用艾克霍斯特公司生产的一种型号为Dialite Flip的荧光灯。因为相比较其他荧光灯，它能发出更全的光谱色散射光(可以产生相当于6000开色温自然光的颜色）。

不可见光——紫外光

如前面所述，照射光有可见光和不可见光两种。我们已经讨论了可见光，现在我们将花一些时间来介绍不可见光。对于珠宝鉴定而言，只需了解一种类型的不可见光，即“紫外光”。紫外光是不可见的，因为它的波长要比我们人眼可见的最短波长还要短。可见光谱中的一端是紫光——可见光波长的最短波长。紫外光是比紫光波长还要短的光波——“超紫光”。

宝石鉴定中使用的重要仪器之一——紫外灯，是一种仅能提供紫外光的特殊灯。宝石学家鉴定宝石时，通常使用一种可以提供两种不同波长紫外光的紫外灯——长波紫外光和短波紫外光。有些宝石在长波紫外灯或短波紫外光下，可以呈现出一种独特的颜色，这种颜色通常在普通光照射下是不可见的。这些宝石在紫外灯下呈现独特荧光颜色的特征，我们称之为荧光反应（发光性）。正确使用紫外灯可以轻易地观察到宝石的发光性。一些宝石只在短波紫外灯下发光，一些宝石只在长波紫外灯下发光，还有一些宝石可以在长、短波紫外灯下都发光。在长波紫外灯和短波紫外灯下呈现荧光的特性，可对许多宝石的鉴定提供重要的鉴定线索。这种在紫外灯下发光的特性将在紫外灯一章展开更详细的探讨。

不可见光——X 射线

X 射线光是一种类似紫外光的不可见光，可以用来观察类似宝石在紫外灯下呈现的特殊现象。然而，X 射线光非常危险，因此我们不推荐将它用于宝石鉴定。

表 3.1 宝石鉴定仪器推荐使用的照明光

宝石鉴定仪器	照明光				特殊说明
	白炽光	荧光	透射光	反射光	
放大镜	是	是	是	是	
查尔斯滤色镜	是	否	否	是	检测原石（未切割宝石）时，透射光也可以使用
二色镜	是	是	是	否	
折射仪	是	否	是	否	单色光（黄光）照明下，可以更清楚地看到宝石的折射率。一些折射仪可以提供单色光，例如 RosGem 生产的单色光折射仪。像 GIA 多功能灯之类的灯也可以提供单色光，或者你可以通过滤光片和几张黄色的玻璃纸来产生你所需要的单色照明光
紫外灯	否	否	否	否	该仪器提供了特殊的照明光。必须正确使用“暗室”或“暗室观察仓”
显微镜	是	是	是	是	
分光镜	光源通常是独立的				
偏光镜	光源通常是独立的				
电子钻石测试仪	不适用				
合成钻石检测仪	不适用				
浸液槽	是	是	是	否	漫射光通常是有用的
暗视场放大镜	是	否	否	否	提供了强有力的侧光
合成祖母绿滤色镜	是	否	否	是	

第三部分

必备仪器——详细介绍及使用方法

第 4 章　放大镜和暗视场放大镜

什么是放大镜

放大镜是人们最熟悉，也是应用最广泛的宝石鉴定仪器。它在三种最基本的小型仪器中位列第一，这三种仪器小到可以让人放在口袋中随身携带。

本书提到的小型放大镜专门用于宝石检测。放大镜的倍数常用“×”来表示，各种放大镜的放大倍数不同：分别用 6×，10×，14×，20× 和 24× 来表示。例如 6× 放大镜，可以将被观察的物体放大到自身的 6 倍。对于宝石鉴定而言，所用小型放大镜，一定是带有黑色外框的 Hastings 三组合放大镜——不要购买铬黄色或镀金的放大镜。我们推荐 10× 放大镜，其原因将在下文解释。

三组合小型放大镜之所以是必备的，原因是：它可以纠正其他类型的放大镜存在的两个问题——彩色边缘现象（色像差）和图像畸变现象（球面像差），这两种问题往往存在于镜头的外边缘。

当使用小型放大镜判断钻石颜色等级时，消除其透镜彩色边缘现象尤其重要。对于非三组合放大镜来说，即使存在轻微的彩色边缘，也可能会导致钻石颜色的不正确分级。美国的联邦贸易委员会要求在进行钻石净度分级时，必须使用10倍放大镜。10倍放大专门用来确定净度（瑕疵）等级——如果在10倍放大条件下不可见其净度特征（瑕疵），则无法进行净度分级。

图 4.1

三组合小型放大镜图像畸变现象校正会产生像场平度。如果使用非三组合型放大镜观察宝石，任何放大镜的外边缘看到的瑕疵都会被扭曲，扭曲程度大小取决于瑕疵与视镜边缘的距离大小。这种情况下，因无法清楚地看到瑕疵形态，判断力就会受到影响，可能会导致无法正确识别宝石中的瑕疵，最终无法正确鉴定宝石。

我们推荐黑色外壳（外框）的三组合镜的原因是它可以消除干扰性眩光。铬黄色或镀金的放大镜是不推荐的，因为它们反射的白光或黄光会投射到被检测的宝石上，这一点对钻石的影响很大。一些珠宝商会使用钟表匠式放大镜，这种放大镜可以解放双手。如果你更愿意使用这种类型的放大镜，那么一定要确保它是三组合镜，因为大部分钟表匠式放大镜都不是三组合镜。我们还推荐使用新的暗视场类型放大镜，因为暗视场照明有利于检测宝石中的充填和某些内部特性。

关于放大倍数的一个问题——放大倍数越大越难以观察

大多数人认为放大镜放大倍数越大，越容易看到你要观察的东西，特别是用于观察内含物（瑕疵）。事实上，这并不完全正确。除非你已经充分掌握放大镜的工作原理，并知道如何正确聚焦，否则使用高倍数放大镜难度更大，会出现严重错误。

确实，当你使用较高倍数放大镜观察宝石的内含物时，会更容易看到内含物，并确定其类型。然而，在寻找内含物时，放大倍率越高，事实上是越难发现这些内含物的。这是因为随着放大倍数的增大，焦距——镜头中心到焦点的距离——却在变小，景深——镜头的像平面两边的清晰范围——也在变小，这样观察视野就会变小，更难以准确对焦。缺乏经验的人使用高倍数放大镜很容易忽略内含物。使用放大镜观察时，可以在内含物前面或后面聚焦——但是不能放在内含物的准确位置上，这样观察会完全忽略内含物！

这就解释了为什么放大镜倍数越大越难以观察。使用 10 倍放大镜时，会有 1 英寸的焦距。这意味着可以看到宝石中距离放大镜边缘 1 英寸的任何东西。此外，使用 10 倍放大镜观察时，能够清晰对焦的范围也较小，这意味着放在距离放大镜 0.75 英寸或 1.25 寸的物体也是可以看清楚的。也许看得并不是很清楚或是不能准确对焦，但至少可以看到那里是有东西存在的，这样可以相应地移动放大镜来让它准确对焦。但是使用高倍数放大镜时情况却不同。例如，20 倍的放大镜有一个 0.5 英寸的焦距，并且在 0.5 英寸之前或者之后只有很小的能够清晰对焦的范围。因此，如果宝石内部瑕疵恰好在焦点的位置前面，或是刚刚超过这一点的，就会被漏看。有一些宝石通过 20 倍放大镜检查所得鉴定结果为完美，但这些宝石显然是达不到完美标准的。使用 10 倍放大镜，人们可以看到使用 20 倍放大镜漏掉的瑕疵！

一些无良珠宝商和交易商了解到使用高倍数放大镜难以准确对焦，于是他们就使用了具有欺诈性的手段来蒙蔽顾客。他们立即提供

20 倍或是 24 倍放大镜让顾客能够“仔细查看一下”。他们深知，新手在使用高倍数放大镜时能看到的东西很少，甚至什么都看不到，但不知情的新手更重视经销商给予他们的一切可能的机会，去了解所购买的到底是什么东西。

我们建议你使用的放大镜不要超过 10 倍放大率。如果你愿意，可以添置一个 14 倍或 20 倍的放大镜，这样在使用 10 倍放大镜检测过后，可以再使用这些仪器去仔细观察一下你用 10 倍放大镜看到的东西。

放大镜可以帮助你判断一块宝石是天然的、合成的，玻璃，还是二层石。它可以帮助识别宝石内的典型内含物，如表面瑕疵、裂隙、缺口、划痕、气泡等。而且放大镜至少可以帮助确定一块宝石切割的工艺，比如对称性、比例、刻面边缘的齐整情况等。

如何使用放大镜

在你开始检测珠宝时，要先练习放大镜的使用，学会通过放大镜清楚地检测宝石。虽然 10 倍的放大镜要比高倍数放大镜操作起来更容易，但它最初的对焦仍然是很难的。通过一些练习，使用 10 倍放大镜观察东西就会变得简单起来。请在任何难以看清的物体上进行实践练习，包括你皮肤上的毛孔、一缕头发的根部、针头等。仔细查看这些被检测的物体，慢慢地旋转、倾斜，旋转的时候来回移动，从不同角度和不同方向观察。将放大镜放在与被检查物体之间不同距离的位置聚焦。很快你就可以很容易地对任何你想检测的东西准确对焦。当你使用放大镜观察熟悉的东西已经能得心应手时，你就可以用它来检测珠宝了。

第一步要确保石头是清洁过的。在用放大镜检测前进行彻底清洗是不可省略的步骤。对大多数宝石来说，蒸汽清洗是一个非常好的方式。另一个安全的方法是使用细尖的画笔蘸上干净的异丙醇轻轻地清洁宝石。这种方法通常可以去除灰尘、指纹、油脂和藏纳于爪镶处的污垢。如果你在显微镜下观察一块石头，你可能会惊讶地看到在用酒精清理之后，很多原来被认为是“瑕疵”的地方已经洗掉了。

用镊子夹起裸石，或是一件金属镶嵌的首饰，将它浸在一个小玻璃杯中的酒精里，之后使用刷子轻轻清洗。在完成清洗之后，从酒精中取出，用干净的布、纸巾或卫生纸擦干。最后使用空气压缩机（如除尘器）吹掉上面残存的所有绒毛。

超声波清洗只推荐针对钻石使用。蛋白石、珍珠、祖母绿或是任何有严重缺陷的宝石都不能使用超声波清洗，因为超声波清洗会严重破坏这一类宝石。如果不具备其他的清洁方法，则可以哈气使宝石表面出现蒸汽，然后用一块干净的布，如手帕或衬衫来擦拭。这将至少除去表面的油脂膜。

当确保宝石已经清洁干净，就可以使用放大镜了。如果你严格遵循以下的这些步骤，就应该不会出现问题。

使用放大镜的关键步骤

1. 用拇指和食指握住放大镜，用另一只手以同样的方式拿着要检测的宝石或者珠宝。如果用镊子夹着裸石进行检测，为安全起见要握住离镊子镊尖很近的地方。

2. 把放大镜靠近眼睛。不要移动或是摇晃，用脸颊、鼻子，或是脸上任何感觉舒适的地方撑住握放大镜的手。放大镜应尽量靠近眼睛（不需要摘下眼镜）。

3. 现在，把要观察的物体放置于放大镜下。握物体的手也需要找地方支撑住，在检测的过程中不要移动。把双手挨在一起，这样大拇指下面的部分可以挤在一起，用双手手掌末端位于手腕上方的部分去支撑。手腕作为一个轴心必须可以自由移动，这样可以移动宝石从不同的角度去观察。

4. 找到一个坚固的三点的位置。双手仍紧紧地靠在一起，挨着脸颊或鼻子，把双肘牢牢地放在书桌、桌子或工作台面上。如果没有其他的东西，也可以将胳膊靠在胸部或肋骨处。这是唯一可以让手真正保持稳定的办法。在珠宝检测时，保持手的稳定是非常重要的，这样才可以确保准确对焦。

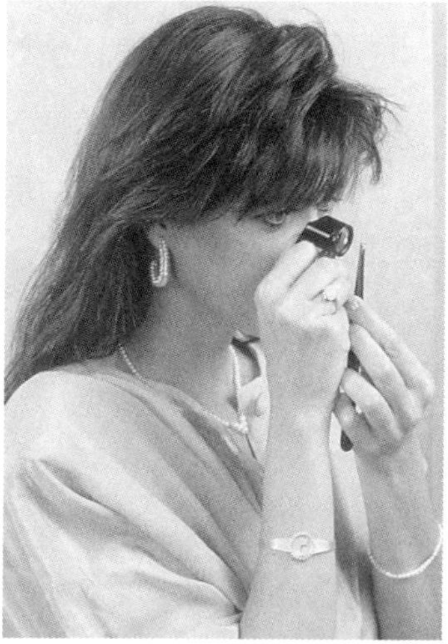

图 4.2 使用放大镜检测镊子夹持的宝石。

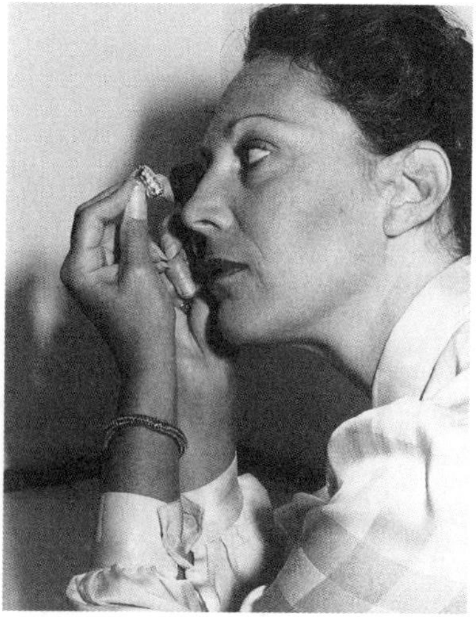

图 4.3 观察宝石时，持握放大镜的准确方式。

5. 如果检测的宝石是裸石，抓握宝石的方式是手指只触摸宝石的腰部。把手指放在台面（宝石的顶端）或亭部（宝石的底部）都会留下油痕。建议小心使用镊子夹持宝石，而不是用手指抓握。

6. 旋转要检测的宝石，慢慢地来回倾斜，以做到从不同的角度观察，这是至关重要的。正如我们前面提到的，你的眼睛可以清楚地看到宝石上的一个区域，但可能对于相邻的区域就完全看不到——这样会导致漏看附近的瑕疵。通过慢慢地转动和倾斜宝石，你可能会更容易看清楚宝石上的一切。

7. 用放大镜对宝石表面和内部聚焦。要想聚焦内部，先要聚焦表面，然后慢慢移动宝石靠近放大镜，这样你可以不断调整放大镜与宝石内各区域之间的距离；停下来仔细看；接下来再慢慢移动宝石，让它更靠近放大镜，继续仔细观察。重复上面的步骤，观察宝石各面。如果你只聚焦宝石的表面，或者宝石的顶部，你就看不到宝石的内部构造。

8. 如果你在寻找宝石中的内含物，在宝石的后面上下扭动手指，宝石内部就会产生明暗，这将会让任何内含物更明显，让其形状、颜色、大小更确定。这种手指扭动观测宝石的方法我们称之为“博南诺手指蠕动”技术，在过去的 50 多年里，学员们都认为这种技术很有帮助。

照明和放大镜

使用透射光和反射光

首先握持要检测的宝石，让光线从宝石后面透过宝石，到达眼睛。如果光源放置在跟头部齐平的位置，这一点很容易做到。只需要抓起宝石放在灯光前，用放大镜检查。如果用的是顶置灯，就需要拿着那块宝石，让光线从上面进入，并在宝石后面放一张白色名片。当光离开宝石的时候，白色名片会把光反射回宝石。这种技术也会减少眩光，使你更清楚地看到宝石的内部特征。

有时使用手电筒或者笔式手电筒从背后照射宝石也是有用的，但你必须小心避免太多的眩光射向眼睛。为了减少眩光，或营造更加柔和的漫射光，我们经常会取一张白纸，如餐巾纸或纸巾，把白纸放在灯的上方，在这种情况下，白纸起到了漫射器的作用，提供了即时的“漫射”光。漫射光往往有助于看到某些类型的内含物，如可以证明是表示合成红宝石或蓝宝石的弧形生长纹。

大多数检测都可以使用透射光照明来完成，但有时使用反射光来观察宝石也是有用的（见第二部分第3章）。因此，还需要练习用光从上边照射宝石，用放大镜观察时倾斜和旋转抛光面，这样可以使光线从每个平面的顶部反射出去。

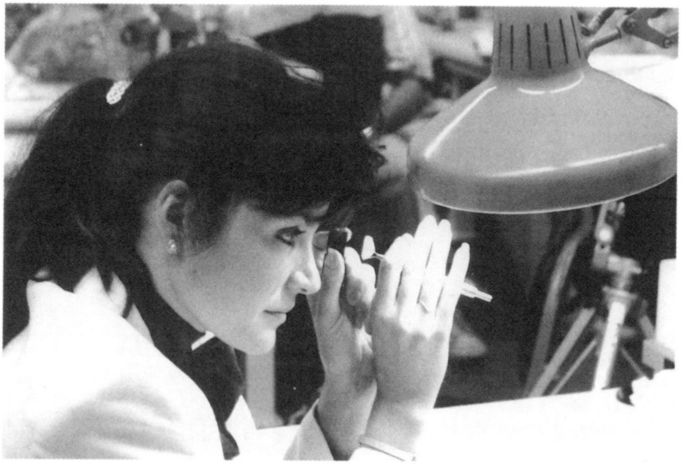

图 4.4 在透射光照明下使用放大镜观察宝石，辅以我们的“博南诺手指蠕动”技术。

采用这种方式，有时可以看到刮痕或磨损的边缘，以及某些类型的夹杂内含物，或者在古董珠宝的夹层结构内出现的上表面“光芒”（由光反射产生），这些是人们还无法生产好的合成宝石时的产物。

练习使用放大镜和聚焦是很重要的。先练习用放大镜观察你已经熟悉的事物，学会使用“博南诺手指蠕动”技术。练习使用不同的光源——来自不同方向和不同强度的光源。暗视场放大镜，在检测充填钻石内某些类型的内含物和闪光效应时特别有用。

放大镜下可以看到什么

随着实践和经验的逐渐积累，即使是一个普通的宝石业余爱好者也可以在放大镜下看到很多东西。可以帮助你确定一颗宝石是否天然的、合成的，玻璃或二层石；也可以帮助你识别宝石的特征包裹体、瑕疵或裂缝；还可以揭示重要的切割特征或磨损瑕疵。本章将告诉你一般来说使用放大镜可以看到什么，还会详细讨论钻石和彩色宝石的常见瑕疵。

以下是你首先看到的东西：

·切割工艺 例如，宝石是否对称？切割后的面数是否正确？比例是否恰当？这是检测宝石真伪的一个重要线索，这是因为在切割玻璃时，很少有人会像切割钻石一样花费同样的时间和心思。

·发现破口、裂缝，或刻面边缘的划痕、刻面或台面 以锆石为例，它看起来非常像钻石，因为其具有与钻石类似的明显光亮度与相对较

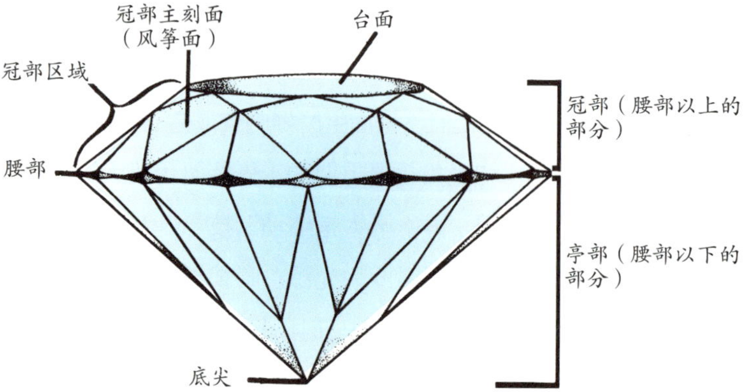

图 4.5 钻石结构示意图

大硬度，但它容易破裂。因此，使用放大镜仔细检查锆石，往往会看到微小的破口，特别是在台面边缘附近和腰部。玻璃的硬度比较低，因此在其表面往往会有划痕出现。同时，检查一枚戒指的爪镶处，经常会发现在镶嵌过程中它上边产生的裂痕和划痕。

· 在新型的充填红宝石和蓝宝石的**表面发现龟裂纹**（见第五部分第 18 章）。

· 对于祖母绿类的宝石，使用放大镜可帮助你判断一些天然裂隙的严重程度——裂隙与表面的距离、裂隙的深度，以及这些裂隙是否会导致宝石将来更容易断裂。

· **刻面边缘的锐利程度** 坚硬的石头会有锋利的边缘，或者在相邻平面之间有更清晰的边界。很多宝石仿制品硬度较低，在使用放大镜观察时，可以发现其刻面之间的边缘看起来不够锐利——外观看起来更为浑圆。使用放大镜还可以观察到模制塑料特有的圆边。

· **表面纹理差异会有助于区分真假珍珠** 由于仿造珍珠会有漆质表面涂层，因此当使用放大镜观察假珍珠时，人们可以看到卵石花纹饰面，而真正的珍珠（包括天然或人工养殖珍珠）其特点是表面光滑。将你已确切知道其真伪的珍珠放在放大镜下进行一个简单的对比，马上就会知道真假珍珠之间的差异。

· **内含物和表面瑕疵（也叫缺陷）** 许多内含物（宝石内部特征，如裂隙、晶体包裹体、气泡等，可以揭示宝石在何种条件下形成）和使用肉眼看不到的表面瑕疵（如破口和划痕等外部特征），可以通过放大镜观察到。经过简单的实践练习，你可以学会找出玻璃中特有的气泡和旋涡。但要记住，除非熟练掌握放大镜的使用，否则大多数内含物是不易看到的。这是宝石鉴定中最难掌握的领域。它需要足够的耐心——循序渐进。尝试只专注于一种类型的内含物，或者某一特定宝石（如蓝宝石）的内含物。如果可能的话，寻求专业的指导是有帮助的，直到你对会看到的宝石内外部特征充满信心。不要担心你手头没有你需要的不同类型内含物的资料和图片。如果想要得到优质的图片和其他信息，我们推荐由爱德华·古柏林编撰的《宝石内部的世界》，或是爱德华·古柏林和约翰·科伊武拉合著的《宝石内含物图册》。

· **实验室检测报告身份编号** 现在许多实验室会在钻石腰部用激光刻出他们出具的报告编号。举例来说，美国宝石学院在钻石腰部镌刻辅助鉴定证书的编号（是针对小钻石做的）。这提供了一个很好的手段来确保你的钻石具有辅助鉴定证书。

学会使用放大镜聚焦，让自己能够发现宝石中的内含物，是一个值得骄傲的成就。一旦你做到这一点，就能够通过参照本书或者本书推荐书籍中提供的图片来识别所看到的东西。

当用放大镜检查有色宝石的时候，记住达到无瑕级别的彩色宝石比无瑕钻石出现的概率还要低。在彩色宝石中，比起瑕疵本身，瑕疵的类型和位置是更重要的考虑因素。不像钻石那样，瑕疵的出现通常不会显著降低彩色宝石的价值；它们经常会帮助人们做出准确的判断，确定一颗宝石是自然的还是合成的，并可能指示宝石的原产地（如缅甸或哥伦比亚）。宝石的产地特征信息可以增加宝石的价值。

对于下文描述的内含物，请参见本书前面彩页部分内含物的彩色图解。

钻石内含物和表面瑕疵

当描述钻石的特征时，如果是内部特征我们称之为内含物，如果是外部特征我们则称之为表面瑕疵。下面我们将介绍你有可能见到的各种内含物和表面瑕疵。

内含物

须状纹或条纹（须状腰） 通常是在钻石修圆时切割不当产生的。钻石腰部因过热处理产生裂缝，像小胡须一样从腰部边缘嵌入钻石。有时须状裂痕可以通过轻微抛光去除，有时有轻微须状裂痕的钻石仍然可以被定分级为 IF（内部无瑕）。

解理 钻石内具有裂面的一种裂隙，如果解理非常严重，可能会导致钻石分裂。

无色晶体（浅色包裹体） 通常是钻石内的微小晶体，它可能是另一种矿物。有时它显得非常小，有时大到足以大大降低瑕疵等级。一群无色晶体可以明显降低钻石的等级。

暗色点状包裹体（深色包裹体） 这是一种小型晶体包裹体，或是薄板状、似镜面或金属反光包裹体。

羽状纹 裂隙的另一名字。羽状纹的大小差别很大，一条小的羽状纹，如果没有贯穿刻面则不算严重。热冲击（将宝石暴露于极端温度下，或超声波清洗机中）可能会增大羽状纹（见闪光效应）。

闪光效应 在用放大镜检测宝石时，如倾斜或晃动宝石，就会出现一个橙色或粉色区域，内有紫色或蓝色闪光，这表明宝石的裂隙里被充填了人造充填物来掩藏裂隙。使用暗视场放大镜更容易看出闪光效应。

生长线或纹理线 在放大镜下，这种内含物只有在旋转钻石时才能看到，通常在瞬间出现或消失。它们的形态通常是三四条浅棕色线成组出现。如果从钻石的冠部侧面看不到且很小，它们就不会对钻石等级评定产生不利影响。

双晶纹 这是一种彗星脊状的内含物，可以出现在钻石表面的任何地方，通常在台面上。它实际上是一个小钻石晶体的一部分，一般在抛光过程中突然出现，切割者是看不见的。

图 4.6 使用放大镜观察到的激光钻孔
图片来源：R. 布西拍摄，哥伦比亚宝石学院

激光钻孔 激光处理经常被用来使宝石内部缺陷不太明显，从而改善宝石的外观。例如，使用激光光束可以让一个黑色内含物蒸发，几乎消失。使用 10 倍放大镜可以看到激光孔。它们看起来好像细直的白线从刻面表面延伸到含有蒸发的内含物的区域。

针点状包裹体 这是钻石内部极细小的包裹体，通常呈白色（也可能是黑色）的点状，一般在 10 倍放大镜下很难被发现。点状包裹体可以是独立的一个、两个，也可成群出现（通常外观模糊很难看到）。

外部瑕疵

底尖刮伤或磨损 在现代切工的宝石上，底尖是一个很小的平面，几乎就是一个点。刮伤或者磨损的底尖是不良切割造成的，看起来比实际要大。这种瑕疵通常不严重。

粗糙腰围 这种瑕疵表现为纵横交错的线条，明暗反差强烈的粗糙抛光，或细小的破口。这种瑕疵可以通过在腰部修琢或再抛光得以校正。

双晶纹 这些看起来像极小的脊状凸起，通常有某种类型的几何轮廓。它们是两块钻石在一起生长的结果（双晶）。这种瑕疵很难被发现，通常只有当光线经刻面反射时才能看到。

图 4.7 钻石腰棱上的原始晶面
图片来源：美国宝石学院

图 4.8 钻石腰棱上的缺口或破口
图片来源：美国宝石学院

原始晶面 指的是钻石原石（毛坯钻石）表面的残余。原始晶面通常会保留在钻石腰部的目的是，在切割毛坯钻石时，尽可能切割出最大的钻石。这种瑕疵通常出现在钻石腰部，看起来像是一些粗糙的、未经抛光的划痕。一些表现得像小的三角形，称为倒三角形凹坑。如果原始晶面的宽度不大于腰部的正常宽度，将不会影响钻石的圆周，一些宝石学家并不认为这是缺陷。原始晶面通常抛光后像一个额外的刻面，尤其是当它们出现在腰围边缘的下部时。

缺口 是指通常出现在腰围的细小破口。缺口是因钻石受到磨损而产生的，尤其是腰围厚度较薄的钻石。

有时缺口或破口可以在两个刻面边棱交会点上看到（形成了一个“擦伤的拐角”）。如果缺口比较小，擦伤拐角可以通过抛光而变成一个额外刻面。这些擦伤的拐角通常出现在冠部刻面边棱的交会点上。

凹点或凹坑 是一些通常出现在台面上的小孔。如果凹点足够深，就会降低钻石的净度级别。去除凹点的方法包括重新切割钻石的顶部（这将导致钻石的重量受到损失）和收缩钻石的直径。重新切割钻石还将影响到钻石的对称性。

抛光纹 许多钻石表面都有抛光纹出现。如果抛光纹出现在亭部边缘且不太明显，将不会降低钻石的品质。然而，在一些小钻石上，这些划痕线明显，它们通常是抛光轮在抛光钻石时抛光不当所产生的。

刮痕 是钻石上的细小瑕疵，可以通过简单的重新抛光去除。

如果你打算通过重新抛光去除钻石表面外部瑕疵，要记住这个瑕疵在重新抛光前必须确定可以去除才能进行抛光。

彩色宝石的内含物和表面特征

许多类型的包裹体可以在彩色宝石中发现。由于一些特定的内含物可以在一些宝石中出现，但不可以在另一些宝石中出现，因此这些存在于宝石中的特定包裹体，可以为这种宝石的产地鉴定提供非常重要的检测依据，尤其是与其他测试结果结合分析时。以下是彩色宝石中常见的瑕疵类型：

气泡 这些包裹体看起来像是形状、大小各不相同的小气泡。虽然圆形的气泡也可以在天然琥珀中出现，但是它们的出现通常表明含有该气泡的宝石为玻璃或合成宝石。 在合成红宝石或合成蓝宝石中，气泡可以是圆形、纺锤形（中间大两边依次变小的一串气泡）、梨形或蝌蚪形。以梨形或蝌蚪形出现的气泡，它们的尾部总是朝着相同的方向。当有大量的气泡被看到时，这些气泡可能是玻璃中的气泡。然而，如果你只看到一些气泡，这时需要进行更高放大倍数的检测，以确定你看到的气泡是真的气泡还是一些小的晶体。这些小的晶体在 10 倍放大观察下看起来像气泡。

解理 这是宝石破裂的一种类型，而不是真实的包裹体。解理可以在托帕石、钻石、长石、紫锂辉石和翠绿锂辉石中发现。解理是一种平面状或片状裂隙，如果具有解理的宝石暴露在极端温度变化的条件下（热冲击），它可能降低宝石的品质。具有解理的宝石如果受到严重的冲击，可能会碎裂。同样，解理瑕疵在超声波清洗时也会变得更大。

弧形生长纹 这些同心的弯曲线通常出现在老式的合成蓝宝石与合成红宝石中。有时候这种弧线的曲率非常明显；有时候这种弧线的弯曲程度非常小，看起来就像是直线。

弧形生长纹在像合成浅粉色蓝宝石那样的浅色宝石中很难发现。在散射光照明或弱光照明条件下，借助宝石显微镜，弧形生长纹很容易观察到。

暗色球状包裹体 这些似球状暗色包裹体仅仅在泰国红宝石中出现。它们看起来像是一些暗色不透明的小球，且被一个细小不规则褐色云状物所包围。这些似球状暗色包裹体从来没有在缅甸红宝石中观察到。缅甸红宝石中经常出现的包裹体是从来没有在泰国红宝石中看到的丝状包裹体。似球状暗色包裹体是泰国红宝石产地鉴定的“指纹”特征。

羽状纹 这是一种既可以只在宝石内部出现，又可以破裂到表面的一种裂隙。近表面或者破裂表面而出的大的羽状纹可以降低宝石的品质，且使宝石更容易遭受破坏。在鉴定祖母绿时，质检人员必须特别小心检测这种裂隙,因为注油后的祖母绿可能会使羽状纹更难被发现。在反射光照明下，使用放大镜检测祖母绿时，将可以发现那些破裂表面的羽状纹。这种破裂表面的裂隙在反射光照射下，就像出现在刻面上的一根细小的头发或细线。这种“头发”或“细线”即使清洗后也仍然存在。

“锈斑”状裂隙的出现通常表明含有这种包裹体的宝石是真正的宝石。

大量呈网状或渔网状分布，看起来像是祖母绿的绿色宝石表面上的裂隙,表明这种宝石是李奇来尼合成(Lechleitner Synthetic)的祖母绿。

指纹状包裹体 这是一些弯曲排列的小晶体包裹体，组成的图案类似人们的指纹，可以在石英家族的晶体（紫晶、黄晶等）和托帕石中见到。在蓝宝石中，它们像是液体充填闭合的羽状纹。

闪光效应 在祖母绿中，如倾斜或前后晃动宝石，就会出现一个黄色或橙色的闪光转变为蓝色闪光。这种现象表明有环氧树脂充填裂隙。闪光效应还可以在其他宝石中看到（但是闪光的颜色不同），而且都表明有裂隙充填物的存在。

光晕或圆盘状包裹体 许多粉彩色斯里兰卡（锡兰）蓝宝石中含有一种被称作光晕的扁平、圆盘状包裹体。这些是由锆石晶体在母晶中生长而在锆石周围产生的微裂隙。微小的锆石晶体有时是可见的，有时以一个小点出现在圆盘的中心并向外延展。光晕状包裹体也可在其他宝石（如石榴石）中出现。

内部生长纹理 独特的内部生长模式，通常可以提供鉴定合成宝石的关键指标。一些水热法合成祖母绿中出现了类似具有尖锐山峰的山脉状生长模式。

液体充填或愈合裂隙 这种类型的包裹体发现于刚玉家族（红宝石和蓝宝石）的宝石中，并且在蓝宝石中比在红宝石中更易观察到。它就像一个迷宫，略微弯曲的小管靠近另一个小管躺着，每个小管之间被一个空格分隔开。这样排列的整体外观经常像一个迷宫或指纹。

针状或纤维状包裹体 这些包裹体看起来像细针或纤维，有时被称作丝状包裹体。这种类型的包裹体可以在铁铝榴石、蓝宝石、红宝石和海蓝宝石中发现。

亭部彩虹色表明亭部表面镀膜 宝石中出现特有的彩虹色图案表明，该宝石仅在亭部采用镀膜处理技术来改善颜色。这种颜色在亭部的反射面上可以看到，是由光在镀膜与宝石表面干涉而产生的。

一些人认为在强光源下前后摇动宝石是亭部彩虹色的最佳观察方法，而另一些人则认为在散射光照射下更易观察到亭部彩虹色。彩黄色变化的强度取决于宝石和生产厂商所用的镀膜材质。通常情况下，在托帕石和绿柱石中很容易看到镀膜，但是在蓝宝石和坦桑石上的钴镀膜却非常难以发觉。

雨状包裹体 这些是像雨一样的虚线状包裹体。它们在助熔剂合成红宝石——例如卡尚（Kashan）合成红宝石——中可以看到。

表面龟裂纹 看起来像是宝石表面网状纵横分布的划痕线。它们可以出现在宝石的任何一个面上，也可以出现在宝石的所有面上。现在一种新型铅玻璃充填刚玉仿红宝石和蓝宝石品种上可以看到表面龟裂纹，可能被误认为是真正的红、蓝宝石（见第五部分第 18 章）。这些网状线不是划痕，而是铅玻璃沿刚玉裂隙出露表面程度的反应。它们实际上是贯穿刚玉整体的，但是由于铅玻

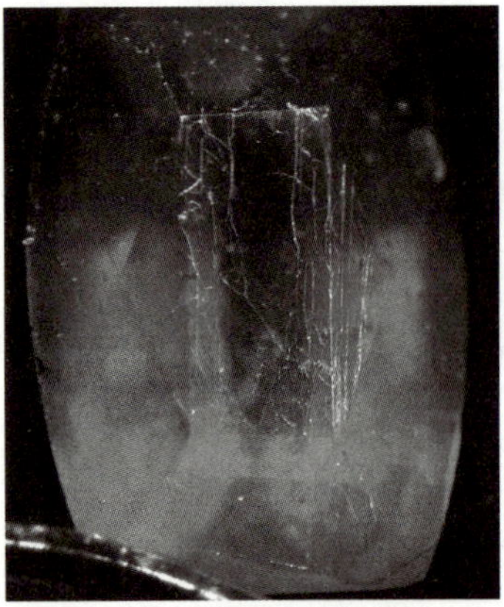

图 4.9 铅玻璃充填红宝石台面上的表面龟裂纹
图片来源：克雷格·林奇拍摄

璃的折射率很高——几乎和刚玉的折射率相同——以至于很难被观察到。当你使用放大镜观察裂隙充填的铅玻璃时，它们的表面朦朦胧胧或根本看不到。

旋涡状构造　在玻璃中可以看到。它们是弯曲的，有时呈蛇形状，就像慢慢搅动一罐蜂蜜而出现的旋涡状图案一样。

三相包裹体　看起来像是不规则形状的豌豆荚，通常在其两端含有气泡和与气泡相连的立方体状或菱形状固态包裹体。三相包裹体包含液态、固态和气态三种状态的包裹体。三相包裹体发现在真正的哥伦比亚祖母绿中，有时可在阿富汗祖母绿中发现。可作为判断天然祖母绿与原产国的证据。

管状包裹体　这种包裹体看起来像是细长的管。有时这些管被其他物质所充填。它们在桑德瓦纳（Sandewana，津巴布韦著名的矿区）、赞比亚祖母绿，以及合成尖晶石中可以看到。

双晶面　在红宝石和蓝宝石中可以发现，偶尔在一些长石类宝石（例如月光石）中也可以发现。双晶面以平行裂隙的形式出现，就像位于平行面上的玻璃窗格。在红宝石和蓝宝石中，双晶面经常呈60度和120度夹角出现。这种类型的包裹体能证明红宝石或蓝宝石是天然的红、蓝宝石。但是，如果双晶面大量出现，将会减弱宝石的耐久性和光泽。

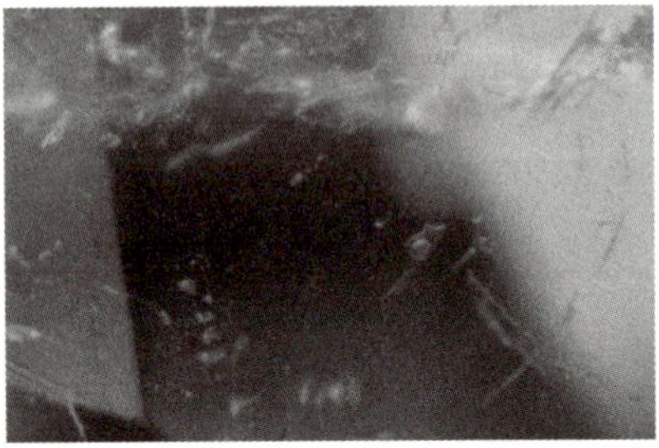

图 4.10 北卡罗来纳州祖母绿中的两相包裹体和液体充填闭合裂隙
图片来源：罗伯特·韦尔登拍摄

两相包裹体 这是一种含有封闭气泡的腊肠状外观的包裹体——这种气泡有的可以从一端移动到另一端，有的不可以。两相包裹体可以在托帕石、水晶、天然与合成祖母绿中发现，有时在碧玺中也可以见到。

面纱状包裹体 这是呈层状排列的细小泡状包裹体。这种层状排列可以是扁平状的或曲面状的、宽的或窄的、长的或短的。这种包裹体在一些合成祖母绿中可以很容易见到。

如果包裹体减弱了宝石的耐久性，影响了宝石的可见颜色，非常明显或非常多，那么它们将大大降低宝石的价格；反之，将不太会影响宝石的价格。在某些情况下，如果包裹体可以提供有利的检测和产地鉴定依据，那么它们实际上可以提升宝石的价格（例如缅甸红宝石或哥伦比亚祖母绿中的包裹体）。事实上，自然界中完美无瑕的彩色宝石非常稀少。因此，完美无瑕的彩色宝石可以不成比例地加大更高价位的克拉单价。然而，随着当今合成宝石的出现，我们在遇到任何无瑕的彩色宝石时都要持怀疑的态度，并且强烈要求将它送到专业的宝石实验室检测。

对当今的珠宝商来说，放大镜可能是一个非常宝贵的检测工具，无论你打算用它来观察一些简单的东西，如宝石上的划痕或破口，还是用它开始学习识别宝石内部的瑕疵或包裹体进而判定宝石的身份，使用放大镜检测的自信程度都取决于你用它实践的次数。

珍珠检测时的可见表面特征

一个简单的 10 倍放大镜在检测珍珠时可能非常有用，它可以揭示仿制品的指示性特征和染色的证据，以及其他处理方法。

螺旋纹 在珍珠的表面或之下的随意螺旋纹是人造珍珠的指示性特征。

钻孔处的颜色富集 钻孔处的层状或带状颜色富集是染色的指示性特征。钻孔处颜色富集经常在“白色–玫瑰葡萄酒”养殖珍珠中可以见到。粉色的染料吸附在多孔的珍珠蛋白层中，表明这种颜色不是“珍珠层”真正的颜色，而是染色造成的。

珍珠表面附近不同区域的不均匀色带与斑驳颜色 珍珠表面附近不同区域的不均匀色带与斑驳颜色表明，珍珠经过了某种形式的处理来改变其颜色。这种特征经常在黑珍珠中看到，且越来越多地在包括“金”珍珠在内的其他粉彩色珍珠中看到。

颜色富集的小点 在珍珠表面瑕疵（凹点或泡状瑕疵）中颜色富集小点的出现，表明该珍珠是经过处理改变了它的颜色。颜色处理金珍珠“发白”表面的瑕疵时，可以看到红色的点。这些颜色富集小点有时可以借助放大镜观察到，但如果你不确定你看到的，可以使用放大倍数为 15~20 倍的显微镜进行确认。

表面裂隙与充填物 珍珠，尤其是天然珍珠，可能会有到达表面的裂隙或近表面的裂隙出现。这种裂隙将使珍珠易于遭受破坏，进而降低其价值。严重的瑕疵，例如一个很深的坑，可以被某种类型的充填物修复，以及一些奇形怪状的钻孔也可以因充填而被掩盖。使用放大镜仔细检查可以发现这些裂隙和修补处。经常用于修补的物质与珍珠自身的反射光泽不同，并且这种反射上的差异可以用放大镜立即检测出来。

什么是暗视场放大镜

暗视场放大镜是一种小型的宝石检测仪器。这种仪器可以提供像标准放大镜一样的 10 倍放大观察，而且具有一个很重要的附加功能：专门构造的结合区域，在这个区域中，你能够在黑色背景下使用横向照明光观察宝石。这种照明观察方式称为暗视场照明，这就是这种放大镜称为“暗视场放大镜”的原因。放大镜被嵌在仪器的上部，暗视场位于仪器的下部，中间的区域可以放置需要检测的宝石或珠宝。使用暗视场放大镜检测宝石的时候，你只需在暗视场的上部简单放置一个小型手电筒就可以了。

暗视场放大镜和手电筒

暗视场放大镜可以看到标准放大镜看不到的东西。

暗视场放大镜可以为宝石检测提供一个“暗视场”的观察环境，这种特殊的照明环境是标准放大镜不能提供的（在使用标准放大镜观察时，在某些情况下，你也可以临时建造一个暗视场观察环境）。一个特殊的观察“井”被建造形成，方便你在黑色背景下（如果你看暗视场放大镜的底部，你会看到它是黑色的），使用从侧面照射的侧向照明光而不是从宝石底部穿透宝石或从顶部照射的照明光观察宝石。这种照明方式称为横向照明。

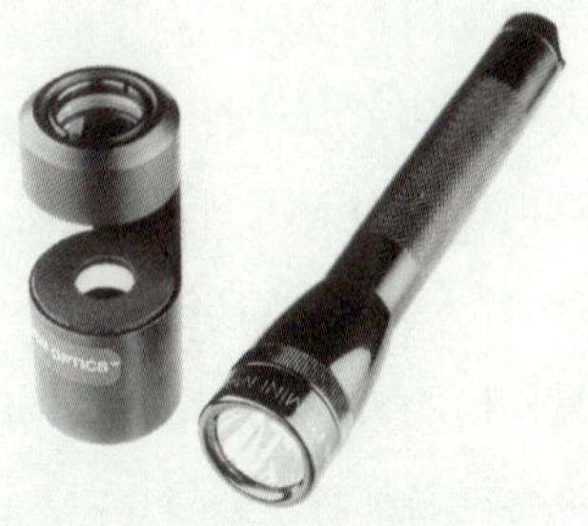

图 4.11　暗视场放大镜和手电筒

这种类型的照明环境可以更容易看到某些类型的包裹体，且可以更准确地鉴定它们是什么包裹体。由于暗视场放大镜可以更清楚地看到和辨认包裹体，因此，它对彩色宝石买家来说尤为重要。因为清楚看到彩色宝石内部的包裹体，对区分不同的彩色宝石起到了极为重要的作用。在某种程度上，包裹体也是判定该宝石是否经过处理的关键所在。今天，大多数好的显微镜都可以提供暗视场照明观察环境。但是暗视场放大镜，可以为那些旅行或远离宝石实验室检测宝石的人提供一个非常宝贵的好处——便携性。

暗视场放大镜下可以看到什么

暗视场放大镜非常有助于检测彩色宝石中的包裹体。结合横向照明光，在由暗视场结构提供的暗视场背景下观察宝石时，可以更容易地观察到包裹体，还可以更好地辨别这些包裹体是什么。我们发现暗视场放大镜特别有助于观察合成蓝宝石与合成红宝石中的弧形生长纹，以及助熔剂合成宝石中的“助熔剂”特征包裹体。当你使用暗视场放大镜检测宝石具有一定的经验时，就会发现许多不同类型的包裹体在暗视场照明条件下更容易辨认。

今天，暗视场放大镜不仅在检测彩色宝石中起到了重要作用，它也是任何购买钻石或钻石首饰的人的必备工具，因为在钻石商贸活动中，许多钻石都有“裂隙充填”的现象。对于许多人来说，使用暗视场放大镜是鉴定裂隙充填钻石最简单的方法。即使对于那些熟练使用标准放大镜或宝石显微镜的人来说，使用暗视场放大镜也可以快速地鉴定钻石是否经过裂隙充填处理。

什么是裂隙充填钻石

裂隙充填钻石，又称净度改善钻石，是指包含一个或多个被玻璃状物质充填裂隙的钻石，充填的目的是改善钻石的整体外观。充填之前，裂隙会干扰透射钻石的光线，阻挡透射光线的持续穿透，在钻石中造成“无光”区域的出现，进而降低钻石的火彩和活力。充填处理之后，裂隙不再阻挡光线的穿透，因为充填物提供了光线可以持续穿透和反射回去的介质。裂隙看上去消失了，钻石变得更加闪亮、更加漂亮，更让人觉得值得拥有了。

我们认识到，裂隙充填钻石在钻石市场上已经有几十年的历史了。现在，许多公司从事钻石裂隙充填处理业务，且每个公司都严格保密具体处理过程。然而，我们知道这些秘密只是充填物的不同。相对于其他充填物，一些充填物更耐久、更能抵挡首饰加工和修复技术（包括高温加热）造成的破坏。当裂隙充填钻石暴露在加热条件下——如在修改尺寸或修复含有裂隙充填钻石的首饰时，有些充填物会蒸发消失掉，致使这种钻石复原到“裂隙处理前”的外观特征。然而，当这颗钻石的裂隙再次充填后，它又恢复了更加迷人的外观（多数从事钻石裂隙充填的公司都提供终身保修的服务）。因此，无论是购买、销售或修复一件钻石首饰时，都非常有必要知道钻石是否经过了裂隙充填。

只要人们知道所购买的是什么，而且支付了合理的价钱，购买或销售裂隙充填钻石是没有任何错误的（裂隙充填钻石的价格是没有裂隙充填钻石的一半）。对许多人来说，裂隙充填钻石可以提供诱人的外观和负担得起的价格。然而，许多年来，在钻石贸易活动中许多人不知道如何辨别裂隙充填钻石，致使许多被买卖的裂隙充填钻石没有披露出来。这种情况一直延续至今。许多人还不知道自己所拥有的钻石是经过裂隙充填的。

幸运的是，借助暗视场放大镜很容易识别大多数裂隙充填钻石，可以消除很多人的担忧，前提是必须仔细检查所有钻石和钻石首饰。裂隙充填钻石突然大量出现在古董和祖传首饰当中，它们不但可以出现在各种类型的钻石首饰中，也可以出现在当铺、跳蚤市场，甚至还可以出现在著名的拍卖行中。

还应该提到的是，暗视场放大镜对珠宝零售商或者从事珠宝尺寸修改、修复或再次镶嵌的人来说也是非常宝贵的检测仪器。正如我们前面所说，许多人还不知道自己所拥有的钻石是经过裂隙充填的，珠宝商在进行交易之前，无论如何都必须检查每一件钻石首饰，并且珠宝商应在顾客离开商店之前仔细检查。暗视场放大镜使人在柜台前就可以快速进行裂隙充填宝石识别。如果宝石是经过裂隙充填处理的，顾客就可以使用暗视场放大镜自己辨认出来！

如何使用暗视场放大镜

暗视场放大镜被设计成末端适合连接一个标准的手电筒。把暗视场放大镜放在手电筒的照射光上，并确保手电筒电池电量充足。

注意在暗视场放大镜的中心有一个观察井。检测宝石时，应在观察井中心持握宝石或首饰。如果被检查宝石是未镶嵌宝石，应使用镊子夹持宝石；如果是镶嵌宝石，可以通过它的镶托持握宝石。一定要持握钻石，以便钻石位于观察井中，且横向光可以从侧面穿透钻石。现在，只需把眼睛放在仪器顶部的目镜上观察钻石就可以了。观察钻石的时候，一定要来回晃动、上下倾斜钻石，这是至关重要的。当你观察宝石的时候，必须来回晃动或倾斜它，并且当你转动宝石的时候，也要确保晃动或倾斜它。宝石在观察井中来回晃动时，要确保它可以被光源正确地照射。

就像使用标准放大镜一样，使用暗视场放大镜检测钻石的时候应从钻石顶部、后面、侧面以及腰部检测。当你检测钻石的时候，要确保倾斜和晃动宝石，并保持它可以有良好的光照。如果使用镊子夹持宝石，应确保使用镊子的尖点从宝石的侧面夹持其腰部，可以从台面与底尖夹持，也可以从前后夹持。

使用暗视场放大镜如何识别裂隙充填钻石

这种可以提供暗视场照明的放大镜，可以快速揭示裂隙充填钻石中闪光效应的存在。这种闪光效应在所有的裂隙充填钻石中都可以看到一个宽的“闪光”颜色带，通常是明亮的粉色或橙色、紫色、蓝色

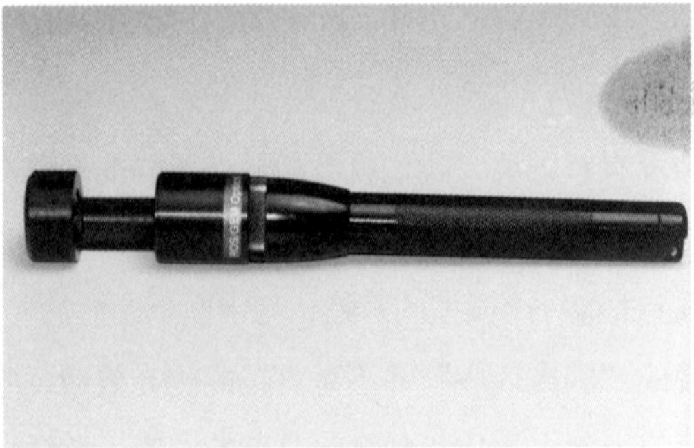

图 4.12 10 倍暗视场放大镜与其简单连接的标准手电筒。就像观察宝石其他内部特征一样，暗视场照明将有助于充填钻石闪光效应的检测，也有助于识别环氧树脂充填的祖母绿。

或绿色。在使用暗视场放大镜观察钻石时，当你晃动或倾斜它时这种闪光会突然出现。在你晃动或倾斜检测裂隙充填钻石时，橙色或粉色可以“闪光”成紫色或蓝色，并可来回闪光。

不是很难理解为什么裂隙充填钻石会出现闪光效应，以及为什么暗视场放大镜很容易观察到这种闪光效应。

因为裂隙阻挡了光线透射钻石，所以含有大裂隙的钻石不像没有裂隙的钻石那样美丽。你可能不会看到裂隙，但你会看到结果：钻石似乎有一个扁平的或“死的”斑点，或是许多这样的斑点！当这种裂隙被正确的充填物充填之后——有时充填物的折射率与钻石的非常接近——充填物提供的介质令光线可以持续穿透和反射回来，而不是被裂隙阻挡。因此，我们不再“看到”它（或者，更正确地说，看不到它的存在）。

然而，充填物不是钻石，因而它有与钻石不一样的折射率。因此，光线透射这样的钻石时，它将以特殊的方式传播；当光穿透充填物时，光会改变行进路线。这就是为什么在裂隙中可以看到闪光效应——颜色的闪光。

如果裂隙没有被充填，我们将看到迥然不同的现象。未充填裂隙的钻石在光的照射下会出现干涉色，但它们看上去与闪光效应非常不同。干涉色看上去像一个微型的彩虹，与水面上的浮油非常相似。

我们所说的“闪光效应”并不是真正的闪光效应，它不是本书中所要讨论的；闪光效应是指一种颜色显著的一闪，这样的一闪可能在其颜色的边缘有略微不同的阴影出现。

在暗视场放大镜下，充填裂隙的可见颜色通常为明亮的粉橙色、紫粉色和绿色；当你倾斜或晃动宝石的时候，可见的颜色可能在蓝色和绿色之间“闪动”，或者在粉红色和紫色之间“闪动”。但是无论怎么闪动，你所见的颜色，主要是给定区域内颜色的显著闪动。

暗视场照明使闪光效应更容易被看到。你观察钻石时的黑暗背景使裂隙充填物更易被看清楚，而且正确照射角度的强光横向光源，可增加充填物闪光颜色的可见性。借助于带有暗视场照明的宝石显微镜，也可以看到裂隙充填钻石中的闪光效应。然而，暗视场放大镜的主要好处是，它的便携性以及随时随地任何人都可以使用的简易性。在许多情况下，暗视场放大镜得出想要知道的宝石检测结论所用的时间，比安装显微镜所用的时间还要快。

暗视场放大镜的唯一缺点是，一些镶嵌钻石款式，或一些异常大的钻石首饰，可能不适合正常地摆放，进而使镶嵌其上的待检测钻石不能正确地放置在观察井的中心。鉴于此，我们建议使用一种良好的升级版标准放大镜技术。然而，当使用这种标准的放大镜时，要试着临时搭建一个有强光可从宝石侧面照射的“暗视场”，并确保可以用

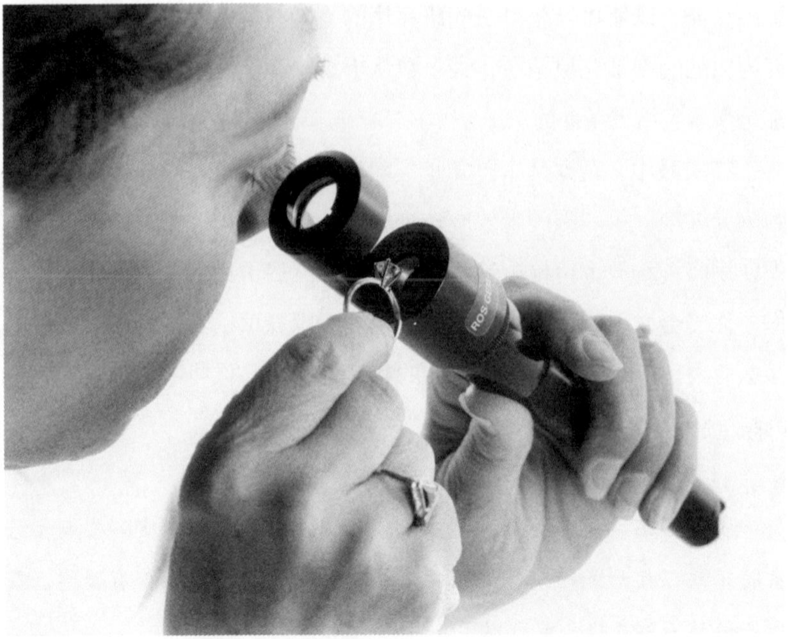

图 4.13 使用暗视场放大镜检测钻石戒指

暗视场放大镜放在手电筒的上面，钻戒上的钻石放置于观察井的中心。当通过暗视场放大镜顶部的 10 倍目镜观察钻石时，要倾斜、晃动和转动钻戒。值得注意的是，就像使用标准放大镜一样，把暗视场放大镜的目镜靠近眼睛。

这种型号的暗视场放大镜有一个其他类型的暗视场放大镜没有的重要特征：它被设计成在上部和底部之间有一个更大的距离，以便使镶嵌在首饰上的宝石，尽可能地像未镶嵌宝石那样易于检测。

你的手指进行来回倾斜、晃动钻石等操作。这种观察方式就像使用暗视场放大镜观察钻石那样。如果有条件，看看你能不能找到宝石中的一些瑕疵。

我们建议你去裂隙充填钻石加工车间，在不同的珠宝展上参观裂隙充填钻石销售公司的展位，或者只是简单地与裂隙充填钻石分销商接触交流，以便可以获得一些研究用的裂隙充填钻石。对于获取以研究为目的的裂隙充填钻石，大多数从事裂隙充填钻石的加工或销售商都是很乐意给予帮助的。

在实践中，观察几个已知是裂隙充填的钻石（一颗可以很容易看到闪光效应，第二颗闪光效应较难看到，第三颗则非常难看到）。首先使用暗视场放大镜检测这些充填钻石，然后再用标准放大镜检测它们。你将会发现使用暗视场放大镜检测裂隙充填钻石中的闪光效应是多么容易。一旦你认清闪光效应的指示性特征，你将不会把它和其他的特征相混淆。

美国宝石学院、美国宝石实验室，以及其他公认的宝石检测实验室将不对任何形式的裂隙充填钻石出具钻石分级证书。如有疑问，获取一份钻石鉴定报告就可以了。

使用暗视场放大镜检测宝石

祖母绿和红宝石

暗视场放大镜也是检测祖母绿和红宝石的一个有价值的鉴定工具。目前，祖母绿中常用的处理方法是环氧树脂充填裂隙，红宝石中常用玻璃充填裂隙。

用于祖母绿裂隙充填著名的物质之一叫作“内髓”（Opticon），但是也有一些不同类型的环氧树脂充填材质，它们的特征略有不同。棕榈油是环氧树脂的一种。因为棕榈油更持久，因而有些人认为棕榈油充填裂隙比传统使用的其他油充填更好。有证据表明，虽然这种处理方法使得祖母绿中真正的裂隙更难以被发现，但更容易导致在正常的佩戴或珠宝商进行常规维护时遭到更大的破坏。也有证据表明，被用于人为改善祖母绿颜色和净度的绿色充填物，使得鉴定真正的高品质绿色祖母绿的难度大大增加。在人们更好地了解环氧树脂充填材质短期和长期影响之前，人们选择避免用“内髓”或其他类似充填物充填祖母绿。因此，获知祖母绿是否经过这种方法处理是非常重要的。

虽然用于充填祖母绿裂隙的环氧树脂的存在很难被检测出来，但是，在暗视场照明条件下充填裂隙处出现的闪光效应很容易被观察到。暗视场照明条件下，红宝石裂隙中的玻璃充填物呈现的闪光效应也更容易被观察到，就像使用暗视场放大镜检测钻石那样检测宝石时，也可以看到闪光效应。祖母绿裂隙中环氧树脂充填物通常可呈现蓝色、黄色或橙黄色的闪光，而红宝石裂隙中的玻璃充填物则经常呈现蓝色闪光。当你看到宝石中出现了蓝色闪光时，将为你确认宝石是被环氧树脂（祖母绿中）或玻璃（红宝石中）充填提供有力的证据。蓝色或强橙黄色闪光的出现为确认祖母绿是经过环氧树脂充填提供了有力的证据，但不要把黄色残留物引起的“黄色”闪光混淆为环氧树脂充填造成的黄色闪光。这种“黄色”有时是祖母绿裂隙浸油溢出的黄色残留物所产生的。虽然蓝色或强橙黄色闪光的出现是祖母绿经过内髓或类似环氧树脂充填的有力证据，但是如果你不能看到闪光效应，或者仅仅看到黄色闪光，你将不能确认该祖母绿是否有油的残留物存在。这时，建议使用其他检测仪器进行确认。

第 5 章　查尔斯滤色镜和合成祖母绿滤色镜

什么是查尔斯滤色镜

在过去的 50 多年中，宝石学家们接触到大量的用于宝石鉴定的光学滤色器，其中最广泛使用的是查尔斯滤色镜。这种滤色镜是根据 20 世纪 30 年代早期由 B.W. 安德森和 C. J. 佩恩在伦敦查尔斯科技学院授课时推算出的一个公式而开发出来的——它也因此得名。我们推荐这种滤色镜的原因是它价格经济，很容易买到，同时功能强大，一个查尔斯滤色镜可以同时实现几种其他类型滤色镜的功能。

查尔斯滤色镜用于彩色宝石材质的检测，包括透明的和不透明的宝石。它刚刚出现的时候被称为祖母绿滤色镜，这是因为它最早被用来区分真正的祖母绿和其他颜色相似的绿宝石，如绿色蓝宝石、碧玺、橄榄石和玻璃等。当通过查尔斯滤色镜观看时，祖母绿会呈现出粉红色至红色，而其他类型的宝石则不会。但不幸的是，如今在检测祖母绿时，只通过查尔斯滤色镜一项单独的检查结果，就得出肯定的鉴定结论是不够的。有时开采出来的真正的祖母绿在通过查尔斯滤色镜检测时，并不会呈现红色或粉红色，相反一些合成宝石会出现这种颜色。此外，一些新近发现的宝石，如沙弗莱石，在使用查尔斯滤色镜检测时也呈现红色反应。所以，尽管查尔斯滤色镜仍然是在祖母绿鉴定时使用的重要工具，使用它的时候也一定要与放大镜和其他仪器结合起来才能得出正确结论。

如今查尔斯滤色镜的新用途已经重新奠定了它的重要性。人们发现在检测一些染色或者处理过的宝石，以及区分一些形态类似的宝石时，查尔斯滤色镜可以发挥很大的作用。它提供了一种非常有效的方法，用来区分蓝宝石色合成尖晶石与真正的蓝宝石，区分海蓝宝石色合成尖晶石与真正的海蓝宝石，以及区分天然绿色翡翠与染色翡翠。这些都是宝石检测与商贸活动中经常遇到，而且容易混淆的宝石品种。

最近我们见到了一对由著名拍卖行拍卖的翡翠耳环。这对耳环的估价为 10000~15000 美元。这对耳环看起来非常像是高品质的翡翠，真正的“帝王”级品质。我们见到这对耳环做的第一件事就是拿出查尔斯滤色镜检测。事实太令人惊讶了！用了不到 15 秒，我们就判断出这对耳环是经过染色的。耳环确实是真正的翡翠，但绝对没有达到它所表现出的那么高品质。它们只是廉价的染色翡翠，其价值只是估价的一小部分。

查尔斯滤色镜只是一种非常简单的仪器。它是一种彩色滤色镜，只允许两种波长的光透过，即红光和绿光。因此，在查尔斯滤色镜下，一颗宝石只能呈现一些红色和绿色光影，或这两种颜色的混合色。通常一颗宝石的化学成分和其他物理性质决定了你所看到的颜色。

如何使用查尔斯滤色镜

查尔斯滤色镜是所有宝石检测仪器中最简便快捷的一种工具。人们只需在良好的光线下拿起宝石，之后通过滤色镜观察宝石，注意在滤色镜下该宝石呈现什么样的颜色即可。一般情况下，被检测宝石颜色的浓度决定了通过滤色镜观察时能够看到的颜色浓度。举例来说，一个淡绿色的祖母绿在滤色镜下会呈现浅粉色，而深绿色祖母绿则会呈现红色。依此类推，如果在观察过程中发现事实并非如此，对这样的情况就要质疑了。一颗宝石在滤色镜下观察所呈现的颜色——红色、绿色或两者混合的颜色——会为宝石鉴定提供一个重要的线索。

尽管仪器很简单，许多人却存在使用不当的问题，以致无法得到正确的鉴定结果。现在让我们花些时间来解释如何正确使用查尔斯滤色镜。

1. 用白色强光源来观察宝石 如普通的 60 瓦或 100 瓦白炽灯泡就是很好的光源。使用自然光也可以。然而，切记不要使用荧光灯。荧光灯与白光相比有较少的红色波长，并且会改变你通过滤色镜看到的颜色。例如，一个人在使用合适光源的情况下，通过查尔斯滤色镜观察一颗品质很好的艳绿色哥伦比亚祖母绿，它呈现的是红色。然而，如果这个人使用荧光灯，在某些情况下，他可能根本不会看到红色，或者所看到的红色比正常应该看到的要浅得多。在这种情况下，如果你下结论说这颗宝石不是哥伦比亚祖母绿，那你就错了。

2. 把宝石或珠宝直接放在光源下，这样光线就可以从宝石表面反射到滤色镜中 把宝石或珠宝放在尽可能靠近光的地方。

如果检查的是未经加工的宝石（如未切割的宝石），你可能需要在宝石后面放置光源。但是对于已经抛光的宝石来说，光源应该如上所述来自上面。

3. 握住滤色镜，尽可能靠近眼睛 当使用滤色镜时，闭上另一只眼睛也有益于观察宝石在滤色镜下所呈现的颜色。

4. 让你的眼睛 / 滤色镜靠近被检测的宝石 如果你需要进一步靠近正在检查的宝石，以便更清楚地观察它在滤色镜下呈现的颜色，记得确保你正在检测的宝石必须保持靠近光源。不要让宝石离开光源，需要时请移动头部。在大多数情况下，如果宝石靠近强光源，这样你可以从几英寸远就看到反应，这时没有必要去接近它（如果你总是大幅弯腰仔细查看,这样在参加大型珠宝展会时你一定会腰酸背疼）！然而，干扰光的影响可能会使你难以确定所看到的颜色是宝石在查尔斯滤色镜下呈现的真正颜色。理想的情况下，人们应该试着在约 10 英寸或更近距离观察宝石在滤色镜下呈现的颜色。将光源的外壳放在你和被观测宝石之间以保护眼睛不受强光照射。

5. 记得覆盖被检测的宝石附近的任何金属或钻石 我们发现，来自黄色金属和镶嵌宝石的金属上的反射光有时可以创造一个“粉光”的印象，看起来让人感觉是宝石在滤色镜下呈现的粉红色，而事实却并非如此。钻石也可能出现相同的情况：钻石在查尔斯滤色镜下往往会显示红色闪光，这样可以营造出一种假象，即它附近的彩色宝石会呈现红色的反应。如果可能的话，在使用滤色镜检测宝石时，特别是检测小宝石时，要试图遮盖钻石或金属，使其不在观察的视域范围内（我们有时会在整件首饰上盖上白色餐巾纸、纸巾或手帕，只留下宝石所在的一小块区域）。

你可能会发现在宝石后面放置一块黑色的硬纸板，有助于通过滤色镜观察任何颜色的宝石；然而，放置一张白色硬纸板或一张白色的名片观察的效果可能会更好。无论你使用的是白色的还是黑色的背景，一定要确保它的表面不是光滑面，以免发生反光现象。

使用滤色镜检测宝石时，要注意的是被检测的宝石需靠近强光，而滤色镜要紧靠眼睛。

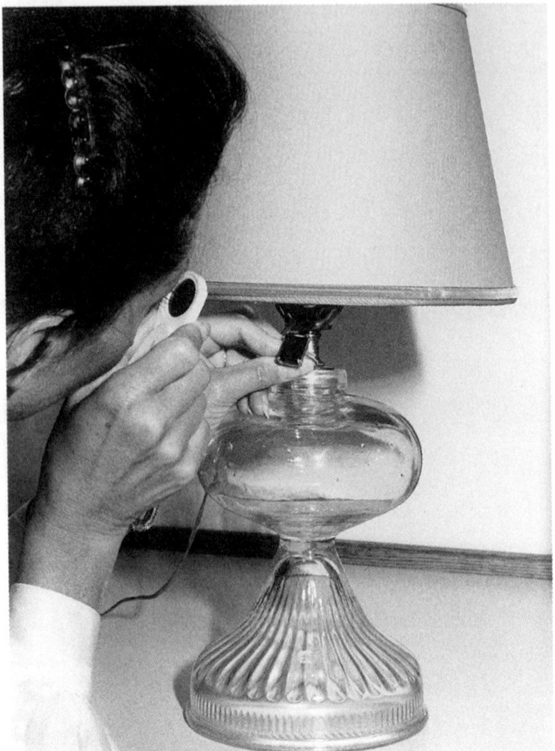

图 5.1 使用查尔斯滤色镜检测一颗宝石。请注意观察方法是，被检测的宝石要靠近强光源，而滤色镜则需靠近观察者的眼睛。

通过查尔斯滤色镜可以看到什么

正如我们提到的，查尔斯滤色镜最初是为了检测祖母绿和类似祖母绿的宝石而设计的。哥伦比亚和西伯利亚祖母绿在通过查尔斯滤色镜检测时会出现红色的反应，而其他绿色宝石则没有这种反应。因此，可以判断它们不是祖母绿。然而今天，这一点却不再完全可靠。这是因为在除哥伦比亚和西伯利亚以外其他地方开采的祖母绿，在查尔斯滤色镜下经常不呈现红色反应，相反大多数合成祖母绿却会出现这种红色反应。我们还了解到，一些稀有的含铬的碧玺，其绿色的成因源于铬元素的存在，在通过查尔斯滤色镜观察时也会呈现红色的反应。

今天的滤色镜最重要的用途包括：检测某些类型的绿色染色翡翠；区分高品质的蓝宝石与合成蓝色尖晶石；区分海蓝色合成尖晶石与真正的海蓝宝石，以及区分粉色蓝宝石与粉色碧玺。它也是一个用来检测混杂在天然宝石中的赝品、天然珠宝中的假货，以及从镶嵌有多颗宝石的珠宝中，找出仿造宝石的非常有用的宝石检测工具。

我们已经发现查尔斯滤色镜是一种非常有价值的检测工具，让我们可以检测出混在天然宝石堆里的仿制品。现在，在检查任何成包的彩色宝石时，查尔斯滤色镜都是我们首选的检测工具。我们仅使用查尔斯滤色镜就可以检测一包“帕拉伊巴”碧玺，在这包帕拉伊巴碧玺（这是一种几年前在巴西帕拉伊巴发现的非常美丽且非常昂贵的荧光色碧玺）中，我们发现还混有“帕拉伊巴色”磷灰石（这是一种廉价的，硬度更软的天然宝石，与帕拉伊巴碧玺的颜色极为相似）和一种新的仿帕拉伊巴色钇铝榴石。虽然仅使用查尔斯滤色镜无法准确判断出这些仿帕拉伊巴色宝石的材质究竟是什么，但是我们可以从中找出这些与帕拉伊巴碧玺形状相似的宝石。这是因为这些相似宝石与真正的帕拉伊巴碧玺，在经滤色镜观察时会表现明显不同的反应：碧玺是黄色调或绿色，钇铝榴石是明亮的粉红色，而磷灰石呈灰色调或黄色。借助于查尔斯滤色镜，我们还可以辨认出夹杂在真正的蓝色蓝宝石中的蓝宝石色合成尖晶石（合成蓝色尖晶石通过滤色镜时呈现明亮的红色，而蓝宝石则是黑色调或绿色），甚至混在真正的红宝石中的合成红宝石。这是因为合成红宝石在通过滤色镜观察时，会呈现出比天然红宝石更明亮的红色！如今，也有几种坦桑石仿制品给坦桑石购买者带来了风险。一种类型的坦桑石色钇铝榴石会在经查尔斯滤色镜观察时，呈现出强烈的红色，很容易从一包坦桑石中发现。天然坦桑石也会在经过滤色镜观察时呈现红色反应，但是钇铝榴石的反应强度要大得多，所以还是可以轻松辨别的；如果还有疑问，可以使用紫外灯立即确认。

染色与天然绿色翡翠

让我们看一个绿色翡翠的例子，来阐释查尔斯滤色镜的作用。某些低品质的浅色或无色翡翠经染色获得了浓艳的绿色，在检测这种经染色处理的翡翠时，查尔斯滤色镜有着无法估计的强大作用。

品质很好的绿色翡翠的颜色源于铬元素的存在，含铬的碧玺和哥伦比亚祖母绿也是如此。通常情况下，铬的存在会让任何宝石在经查尔斯滤色镜检测时呈现红色的反应。这就解释了为什么哥伦比亚祖母绿和含铬的碧玺在经过查尔斯滤色镜观察时，总是呈现红色。

奇怪的是，绿色翡翠的情况却并非如此。事实上，在绿色翡翠那里所观察到的情况与我们期待的情况恰恰相反——天然绿色翡翠在经查尔斯滤色镜检测时并不出现红色反应，它仍然呈现绿色，而没有显示出淡红色或粉红色。然而，有些类型的染色翡翠在查尔斯滤色镜下却显示红色（可从很弱的橙褐色到浅粉色，甚至到红色）。当把样品放置在一个黑色的纸板背景下的时候很容易出现这种颜色。对于翡翠来说，任何时候只要翡翠在经过查尔斯滤色镜检测时呈现红色，就可以准确判断它是经过处理的。这当然很简单。红色的出现表明该翡翠的颜色已经经过处理，不是天然的颜色。对于那些喜欢翡翠的人来说，滤色镜是一个非常宝贵的检测工具，因为它可以帮你区别这些宝石，从而让许多昂贵的错误及时得以制止。

但要谨慎小心。在使用查尔斯滤色镜观察翡翠时，相反情况出现也不能就此高枕无忧。也有一些经过处理的翡翠在查尔斯滤色镜下，会呈现像天然的绿色翡翠一样的颜色。你一定要小心，不要得出错误的结论。当使用查尔斯滤色镜检测翡翠结果模糊时，借助于其他的测试手段是必要的，这样才能肯定其颜色是否为天然的。这种情况下，分光镜非常有用（见第四部分第 10 章）。只需记得，在使用查尔斯滤色镜检测翡翠时，红色的存在是颜色处理确凿的证据，但没有呈现红色却是不确定的证据，还需进一步检查。

海蓝宝石与合成尖晶石

现在让我们看一下海蓝宝石。如今，合成海蓝宝石色的尖晶石经常被误认为是真正的海蓝宝石。使用查尔斯滤色镜，可以马上判断出所检测的宝石是不是合成尖晶石。合成尖晶石的颜色来源内部含有的钴元素，大部分蓝色玻璃也是如此。当钴存在时，人们通过查尔斯滤色镜会看到红色反应：如果宝石颜色是浅蓝色的，你会看到粉红色反应；如果宝石是深蓝色的，你会看到红色反应。另外，海蓝宝石却永远都不会显现粉红色或红色反应。通过滤色镜观察时，海蓝宝石呈现的颜色是绿色。正如你可以看到的，虽然用肉眼观察时淡蓝色的合成尖晶石很容易与海蓝宝石相混淆，但是通过滤色镜观察时合成尖晶石将呈现粉红色色调，而真正的海蓝宝石则会显示绿色色调，这样我们就可以快速检测这两种宝石；粉红色反应即表明其不是海蓝宝石，而其他测试将帮助你准确判断出这种宝石是合成尖晶石。

粉色蓝宝石与粉色碧玺

粉色碧玺是一种人们非常喜爱的宝石，但可能会被误认为是粉红色的蓝宝石。然而，再次强调，查尔斯滤色镜有很强大的辨别功效。粉色碧玺在经过滤色镜观察时将保留其粉红色，但是粉红蓝宝石（这是一种更为昂贵的宝石）将出现更深更浓的红色。

蓝色蓝宝石与钴镀膜“蓝色”蓝宝石

近年珠宝市场上出现了一种“蓝色”蓝宝石，人们很惊奇地发现，这种蓝宝石的漂亮“蓝色”是由颜色欠佳的蓝宝石经过表面镀膜处理来获得的。

这种蓝宝石的颜色是钴镀膜处理的结果，特定的色调可以给经验丰富的宝石学家或宝石买家提供一种视觉上的提示——钴镀膜的蓝宝石缺乏高品质蓝宝石所表现出的漂亮蓝色。这种高品质蓝色蓝宝石的颜色中通常还具有一定的紫色色调。

将天然蓝色蓝宝石与钴镀膜处理的蓝宝石区分开来，最快速简单的测试方法就是使用查尔斯滤色镜。特别是在一包天然蓝色蓝宝石中混有钴镀膜处理的蓝宝石时，这种检测方法尤为有效。当使用查尔斯滤色镜观测时，钴镀膜处理的蓝宝石会呈现明显的粉红色或红色(取决于涂层的厚度和其蓝色的深度）。变色蓝宝石例外（变色蓝宝石在日光下会呈现蓝色，在白炽灯下会略带紫色），而真正的天然蓝色蓝宝石在使用查尔斯滤色镜观测时，则不呈现红色或粉红色反应。

钴镀膜处理的蓝宝石并不是“变色”蓝宝石，两者是不同的。而且，通过滤色镜观测时，钴镀膜处理蓝宝石的红色反应要比变色蓝宝石的反应强得多。

当你检测蓝宝石时，如果你通过用查尔斯滤色镜观测到红色反应，你应该知道这颗宝石是有问题的，需要使用其他仪器进一步检测来确认这颗宝石究竟是什么材质。

常见宝石在查尔斯滤色镜下的反应

使用查尔斯滤色镜时，很有帮助的方法就是用它来观察你已经知晓宝石种类的宝石，仔细观察并记下来你会看到什么。这需要很多的练习，正如你所看到的，一些同样颜色的宝石在查尔斯滤色镜下也可能会有类似的反应。而通过查尔斯滤色镜可以帮助你缩小范围，然后再借助放大镜和二色镜，你可以准确地判断出如今在宝石市场上遇到的大约 85% 的彩色宝石材质。

下面描述各种宝石在查尔斯滤色镜下所表现出的反应。在本章后，你可以增添一些笔记，特别是当新的宝石品种、新的合成宝石或新的仿制品进入市场的时候。我们喜欢找到一些出售任何新型宝石材质的人，然后从他们那里获取样本作为“研究样品”，或者仅仅是参加宝石展会，在展会上可以用我们的工具去观察这些新型材质表现的反应究竟是什么。

绿色宝石

祖母绿 大多数哥伦比亚和西伯利亚祖母绿，以及近年从北卡罗来纳州翠绿锂辉石中发现的祖母绿和大部分合成祖母绿在查尔斯滤色镜下都会呈现出很明显的红色。祖母绿自身的绿色深浅程度会决定在查尔斯滤色镜下红色的深浅程度。然而，查塔姆祖母绿、林德祖母绿和摄政祖母绿这些合成祖母绿因为呈现出的红色太深，通常会让我们以为这是合成品，而非天然，立即就会让人心生疑虑。

印度及非洲祖母绿 印度祖母绿和大多数非洲祖母绿在查尔斯滤色镜下，并没有呈现出任何红色或粉红色。然而一些产自桑达瓦纳的祖母绿却表现出红色。

阿富汗祖母绿 这类祖母绿在查尔斯滤色镜下通常呈现红色的反应。

巴西祖母绿 这类祖母绿在查尔斯滤色镜下可能是惰性的，但也可以显示出一种反应：颜色可从棕红色变化到很浓的红色。这种红色与哥伦比亚祖母绿在查尔斯滤色镜下呈现的红色相似。

祖母绿色二层石 这是一种用两种宝石材质（通常是无色的合成尖晶石）拼合而成的宝石，是通过祖母绿色胶粘在一起形成的。在查尔斯滤色镜下它是惰性的（一直都表现出绿色）。可以将这种二层石浸入二碘甲烷，并且在该液体中来回倾斜，从腰部来观察，这样可以很容易检测出来。二碘甲烷可以使你看到宝石的顶部和底部是无色的，并会显示出彩色胶水的平面。

翠榴石 高品质的绿色翠榴石在查尔斯滤色镜下会表现出红色的反应，而一些黄绿色的翠榴石可能不会表现出红色。

透辉石 虽然按照“铬”透辉石出售，但是在滤色镜下不具备红色的反应。它是惰性的(不改变颜色),因为其中铁离子的存在阻碍了反应。

沙弗莱石 在查尔斯滤色镜下会出现红色反应。

绿锆石 在查尔斯滤色镜下大多数会出现红色反应。

绿色铬玉髓 在查尔斯滤色镜下会表现出强烈的红色反应（如果染料中含有铬，染色绿玉髓也可显示红色）。

染色绿色翡翠 有时染色绿色翡翠会表现出红色或粉红色的反应（偶尔会呈现出橙褐色）。当出现这类反应的时候，你可以确切证明其颜色是经过处理的。但需要注意的是，如果没有出现上述反应，并不足以证明其颜色是天然的。如果翡翠在滤色镜下是惰性的（无颜色变化），需要辅以其他测试手段来确定它的颜色是不是天然的。

绿色玻璃 通常在滤色镜下会保持绿色；如果它的颜色是通过铬元素得以加强的，那么在滤色镜下可能会出现红色反应。

绿色碧玺 大多数绿色碧玺，包括被称为“帕拉伊巴”或“帕拉伊巴类型”的含铜类型碧玺通常在滤色镜下仍然是绿色。然而，罕见的铬碧玺会呈现红色反应，而且必须呈红色，否则就不是昂贵的含铬品种。我们之所以强调这一点是因为铬碧玺比其他绿色碧玺贵10倍还多。我们有学生曾认为购买的是“铬”碧玺，花出的钱也是铬碧玺的价格，结果却发现并不是铬碧玺。她把滤色镜返还给我们，她认为滤色镜是坏的，因为在她使用滤色镜检测碧玺时没有显示出红色反应！由于她认识这个经销商，而且已经固定从他那里购买宝石多年，她无法想象这个经销商会欺骗她，或者会犯这样一个鉴定错误。事实证明他不仅仅犯了一个错误，卖给她一个假货，当她送回“碧玺”的时候，他检查了整个包裹［这是一包出自一名著名切割匠的花式切割宝石，这名切割匠来自被当作彩色宝石切割工艺中心的德国伊达尔－奥伯施泰因（Idar-Oberstein）］，才发现这包宝石只有一半是铬碧玺，而他购买时是按照铬碧玺的价格买的！

绿色萤石 这种宝石在查尔斯滤色镜下呈现红色反应。注意：绿色萤石不仅会像哥伦比亚祖母绿那样在查尔斯滤色镜下呈现红色反应，而且可能观测到在哥伦比亚祖母绿中看到的三相包裹体。三相包裹体是指包括三个状态——气态、固态和液态的物质。通常有一个液体包，液体包里有气泡（气体）和微小的通常是矩形的晶体（固体）。当使用放大镜观测到三相包裹体，同时用查尔斯滤色镜看到红色反应时，还需要使用其他必要的检测手段来准确判断宝石的种类。

绿水晶 辐照绿水晶在查尔斯滤色镜下会出现红色反应，而绿水晶在查尔斯滤色镜下依然是绿色（绿水晶通常是某些来源的紫晶加热的结果，但也是天然的）。

变石 在自然光线下变石会呈现强烈的红光，在白炽灯下会呈现更强的红光。

绿色海蓝宝石 在查尔斯滤色镜下出现绿色反应。

翠绿锂辉石（锂辉石） 来自北卡罗来纳州的翠绿锂辉石品种在查尔斯滤色镜下呈现红色反应，其他品种呈现绿色反应。

橄榄石 在查尔斯滤色镜下呈现绿色反应。

绿色蓝宝石 在查尔斯滤色镜下将呈现绿色。

绿色坦桑石 虽然经常作为“铬”坦桑石出售，但其在滤色镜下仍将呈现绿色反应。

合成绿色蓝宝石 在查尔斯滤色镜下通常呈红色。

合成绿色尖晶石 在查尔斯滤色镜下通常会呈现绿色，但也可能呈红色。

合成绿色钇铝榴石（钻石仿制品） 在查尔斯滤色镜下会表现出从强烈到中等程度不一的红色。

红色和粉红色宝石

石榴石 在查尔斯滤色镜下仍然会呈红色。

玻璃 在查尔斯滤色镜下会呈红色。

垫层宝石 在查尔斯滤色镜下仍然会呈红色。

红色绿柱石（又称为红色祖母绿） 在查尔斯滤色镜下通常是惰性的，但可能会呈轻微的红色。

红宝石 天然和合成红宝石均会在滤色镜下表现出强烈的红色反应，甚至比不使用滤色镜检测时看起来的还要红；合成红宝石通常比天然红宝石表现出更强的红色反应。在天然红宝石和合成红宝石混合在一起的时候，其反应的差异可能会使你迅速找出其中的合成宝石（因为合成红宝石会表现出较强的红色反应，让你一下子就可以找出来）。

尖晶石 天然和合成的红色尖晶石都会表现出红色，但颜色强度要低于红宝石。

粉色蓝宝石 会呈现淡红色到红色，但颜色强度要低于红宝石。

碧玺 在查尔斯滤色镜下仍然是粉红色或红色。

蓝色宝石

尖晶石 这种宝石在滤色镜下通常呈现深绿色，但罕见的天然“钴”尖晶石会呈现红色的反应。

合成尖晶石 因为添加的钴元素的存在（起到着色剂的作用），将出现一种红色的反应。深蓝色的合成尖晶石会呈现红色；浅蓝色合成尖晶石可能呈现粉红色或橙色。

海蓝宝石 在查尔斯滤色镜下会呈现绿色反应。

蓝色托帕石 在查尔斯滤色镜下大多会出现绿色反应；“电光”蓝色托帕石可能会呈现粉红色反应，但与合成尖晶石的色调明显不同。

蓝色碧玺 蓝色碧玺（深蓝色）在查尔斯滤色镜下会出现暗色的反应，有时几乎是黑色。“帕拉伊巴”或“帕拉伊巴类型”蓝色碧玺（其特别的蓝色来源微量元素铜）在查尔斯滤色镜下会呈现绿色反应，有时是银绿色或蓝绿色。

蓝锆石 在查尔斯滤色镜下将呈现绿色反应。

蓝宝石 在查尔斯滤色镜下会呈现一种非常暗的绿色反应，经常是黑色。钴玻璃处理过的蓝宝石，其蓝色来源钴玻璃处理，会有粉红色或红色反应。

蓝色玻璃 使用钴进行蓝色着色的玻璃在查尔斯滤色镜下可能会出现粉红色到深红色反应，在其他情况下是惰性的。如果是淡蓝色的玻璃，有时会有绿色反应。

蓝色坦桑石 在查尔斯滤色镜下通常呈红色，但也可能是惰性的（紫色浓度越强，红色程度越深；灰蓝色的坦桑石通常是惰性的——在查尔斯滤色镜下仍然是绿色的）。

如何使用彩色滤色镜辨别天然祖母绿与合成祖母绿

宝石检测领域中近年最令人兴奋的成就是一套新的彩色滤色镜的出现，它被称作合成祖母绿滤色镜，可以与查尔斯滤色镜配合使用。使用查尔斯滤色镜与合成祖母绿滤色镜两种仪器，人们可以很容易找出用其他方法很难发现的许多合成祖母绿，这两种仪器对那些没有受过专业训练的宝石鉴定者尤为重要。这种彩色滤色镜价格低廉、简单易操作，我们强烈推荐给任何购买祖母绿的人。

合成祖母绿滤色镜包含两个滤色镜。首先必须使用查尔斯滤色镜来决定使用哪一种滤色镜。一些祖母绿（包括天然的和合成的祖母绿）含有铬元素，而有些却并不含有，所以你必须首先使用查尔斯滤色镜去确定里面是否含有铬。一旦确定了这一点，你就会知道该使用哪一种滤色镜——是合成祖母绿滤色镜还是支撑滤色镜——这样可以确定你的宝石是天然的还是合成的。合成祖母绿滤色镜在鉴定助熔剂法合成祖母绿时非常有效，而支撑滤色镜则在检测许多水热合成祖母绿时很有帮助。然而，在使用它们之前，你必须准确地了解你正在检查的材质实际上是祖母绿，而不是其他如玻璃、铬碧玺等绿色材质（继续阅读下去，你将会了解更多关于如何操作的信息）。

要使用合成祖母绿滤色镜，只需按照下面简单的方法操作：

1. 先按照我们前面讨论过的步骤使用查尔斯滤色镜检查祖母绿的反应。要确保让查尔斯滤色镜靠近眼睛（就像使用放大镜时一样），同时把祖母绿尽可能地靠近白炽强光（别忘了把宝石放置于一个水平白色背景下，如有可能，请按照我们在第三部分第 4 章所推荐的使用暗场放大镜的方法覆盖镶嵌宝石的金属、钻石或其他配石）。

注意宝石在查尔斯滤色镜下的反应。

2. 在记录下宝石通过查尔斯滤色镜观察时所呈现的颜色后，放下查尔斯滤色镜。接下来把宝石移离光源几英寸（在使用合成祖母绿滤色镜时，你不会希望宝石像你使用查尔斯滤色镜时离光源那么近）。

3. 现在再次检查祖母绿，这一次使用的是合成祖母绿滤色镜中的一种，而不是查尔斯滤色镜。如果使用查尔斯滤色镜检测时，这颗祖母绿呈现的是粉红色或红色，则须使用合成祖母绿滤色镜再次检测；如果它在查尔斯滤色镜下呈现的仍然是绿色，则使用支撑滤色镜。

大多数情况下，在经过查尔斯滤色镜检测了解其反应后，可以使用合成祖母绿滤色镜，也可以使用支撑滤色镜（例外情况参见下文），但不要同时使用两者。

4. 注意祖母绿通过合成祖母绿滤色镜或支撑滤色镜所观察到的颜色。

合成祖母绿滤色镜（当祖母绿在查尔斯滤色镜下呈现粉红色或红色反应时使用）使用时呈现的颜色：

红色或粉红色——祖母绿是合成的。

绿色——祖母绿是天然的（例外情况见下文）。

支撑滤色镜（当祖母绿在查尔斯滤色镜下呈现绿色反应时使用）

使用时呈现的颜色：

淡紫色或粉色——祖母绿是合成的。

绿蓝色或蓝绿色——祖母绿是合成的。

绿色——可以是天然的也可以是合成的。使用放大镜检查特征包裹体，大多数水热合成祖母绿看起来与自然祖母绿很不同。

重要的例外情况：现在市场上有一种人造祖母绿会在查尔斯滤色镜下出现红色反应，然后在使用合成祖母绿过滤器时会出现绿色，这样就会导致错误结论，即该祖母绿可能是天然的，而事实上它并不是。然而，它在查尔斯滤色镜下表现出的红色是一种紫红色，与含铬天然祖母绿所表现出的颜色差别很大。在这种情况下（而且只有在这种情况下），当宝石在查尔斯滤色镜下表现出紫红色，在使用合成祖母绿过滤镜时会出现绿色（请使用支撑滤色镜）。在这种情况下，合成的祖母绿在支撑滤色镜下呈现绿色，而含铬天然祖母绿将呈现红色。同时，通过放大镜观察这些合成祖母绿，其形态与天然祖母绿很不同；它们太干净，没有含铬或其他天然祖母绿中的典型包裹体。

一个重要的需要注意的问题是新的合成材质不断被开发出来，可能会有新型的合成祖母绿在上面提到的滤色镜下呈现与天然祖母绿一样的颜色。然而，任何在查尔斯滤色镜下呈现粉红色或红色，在合成祖母绿滤色镜下呈现粉红色或红色的祖母绿一定是合成的。在这种情况下，祖母绿在滤色镜下的反应是决定性的，可以确定它是合成的，你不必借助任何其他测试。如果祖母绿在查尔斯滤色镜下的反应是红色的，通过合成祖母绿滤色镜观察到的反应仍然是绿色的，还需借助其他仪器进一步确认该祖母绿是合成的还是天然的。如果祖母绿在查尔斯滤色镜下不呈现红色反应，需要使用支撑滤色镜，然后通过支撑滤色镜观察到红色或粉红色反应，那么该祖母绿是合成的。这时滤色镜的使用就能起到决定性的作用，不需要其他的测试方式。如果有疑问，请将样品交给宝石测试实验室。

表 5.1 使用查尔斯滤色镜与合成祖母绿滤色镜时所见的特征

天然祖母绿	合成祖母绿
铬型（如哥伦比亚祖母绿和俄罗斯祖母绿）	**铬型**（助熔剂法合成祖母绿）
查尔斯滤色镜反应：粉红色或红色 合成祖母绿滤色镜反应：绿色	查尔斯滤色镜反应：粉红色或红色 合成祖母绿滤色镜反应：粉红色或红色 *
钒型（如赞比亚祖母绿和印度祖母绿）	**水热法合成祖母绿** （非助熔剂法合成，非铬型）
查尔斯滤色镜反应：绿色 支撑滤色镜反应：绿色	查尔斯滤色镜反应：绿色 支撑滤色镜反应：见表格 **
* 目前市场上有一种合成祖母绿会呈现绿色（具体内容参见 P110） ** 具体内容参见产品的说明书	

第 6 章　二色镜

什么是二色镜

图 6.1

二色镜是所有便携式宝石检测仪器中重要的工具之一。正如前面所提到的，只需配备放大镜、查尔斯滤色镜和二色镜，称职的宝石学家就可以确认大约 85% 的彩色宝石。想要经过培训获得专业水平的技能需要几年时间，但是只要先学会如何使用这三种工具，就可以开始你的宝石检测征程了。

就像查尔斯滤色镜一样，二色镜易操作。它仅用于透明的彩色宝石，但对于有色不透明的宝石，包括琥珀和猫眼石都不适用。

二色镜提供了一种最简单快捷的检测方式，可以帮助我们区分相同颜色的透明宝石。例如，对于珠宝商来说，如果知道如何使用这一仪器，就可以很快速地将红宝石与红色石榴石或红色尖晶石区分开来；也可以将蓝色蓝宝石与高品质的坦桑石或蓝色尖晶石区分开来；以及紫色水晶与紫色玻璃，或是祖母绿与许多颜色相似的仿制品、类似宝石区分开来。

我们推荐使用的二色镜是方解石型（非偏光式）。这是一种小型的管状仪器，大约有 2 英寸长，直径约为 0.5 英寸。在大多数仪器中，管形的仪器在一头有一个小的圆形开口，而在另一头有一个矩形开口（这些仪器都是从圆形开口处观察）。有些仪器有两个圆形的开口，其中的一个略大一些。在没有任何宝石或珠宝的情况下使用二色镜观

图 6.2　通过二色镜在光下看到的两个矩形窗口。

察时，只要把仪器拿到光下，向里观察。你是否可以看见对面的两个矩形小窗？如果没有，看看另一端。重要的是你需要确保当你从这个开口观察的时候，你会在相反的一端看见一对矩形窗口。

当使用二色镜观察彩色宝石的时候，有些宝石会在两个矩形窗口中看到相同的颜色，而其他的一些宝石会在两个窗口中显示出两种颜色，抑或是两种不同的色调或不同深浅程度。举例来说，你可能在一个窗口中看到黄色而在另一个窗口中看到蓝色。或者，你可能在一个窗口中看到粉红色，而在另一个窗口中看到红色。在以上两种情况中，你看到的颜色都可以被视为“两种颜色”，即使粉红色事实上就是稍浅一点的红色。如果你在一个窗口中看到橘红色，而在另一个窗口看到紫红色，这也被认为是看到两种颜色，即便它们不过是同一种颜色的不同深浅程度。

你可以成功使用二色镜，无须理解为什么观察宝石时有的只看到一种颜色，而有的却不是一种。你只需知道如何正确使用这个工具，并且知道要看的是什么就可以了。然而，我们认为理解为什么会有这种现象发生，其实是一件很有趣的事情，所以我们决定用非常简短的篇幅来解释一下。

当光线进入彩色宝石时，出于宝石独特属性，它会有两种途径进入——一种是继续作为一个单一射线进入，另一种是分为两条射线。光线射入时继续作为单一射线进入的宝石被称为“单折射宝石”，而那些光线射入时分成两束射线的宝石被称为“双折射宝石”。如果你通过很典型的双折射宝石（比如方解石）去观察物体，你会看到两个图像。试一下吧。把你的名字写在一张纸上，然后通过一块方解石看你的名字，你会看到两个名字。

单折射宝石将永远在二色镜的两个矩形窗口中显示相同的颜色。只有少数宝石材质——钻石、石榴石、彩色锆石、尖晶石及合成尖晶石、有色仿钻材质（立方氧化锆、钇铝榴石等）、玻璃和塑料——是单折射宝石。因此，当你有一颗宝石只显示一种颜色，确定它的身份可以非常快，因为单折射宝石的品种很少。

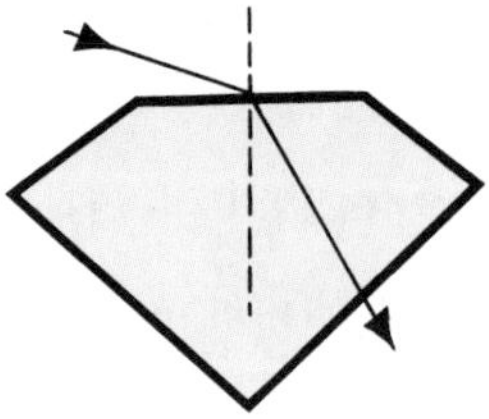

图 6.3　单折射宝石：一束光线进入其中，继续作为单一射线通过。

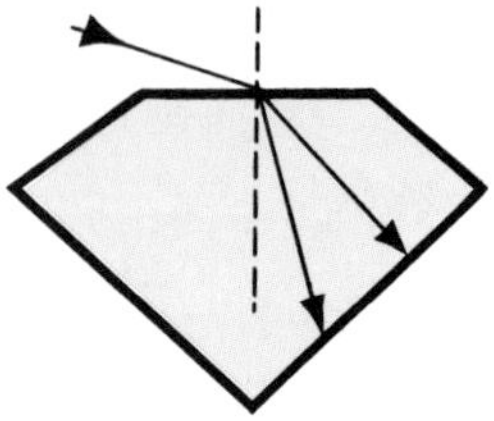

图 6.4　双折射宝石：一束光线进入其中，分成两束光线，每一束光线以不同的角度和速度通过。

大多数宝石都是双折射宝石，在二色镜下会显示两种颜色，即在一个分色镜矩形窗口中显示的是一种颜色，而在另一个窗口中则是不同的颜色或者同一颜色的不同深浅程度。我们称这是宝石的“二色性”（dichroic：其中“di”的意思是“二”，“chro”的意思是“颜色”）。当光线进入宝石并分散成两束射线（所有的双折射宝石都会出现这种现象），两束光线分别以不同的角度和速度穿过宝石。光通过的角度和速度决定了我们所看到的颜色。所以，如果两束光线可以分清，且每一束都看得到，我们会看到两束光线的颜色不同。这就是二色镜的工作原理。它将两束光线分开，这样我们就可以看到两种颜色。

有些宝石在二色镜下会显示三色，我们称这是宝石的“三色性”（trichroic：其中“tri”的意思是“三”，“chro”的意思是“颜色”）。这些宝石还叫作双折射宝石，不过当光线从某个方向射入宝石时，我们看到的是一对光束（以一定的角度和速度射入）；当光线从另一个方向射入时，我们得到另一对不同的光束。在第二对光束中，其中的一束光线会以不同于第一对光束中任意一条的角度和速度通过宝石。因此，我们就得到了第三种颜色。我们在某些方向上得到

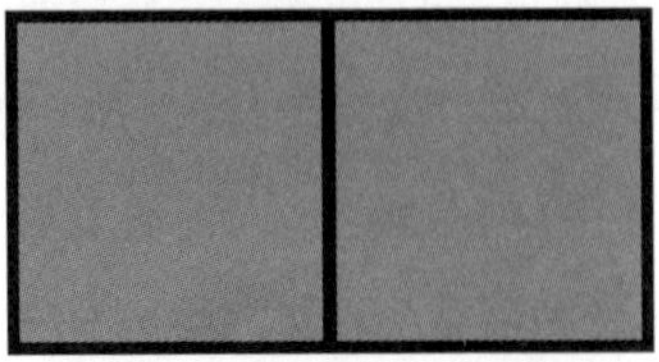

图 6.5　单折射宝石：在二色镜两个矩形窗口呈现相同的颜色。

图 6.6　双折射宝石：在二色镜两个矩形窗口呈现不同的颜色，或是相同颜色的两种不同的深浅程度。

了两种颜色（每个矩形窗口中各有一种），从另一个方向也得到两种颜色，但不同于前两种。后面的两种颜色之一会与前面两种中的任何一种都不一样。

通过二色镜所呈现的特定颜色或者颜色的深浅程度，为宝石鉴定提供了非常重要的线索。让我们以两种颜色非常近似的宝石——红宝石和红色尖晶石为例，通过二色镜来观察这两种宝石。我们将能够马上识别出红宝石，这是因为在观察红宝石时，会在两个矩形小窗口中看到一种颜色呈现两种明显不同的色调：一个小窗口会出现很浓烈的橙红色，而另一个窗口中会出现很浓的紫红色。然而，观察红色尖晶石时，会发现在两个小窗口中表现出相同的颜色，这两种颜色在色调或深浅程度上没有什么区别，几乎是完全一样的红色。

二色镜可以帮助我们区分颜色类似的宝石——红宝石与红色玻璃、蓝宝石与蓝色尖晶石等，但不能区分天然的和合成的宝石。如有这方面的需求，需要借助其他的测试手段。

你所观察到的特定颜色也能帮助你确定宝石的颜色是不是天然的。一种被称作“坦桑石”的很流行的典型三色性蓝色宝石（“黝帘石”家族中的一员）就是这种情况。天然黝帘石的颜色范围很大，从褐色、绿黄色一直到淡紫色，甚至是紫蓝色或深宝石蓝色。其中漂亮的蓝色很受人们的喜欢，却是罕见的。大多数蓝色坦桑石是由褐色黝帘石加热形成的。在加热的情况下，褐色会发生变化形成一种很漂亮的蓝色。但加热改变的不仅仅是宝石自身的颜色，它同时还会改变二色镜下观察到的三色。天然的蓝色坦桑石会显示三种不同的颜色：最典型的三种是亮蓝色、紫色和绿色。有时紫色会发红，有时黄色会代替绿色，但重要的是要注意到你会观察到三种不同的颜色。然而，“热处理”蓝色坦桑石通常表现出两种颜色——紫色和蓝色，但你会看到两种不同深浅的蓝色，其中一种明显比另一种更浅，所以它仍然被认为是一个“三色”宝石。需要特别注意的是，加热的蓝色坦桑石一般看不到绿色或黄色。当用二色镜观察坦桑石的时候，在三色中如出现绿色或黄色，可能表明这块宝石的蓝色是天然的；如果看不到绿色或黄色，通常表明其颜色是加热产生的。

如何使用二色镜

虽然二色镜简单易操作，但是一定要确保你有适当的光源，而且你要用下文所描述的方法旋转二色镜。你必须记住从五个不同的方向查看宝石。记住这几点，进行如下的操作：

1. 把二色镜置于拇指和食指之间，小心轻放在需要被检测的宝石上。

图 6.7 二色镜的使用方法：二色镜需要尽可能地靠近宝石和眼睛。将二色镜的管状外壳置于拇指和食指之前，这样在观察宝石时可以很轻松地旋转二色镜，让光线射入宝石。

2. 将眼睛尽可能地接近二色镜的另一端，确保你可以通过二色镜看到其另一端的一对矩形小窗。

3. 让强光射入宝石，观察宝石。一个小的高强度通用电灯就是很好的光源（这些灯除提供强光外，还有额外的便利，即宝石可以非常接近光源）。高强度的手电筒光也是适用于二色镜的很好的光源。或者，你也可以使用来自天花板夹具的光源（举起宝石和二色镜，看着光，让光线从宝石的后面射入）。

4. 用二色镜观察宝石，尽可能地让二色镜靠近宝石，甚至接触到宝石（确保强光从宝石后边射入）。

5. 向二色镜中看。同时慢慢地旋转二色镜（不是宝石）至少 180 度。当你旋转时，观察是否会有第二种颜色在矩形小窗口中出现。例如，在使用二色镜观察红宝石的时候，你可能开始时会在两个窗口中观察到相同的颜色，可能是橘红色。然后，当你旋转二色镜的时候，你会

图 6.8 侧面图

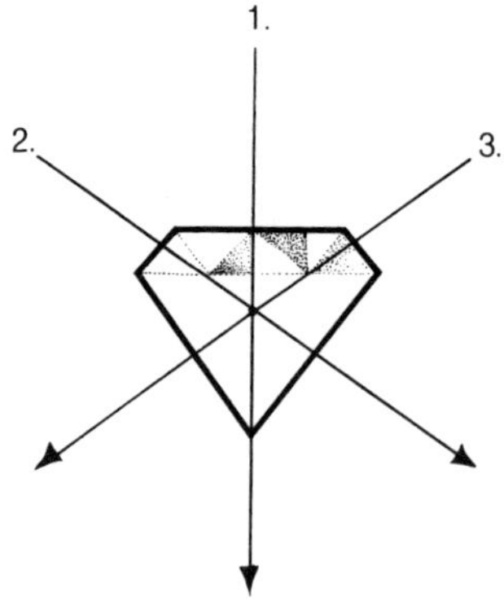

图 6.9 顶端图

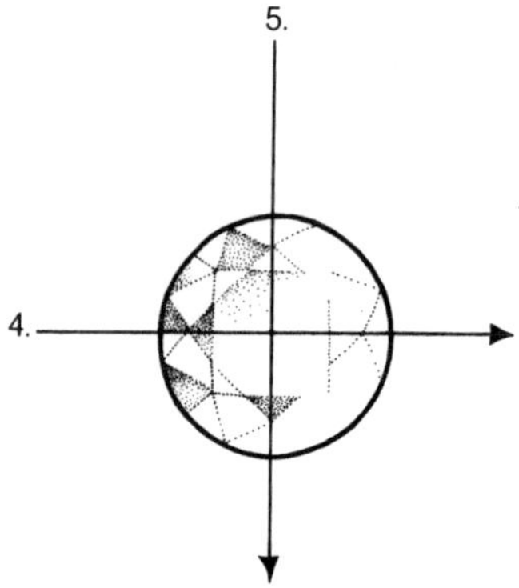

1. 从顶端到底部　　2. 对角线　　3. 对角线　　4. 一侧至另一侧
5. 从前到后从五个方向观察宝石：从上至下，一侧至另一侧，从前向后，两个对角线方向

观察到第二种颜色的出现。你仍然可以在一个窗口观察到之前的橘红色，但是另一个窗口的颜色可能变为紫红色。如果一个窗口的颜色没有发生明显的变化，那么继续旋转二色镜直到 360 度。如果你仍然没有看到另一种颜色的出现，就换一个观察角度。

6. 按照上面所描述的相同的步骤，从另一个方向观察宝石。你必须从五个不同的方向去观察，以确保准确判断有或者没有第二种（有时是第三种）颜色。这五个方向分别是：从上至下；一侧至另一侧；从前向后；一种角度的对角线方向；另一种角度的对角线方向。

再次以红宝石为例，如果我们只从一个方向观察这块红宝石，即使我们旋转二色镜，也可能只会在两个窗口看到一种颜色。如果停在这里，我们可能得出一个错误的结论，即把真正的红宝石当作石榴石或尖晶石。如果在第一个方向上没有检测到一种以上的颜色，我们必须从第二个方向重复检测，之后从第三个方向。依此类推，直到我们从五个方向检测这块宝石。

在每个方向上观察宝石时，一定要旋转二色镜。

7. 注意观察在每一个方向上两个窗口看到的颜色。你可能只看到一种颜色，或者两种颜色（在后面这种情况下你看到的就是二色性），抑或，在一些宝石上你可以看到三种颜色（即三色性）。

对于三色性宝石而言，从一个方向看时，你会在矩形窗口看到一对颜色，而从另一个方向观察时，会看到另一对颜色。在两对颜色中有一种颜色会是相同的。

红柱石是一个三色性的很好例子。当用二色镜从一个方向观察红柱石时，你可能会在一个窗口看到黄色，而在另一个窗口看到绿色。然后，换一个方向看，你可能在一个窗口看到与第一对颜色中的黄色相同的颜色，但在另一个窗口可以看到红棕色。

在矩形窗口中看到的特定颜色，以及所看到的颜色数量（两种或三种），可以帮助你对大多数彩色宝石做出正确的鉴定。但要切记，你必须从至少五个不同的方向观察宝石。一般来说只从一个方向观察，往往看不到另一种颜色。当然在此过程中，第三种（表现出三色性）也有可能出现。如果你认为一块宝石可能具有三色性，在你看到第二种颜色的时候一定不要停止，而是应该继续通过所有的五个方向观察，直到你确定究竟有没有第三种颜色。这对于宝石鉴定是非常重要的，因为很少有宝石具三色性。因此，采用这样的检测可以当场给出肯定的鉴定结果。

尽管二色镜是一种很容易上手的工具，我们还是建议你在第一次使用的时候请熟悉二色镜操作的人协助。这有助于你确保以正确的方式持握二色镜，并使用适当的光源。只需要不超过 15 分钟的时间你就可以掌握。

使用二色镜会看到什么

一旦你能够自如地操作二色镜，你就可以准备开始用它观察宝石了。如果使用二色镜只看到一种颜色，通常表明你的宝石是“非二色性”宝石。你可以从本章后面看到只有少数宝石属于这一类。如果你看到两种颜色，那么你所观察的宝石是“二色性”宝石；如果你看到了第三种颜色，那你所观察的宝石是“三色性”宝石。

本章后面提供的列表中，按照颜色和宝石家族两种分类，我们列出了使用二色镜观察流行宝石时你会看到的颜色。这样的列表内容也会出现在标准宝石学课本上（见本书“多色性表格”）。

一旦你确定通过二色镜看到的颜色，在列表中查阅哪种或哪些宝石将显示你所看到的颜色。如果只有一种宝石符合，就可以做出一个很肯定的鉴定。如果有一种以上的可能性，就可能需要进一步借助查尔斯滤色镜、放大镜或其他宝石检测仪器。

学会同时使用三种便携式仪器

有时应该显示二色性的宝石却没有显示。使用二色镜来区分橄榄石和绿锆石的例子也告诉我们，有时单独使用二色镜不能确定宝石身份。这些例外的情况为我们提供了很好的例证，告诉我们将放大镜、查尔斯滤色镜和二色镜一起使用对于准确判断宝石材质的重要性。

橄榄石和绿锆石非常相似。绿色的玻璃也与它们很类似。绿锆石的二色与橄榄石和绿色玻璃不同，这样就可以将它与类似宝石区分开来（反之亦然），但有时区别非常不明显，很难检测出来。而且有时绿锆石并没有表现出二色性。这种情况下，使用我们提到的三个便携式工具中的另一种可能会有所帮助。

如果你用查尔斯滤色镜检测绿锆石，你会看到红色反应，而你用查尔斯滤色镜检测橄榄石时却看不到红色（它仍然保持绿色），它依然可能是绿色玻璃。

现在使用放大镜可以帮你走出困境。首先，使用放大镜可以看到“重影”。这是一种光学效应，使你感觉自己“看到重影”。为了观察重影，仔细观察宝石（从几个不同方向观察）。如果背面的边缘出现重影，好像你有双重视野，即看到了“重影现象”（有时背面的边缘看起来不是一条单一的线，而是类似于一个狭窄的铁路轨道的平行线）。

锆石会表现出重影（橄榄石的背面也会显示重影，但是当我们用查尔斯滤色镜检查时——它会呈现红色反应，我们断定它不是橄榄石。橄榄石在查尔斯滤色镜下仍然是绿色）。玻璃有可能有二色性。然而，玻璃不会显示任何重影，而锆石则会显示重影。因此，通过用放大镜检查是否有重影，我们可以判断宝石的身份。如果我们看到了重影，就会知道被检测的是锆石。

如果你不确定是否看到了重影，放大镜还是会帮到你。通过放大镜，你可以看到宝石中是否存在包裹体，以及包裹体的类型，来判断所检测的是玻璃还是锆石。现在我们将很确定地知道被检测的是锆石。

接下来我们看看橄榄石。如果你能够检测到三色性，你不需要有任何疑虑就可以断定宝石的身份是橄榄石。但橄榄石往往只显示两种颜色，很容易与绿色锆石相混淆。更复杂的是，有三种类型的锆石都会出现某种深浅程度的绿色：“低型”锆石（也被称为“蜕晶质”）、“中型”锆石和“高型”锆石。锆石的晶体结构由于自然产生的辐射遭到破坏，可能几乎不会出现双折射、二色性和重影；“中型”锆石晶体结构破坏程度比“低型”锆石轻，它会表现出双折射、弱二色性和重影（但弱于橄榄石）；“高型”锆石具有很强的双折射，并且具有良好的二色性和很强的重影，甚至强于橄榄石。通常绿锆石是“低型”或“中型”锆石，只要看到很强的重影我们就可以得出结论，即该宝石是橄榄石。此外，“高型”锆石也通常是浅绿色的，而橄榄石的颜色是深浅程度不一的绿色。如果宝石颜色是深绿色，且能观察到很强的重影，那么，可能的结果就是这颗宝石为橄榄石。而且橄榄石也比绿锆石更为常见。尽管如此，在这种情况下，如果你只使用放大镜和二色镜还是无法做出肯定的鉴定。我们再强调下，可以使用另一种工具——查尔斯滤色镜，这样你就会找到肯定的答案。如果宝石是橄榄石，它在通过滤色镜观察时还会保持绿色，但如果是绿锆石，那么它在通过滤色镜观察时会呈现红色。

二色镜的另一个重要用途是区分坦桑石和仿制品。很多的坦桑石仿制品都是单折射，并不表现出二色性，而坦桑石具有三色性。合成刚玉（蓝宝石）的颜色与坦桑石颜色一样，但它是二色性的，而且其二色也不同于坦桑石。合成镁橄榄石也可能被误认为是坦桑石，但它也是二色性的，而非三色性。然而，在用二色镜观察镁橄榄石时看到的颜色之一（紫红色），可能会让你误认为它是坦桑石，特别是当宝石镶嵌方法让你无法从多个方向进行检查时。在这种情况下，需要用紫外灯（见第三部分第 7 章）或折射仪来检查（见第三部分第 8 章），马上你就可以判断出它是不是坦桑石。

练习一起使用这三种便携式宝石检测仪器。令人惊讶的是，在很短时间内，你会变得更加自信，并开始享受准确鉴定宝石带来的成就感。

表 6.1 流行二色性和三色性宝石呈现的颜色——依照宝石颜色分类

宝石	二色或三色	色彩强度	呈现颜色
紫色或紫罗兰色宝石			
金绿宝石			
变石	三色	色深而强	自然光下：祖母绿色 / 浅黄色 / 浅红色 人造光下：祖母绿色 / 红黄色 / 红色
合成变石（刚玉型）	二色	色深而强	自然光下：绿褐色 / 浅紫色 人造光下：黄褐色 / 浅紫色
刚玉			
紫色蓝宝石	二色	强	黄红色 / 紫罗兰色；浅灰色 / 绿色
水晶			
紫晶	二色	明显到弱	紫色 / 红紫色；紫色 / 蓝色
锂辉石			
紫锂辉石（浅紫色）	三色	强	无色 / 粉色 / 紫罗兰色
碧玺			
紫色 / 紫罗兰色	二色	强	紫色 / 浅紫色
黝帘石（坦桑石）	三色	强	蓝色 / 浅紫色或浅红色 / 绿色或黄色；蓝色 / 浅蓝色 / 浅紫色或浅红色 注：绿色或黄色的出现可能表明其颜色是天然色。

续表

宝石	二色或三色	色彩强度	呈现颜色
蓝色宝石			
蓝锥矿	二色	强	无色 / 靛蓝色（或绿蓝色）
绿柱石			
海蓝宝石	二色	强到弱	蓝色品种：蓝色 / 无色 蓝绿色品种：浅蓝绿色 / 浅黄绿色（或无色）
刚玉			
蓝色蓝宝石	二色	强	绿蓝色 / 深蓝色
镁橄榄石（合成）	二色	强	蓝色 / 紫红色
堇青石	三色	强	浅蓝色 / 浅稻黄色 / 深紫色
托帕石（蓝色）	三色	强到明显	无色 / 浅蓝色 / 浅粉色 注：粉色经常观察不到。
碧玺			
蓝碧玺（蓝色）	二色	强	浅蓝色 / 深蓝色
蓝绿色碧玺	二色	强	浅蓝绿色 / 深蓝绿色
锆石（蓝色）	二色	明显	无色 / 蓝色
黝帘石（坦桑石）	三色	强	蓝色 / 浅紫色或浅红色 / 绿色或黄色； 蓝色 / 浅蓝色 / 浅紫色或浅红色 注：绿色或黄色的出现可能表明其颜色是天然色。

续表

宝石	二色或三色	色彩强度	呈现颜色
绿色宝石			
红柱石（绿色）	三色	强	褐绿色 / 橄榄绿 / 浅红色
绿柱石			
祖母绿	二色	强到弱	黄绿色 / 蓝绿色
金绿宝石			
变石	三色	色深而强	自然光下：祖母绿色 / 浅黄色 / 浅红色 人造光下：祖母绿色 / 红黄色 / 红色
合成变石(刚玉型)	二色	色深而强	自然光下：褐绿色 / 浅紫色 人造光下：褐黄色 / 浅紫色
刚玉			
绿色蓝宝石	二色	强	黄绿色 / 绿色
橄榄石	三色	明显到弱	黄绿色 / 绿色 / 浅黄色 注：很难检测到两种颜色；第三种颜色经常观察不到。
锂辉石			
翠绿锂辉石(绿色)	三色	强	蓝绿色 / 草绿色 / 黄绿色或无色
碧玺（绿色）	二色	强	浅绿色 / 深绿色；褐绿色 / 深绿色 注：如果你使用查尔斯滤色镜看到红色，那就是铬碧玺。
锆石（绿色）	二色	弱	褐绿色 / 绿色（或无色）

续表

宝石	二色或三色	色彩强度	呈现颜色
黄色宝石			
绿柱石			
金绿柱石（黄色）	二色	强到弱	浅黄绿色 / 浅蓝绿色
金绿宝石（黄色）	三色	色深而强	无色 / 浅黄色 / 柠檬黄
刚玉			
黄色蓝宝石	二色	明显到弱	非常浅的黄色
水晶			
黄晶	二色	明显到弱	黄色 / 更浅的黄色（或无色）
锂辉石 （黄色）	三色	强	黄色 / 浅黄色 / 深黄色
托帕石（黄色）	三色	强到明显	米黄色 / 稻黄色 / 粉黄色 注：观察托帕石时，只有很少数情况下能看到第三种颜色。
碧玺 （黄色）	二色	强	浅黄色 / 深黄色
锆石 （黄色）	二色	弱	褐黄色 / 黄色
褐色或橙色宝石			
刚玉			
橘色 / 褐色蓝宝石	二色	强	黄褐色到橘色 / 无色
水晶			
烟晶	二色	明显到弱	浅褐色 / 红褐色（区别明显）

续表

宝石	二色或三色	色彩强度	呈现颜色
托帕石（褐色 / 橙色）	三色	明显	无色 / 黄褐色 / 褐色
碧玺（褐色 / 橙色）	二色	强	黄褐色 / 深褐色；褐绿色 / 深绿色
锆石（褐色）	二色	弱	黄褐色 / 红褐色
红色 / 粉色宝石			
绿柱石			
铯绿柱石（粉色）	二色	强到弱	浅玫红色 / 蓝玫瑰色
红色绿柱石（红“祖母绿”）	二色	强	橘红色 / 紫红色
金绿宝石			
变石	三色	色深而强	自然光下：祖母绿色 / 浅黄色 / 浅红色 人造光下：祖母绿色 / 红黄色 / 红色
合成变石(刚玉型）	二色	色深而强	自然光下：绿褐色 / 浅紫色 人造光下：黄褐色 / 浅紫色
刚玉			
红宝石	二色	强	橘红色 / 紫红色
粉色蓝宝石	二色	强到弱	两种不同深浅程度的粉色；在浅色宝石上往往很难检测到区别
水铝石（变色“水铝石”）	三色	强	浅蓝色 / 浅绿色 / 浅黄色（在散射、全谱光线的日光下最容易看到第三种颜色，例如在晴天时的户外，远离太阳直射）

续表

宝石	二色或三色	色彩强度	呈现颜色
水晶			
粉晶	二色	明显到弱	粉色 / 浅粉色（差别明显）
托帕石（粉色）	三色	强到弱	无色 / 非常浅的粉色 / 粉色
碧玺			
红碧玺（红色）	二色	强	粉色 / 深红色（或洋红色）
锆石（红色）	二色	弱	褐丁香色 / 红褐色
注：浅色宝石表现出较弱的二色性，或很难检测出来。			

流行宝石常见二色和三色——依照宝石家族分类

宝石	二色或三色	色彩强度	呈现颜色
红柱石（绿色）	三色	强	褐绿色 / 橄榄绿 / 浅红色
蓝锥矿	二色	强	无色 / 靛蓝色（或绿蓝色）
绿柱石			
祖母绿	二色	强到弱	黄绿色 / 蓝绿色
海蓝宝石	二色	强到弱	蓝色品种：蓝色 / 无色 蓝绿色品种：浅蓝绿色 / 浅黄绿色（或无色）
铯绿柱石（粉色）	二色	强到弱	浅玫红色 / 蓝玫瑰色

续表

宝石	二色或三色	色彩强度	呈现颜色
红色绿柱石	二色	强	橘红色 / 紫红色
金绿柱石（黄色）	二色	强到弱	浅黄绿色 / 浅蓝绿色
金绿宝石			
黄色	三色	色深而强	无色 / 浅黄色 / 柠檬黄
变石	三色	色深而强	自然光下：祖母绿色 / 浅黄色 / 浅红色 人造光下：祖母绿色 / 红黄色 / 红色
合成变石（刚玉型）	二色	色深而强	自然光下：绿褐色 / 浅紫色 人造光下：黄褐色 / 浅紫色
刚玉			
红宝石	二色	强	橘红色 / 紫红色
蓝色蓝宝石	二色	强	绿蓝色 / 深蓝色
绿色蓝宝石	二色	强	黄绿色 / 绿色
橘色 / 褐色蓝宝石	二色	强	黄褐色到橘色 / 无色
粉色蓝宝石	二色	强	两种不同深浅程度的粉色；在浅色宝石上往往很难检测到区别
紫色蓝宝石	二色	强	黄红色 / 紫罗兰色；浅灰色 / 绿色
黄色蓝宝石	二色	明显到弱	非常浅的黄色
水铝石	三色	强	浅蓝色 / 浅绿色 / 浅黄色
堇青石	三色	强	浅蓝色 / 浅稻黄色 / 深紫色

续表

宝石	二色或三色	色彩强度	呈现颜色
橄榄石	三色	明显到弱	黄绿色 / 绿色 / 浅黄色 注：很难检测到两种颜色；第三种颜色经常观察不到。
		水晶	
紫晶	二色	明显到弱	紫色 / 红紫色；紫色 / 蓝色
黄晶	二色	明显到弱	黄色 / 更浅的黄色（或无色）
粉晶	二色	明显到弱	粉色 / 浅粉色（区别明显）
烟晶	二色	明显到弱	浅褐色 / 红褐色（区别明显）
		锂辉石	
紫锂辉石（淡紫色）	三色	强	无色 / 粉色 / 紫罗兰色
翠绿锂辉石（绿色）	三色	强	蓝绿色 / 草绿色 / 黄绿色（或无色）
黄色	三色	强	黄色 / 浅黄色 / 深黄色
		托帕石	
蓝色	三色	强到明显	无色 / 浅蓝色 / 浅粉色 注：粉色经常观察不到。
褐色 / 橙色	三色	明显	无色 / 黄褐色 / 褐色
粉色	三色	强到明显	无色 / 非常浅的粉色 / 粉色
黄色	三色	强到明显	米黄色 / 稻草黄色 / 粉黄色 注：观察托帕石时，只有很少数情况下能看到第三种颜色。

续表

宝石	二色或三色	色彩强度	呈现颜色
		碧玺	
蓝绿色	二色	强	浅蓝绿色 / 深蓝绿色
褐色 / 橙色	二色	强	黄褐色 / 深褐色或褐绿色或深绿色
绿色	二色	强	浅绿色 / 深绿色；褐绿色 / 深绿色 注：如果通过查尔斯滤色镜看到的是红色，就表明是铬碧玺。
蓝碧玺（蓝色）	二色	强	浅蓝色 / 深蓝色
紫色 / 紫罗兰色	二色	强	紫色 / 浅紫色
红碧玺（红色）	二色	强	粉色 / 深红色（或洋红色）
		锆石	
蓝色	二色	明显	无色 / 蓝色
褐色	二色	弱	黄褐色 / 红褐色
绿色	二色	弱	褐绿色 / 绿色（或无色）
红色	二色	弱	褐丁香色 / 红褐色
黄色	二色	弱	褐黄色 / 黄色
黝帘石 （坦桑石）	三色	强	蓝色 / 浅紫色或浅红色 / 绿色或黄色；蓝色 / 浅蓝色 / 浅紫色或浅红色 注：绿色或黄色的出现可能表明其颜色是天然色。

表 6.2 无二色性的宝石

石榴石
彩色钻石
尖晶石及合成尖晶石
有色仿钻材质（立方氧化锆、钇铝榴石等）
玻璃
塑料

第 7 章　紫外灯

图 7.1 紫外灯和观察箱

什么是紫外灯

紫外灯是一种小型灯具，使用起来很简单。它可以在宝石鉴定中发挥很重要的作用，也可以用于检测某些类型的经处理宝石。紫外灯，也称为 UV 灯，能够产生一种特殊类型的光线（实际上是辐射），人们称之为紫外线。人们经常使用这种灯来检测宝石是否具有发光性。发光性指的是当宝石暴露于紫外光照射下时，是否会产生显色反应——该显色反应在普通光线下不可见——只有当宝石置于紫外光照射下才可见。例如，当我们说一个白色钻石发出蓝色荧光，我们的意思是当它置于紫外灯（产生的紫外辐射）下观察时会呈现蓝色，但事实上它是一颗白色的钻石，并且在普通光线下看起来也是白色的。

紫外灯在宝石鉴定中能够发挥多种用途。黑暗的环境中，在紫外灯下观察宝石，不同的宝石会呈现不同的反应。在某些情况下，只需依靠紫外灯我们就可以确定一颗宝石是天然宝石、合成宝石，还是已经经过某种处理。实践证明，长波紫外线辐射在检测祖母绿，以及确定其是否经过浸油充填方面非常有价值——有助于将合成无色尖晶石、合成无色蓝宝石与钻石区分开来，同时也有助于区分天然蓝色蓝宝石、热处理蓝色蓝宝石和老式的维尔纳叶法（Verneuil）合成蓝色蓝宝石。当我们给钻石进行颜色分级的时候，为了确保分级的准确性，钻石的荧光检测也是非常重要的，这一点我们将在后文讨论。短波辐射也是非常重要的，而且现在它是区分坦桑石与所有坦桑石仿制品最快捷的方法。

目前市场上有几种不同类型的紫外灯。但是作为宝石鉴定所使用的紫外灯，必须能够独立地产生长波和短波两种紫外光。有不少生产紫外灯的厂家，我们推荐由 UVP 公司生产的 6 瓦 UVGL–58 型号手持紫外灯和 GIA 宝石仪器的长波 / 短波紫外灯，以及 Spectroline 公司生产的 ENF240 型号紫外灯，或锐特驰公司的 LC–6 型号紫外灯。这些型号的紫外灯还提供单独的控制按钮，你通过按钮的简单操作，就可以按照需求使用短波紫外光或长波紫外光（但不能同时使用两种光波）。我们也推荐 UVP 公司生产的价廉轻便的电池供电便携式紫外灯（型号 UVSL–14P）。这种紫外灯体积小但具备提供长波和短波两种紫外光的能力。市场上有些紫外灯只提供短波，而有些灯只有长波。请确保你选择的紫外灯可以提供长短波两种紫外光（见第二部分第 2 章）。

同样重要的是紫外灯需要有适当的光照强度，以确保得到可靠的检测结果。因此当查看紫外灯仪器的规格时，一定要注意光照强度这一项。例如，UVGL–25 型号紫外灯在 3 英寸处的光照强度（单位为 $\mu W/cm^2$）是 720/760；6 瓦的 UVGL–58 型号紫外灯在 3 英寸处的光照强度是 1200/1350；而小型的 UVSL–14P 型号紫外灯在 3 英寸处的光照强度下降到 68/113。这意味着在使用小型紫外灯时，你必须在更近的范围内观察宝石。更重要的是，当观察那些具有典型弱荧光性宝石的时候，如果使用小型紫外灯，你有可能无法检测到它的发光性；在这种情况下，不使用更高光照强度的紫外灯，你可能无法得到肯定的答案。对于大多数宝石来说，小型紫外灯就足够了，而且其便携性使它成为一种难得的检测工具。但是有些类型的紫外灯，如小型紫外灯和台式紫外灯，其光照强度都较小，无法显示宝石的紫外线反应，有可能让你得出错误的结论。因此，如果你在使用便携式紫外灯看不到任何荧光反应时，请使用光照强度更大的紫外灯再次检测。

除了紫外灯外，我们推荐使用“暗室”——一种专门设计用于手持灯的观察箱或柜子。可以让你在一个完全黑暗的环境下观察宝石或珠宝，使你能够更容易地观察到荧光，或者在可能的情况下观察到磷光（持续发光）。你可以将一个纸板箱涂上哑黑色漆，然后在顶部切出一个小的观察窗口，还要有一个能够容纳紫外光源的开口，这样就可以自制出一个紫外灯观察箱。有些设备供应商和紫外灯生产商会出售观察箱。如果你有意购买，我们建议考虑那些带有防护目镜的观察箱，价格从 150 美元到 230 美元不等。

了解紫外光和荧光

紫外光和荧光都不是很难理解。事实上，荧光是自然界中最有趣的奥秘之一。你只需知道我们周围同时有可见光和不可见光。光以光波的形式传播，波长取决于它们是可见光还是不可见光，以及我们真实看到的光的颜色是什么。一些光的波长太短，肉眼无法看到；而有些光的波长太长，肉眼也无法得见。我们看到的颜色，如红色、蓝色或绿色，波长都处于肉眼可见的范围之内。而紫外线的波长不处于这个范围，因此它们对我们来说是不可见的。

紫外灯会发出紫外线。这些光线波长太短，肉眼看不见。然而，当紫外线接触到某些宝石时，这些宝石的内在特性会使光波发生变化，让波长太短的不可见光变为更长波长的可见光。当这种情况发生时，宝石就会显示出一些颜色，而这些颜色在不使用紫外灯照射时是看不到的。当一颗宝石材质在紫外灯下显示颜色，而不使用紫外灯时看不到这样的颜色，我们就说这种宝石材质具有荧光或荧光性。紫外灯可以让我们了解宝石是否具有荧光性，以及如果具有荧光性，该荧光的颜色是什么。

有些宝石还发出磷光。这意味着它们在关掉紫外灯后会继续发光。磷光或强或弱。可能只会持续一个瞬间，也可能会持续几个小时。

荧光与宝石鉴定

紫外灯可以使我们观察荧光。在紫外线照射下，荧光物质会发光，其颜色在正常光线下不可见。即使在正常光线下呈浅褐色、黑色或灰色，宝石在紫外线照射下也可能会呈现明亮的蓝色、红色或绿色，在这种情况下，不可见的紫外线波长已经转化为可见光波长。如果你附近博物馆有荧光宝石或矿物展示，好好去观看，这将有可能是一次非常有收获的旅程！

紫外线下看到的颜色是由被观察物质的性质决定的。有些宝石只会发出一种颜色的光，而有些宝石会发出不同颜色的光；有些宝石在长波下发出荧光，而有些是在短波下发出荧光，还有一些在长波和短波下都会发出荧光。

紫外灯提供的信息是宝石鉴定的重要线索。紫外灯可以立即显示出所观察的宝石是否发出荧光或磷光，以及如果发出的话，该反应是在长波下发生还是在短波下发生，抑或在两种情况下都会发生（这就是你需要一个既能产生长波又能产生短波的紫外灯的原因）。虽然仅使用紫外灯在大多数情况下不能得出决定性的鉴定结论，但是在与其他设备共同使用的时候，它是一种能够证实你的判断快速而简单的方法。

如何使用紫外灯

在开始讨论之前，我们要强调的是，使用短波紫外灯如果不够谨慎，有可能会发生危险。

使用短波紫外灯时要注意以下事项：

· 千万不要直视紫外灯。时刻保持它远离你的眼睛。短波紫外灯可能会对眼睛产生严重伤害。你可能需要一副专门的护目镜，或是佩戴玻璃镜片眼镜（短波辐射不能穿透玻璃）。

· 避免皮肤持续暴露于紫外线下。不要让皮肤暴露于紫外线下，仅仅几分钟就有可能会严重灼伤皮肤。

· 在一切就绪前不要打开紫外灯，这有助于你避免不必要的紫外线辐射。

· 尽可能使用护目镜或玻璃眼镜。

使用紫外灯，只需按照以下步骤操作：

1. 在使用紫外灯观察宝石前，清洁宝石及镶嵌宝石的托。诸如皮肤油脂，棉绒或者藏纳于爪镶下的污垢等物质有可能会发出荧光，影响你的判断。

2. 将宝石或珠宝置于一个非反射的黑暗环境下。检查时周围环境要尽可能暗，这一点非常重要。使用专门为紫外灯设计的观察箱或前面提到的暗室，将待检宝石或珠宝放在一个黑色的平面背景上（如条件有限，可以用黑色的纸替代）。如果你没有合适的观察箱，可以进入一个没有窗户的房间（比如壁橱），在黑暗中查看待检品。记得要保持紫外灯远离眼睛。

3. 将紫外灯直接放在待检物品上，先不要打开。调整灯的位置使其能够照在待检品上，让灯尽可能靠近待检品。记住，宝石越靠近紫外灯光源，就越容易观察到宝石在紫外线下呈现的反应。此外，要确保你使用的紫外灯有足够的光照强度。

4. 现在打开紫外灯，先按下长波按钮。每次只按一个按钮。在长波下观察宝石，注意宝石是否发出荧光。如果有荧光，那么荧光颜色和强度如何；如果宝石不发出荧光，记录下它是惰性的（这意味着它在紫外灯照射下没有改变）。接下来在短波下观察宝石。重复以上步骤，按下紫外灯的短波按钮。再次，注意宝石是否发出荧光，如果有荧光，那么荧光颜色和强度如何。

5. 从几个不同的方向观察宝石。记得尽可能将宝石靠近紫外灯光源。一定不要误将紫外灯自身发出的紫色光（从宝石的侧面反射）当作微弱的荧光。宝石必须从内部发出荧光。

6. 关上紫外灯。注意观察宝石是否继续发光。如果继续发光，则该宝石有磷光特性。注意磷光颜色和持续时间。

7. 将待检宝石从观察区移开。

在使用紫外灯的时候，一定要让它远离你的眼睛，而且永远不要直视它。

紫外灯下会显示什么

正如我们前面提到的，紫外灯能显示宝石是否具有荧光性，从而帮助人们确定宝石身份。在本章后我们提供了列表，列出彩色宝石在长波紫外线和短波紫外线下可能显示的颜色，以及如何通过紫外灯检测区分外形类似的宝石。我们还列出了能够产生磷光的宝石。然而，请注意不是所有的宝石都会产生荧光。还需注意很重要的一点是，在某些宝石家族中，在某些地方开采的宝石可能会发出荧光，但是从其他地方开采的宝石则不会发出荧光。同时，如果宝石中含有微量铁元素（例如，我们从泰国找到的红宝石），则发出的荧光可能很微弱或者根本不表现出荧光。

在你开始使用宝石荧光列表前，我们在此先做出如下几点说明：

区分合成钻石与天然钻石 紫外灯最重要的用途之一就是区分天然钻石与合成宝石级钻石（之所以称宝石级钻石，是为了区别于工业级品质的合成钻石，这种合成钻石目前在市场上已经广泛流通）。

虽然目前合成宝石级无色钻石还没有大规模流通，但这种情况正在发生改变。现在出现了超过1克拉的合成无色钻石（相对于“彩色”

而言），有些合成宝石级无色钻石甚至超过 2 克拉，其生产的规模和速度也在不断提高。合成彩色钻石，比如蓝色、黄色，甚至红色和深绿色的合成彩色钻石都越来越多。一些非常精密的仪器为我们带来了福音，让我们可以快速区分合成钻石和天然钻石，这一点对于那些经常需要检测大量钻石的人来说尤为重要。但对大多数人来说，这样的设备造价太高，缺乏便携性，实际操作性不强。

专业宝石鉴定实验室可以检测出目前生产的所有合成钻石，经验丰富的宝石学家也可以通过常规宝石检测方法检测出很多合成宝石。这里提到的检测方法，包括使用放大镜和显微镜检查，如白色“面包屑”、不寻常的交叉纹或特有包裹体等生长特征。通常，只需使用那些易学易操作的工具，即简单的检测方法就可以检测出来。其中，最可靠的方式之一就是紫外线检查。

当天然钻石暴露于紫外线照射下，有可能根本不会表现出荧光，也可能发出的荧光只是单一颜色，最常见的是蓝色或黄色。当在长波和短波紫外线照射下分别检测时，你会发现能够发出荧光的天然钻石，通常在长波紫外线照射下表现得荧光较强。这一点需要谨记在心，因为这一现象与典型合成钻石的荧光特性恰恰相反。对于合成钻石来说，通常是在短波紫外线照射下能够观察到荧光，但是在长波紫外线照射下发出的荧光可能弱得多，或者可能是惰性的。这是第一件要检查的事情。

库利南Ⅰ号钻石和库利南Ⅱ号钻石在长波紫外线照射下都不会表现出荧光，但是在短波紫外线照射下会呈现微弱的绿灰色荧光。库利南Ⅱ号钻石还出现短暂的磷光特性。然而，这些都不是典型钻石的荧光反应。

虽然一些合成钻石在紫外线照射下可能不会发出荧光，但是我们最近见到的合成钻石都会产生荧光。这些合成钻石发出的荧光最显著的特征之一，就是在短波紫外线照射下荧光更明显，呈现由弱到中等的黄色、黄绿色或者强烈的绿色荧光。一些合成钻石也产生黄色的磷光现象：在紫外灯关闭后，会在黑暗中继续发光。非常长久的黄色或绿色磷光——有时 1 分钟或更长的时间——可以让我们确定该宝石为合成钻石。

一些图表所列出的合成钻石识别特征指出，黄色磷光的存在可以表明所检测宝石为合成钻石的结论并不总是正确的。天然“变色龙”钻石（接触热源时会发生颜色变化，放置于黑暗中一段时间后颜色会变得越来越黄）同样会产生一种类似合成钻石具有的黄色磷光。如果一颗钻石表现出黄色磷光，需要再次检测以证明它并非变色龙钻石。

如果一颗钻石发出的磷光与发出的荧光颜色不同，那么这颗钻石是天然钻石，而不是经过特别处理来制成的变色龙型钻石。

紫外荧光检测对于蓝色钻石来说特别有用。合成蓝色钻石很快就能被检测出来，因为它们在短波紫外线照射下会表现出特殊的浅黄色荧光，而且会发生长时间的磷光反应。虽然我们所熟知的蓝色“希望”钻石确实表现出与众不同的红色磷光，但天然蓝色钻石通常在长波和短波紫外线照射下都是惰性的。

另一个显著特点是荧光颜色的分布规律。天然钻石发出的荧光在整个宝石上均匀分布，而合成宝石的情况通常不是这样。合成宝石的荧光往往是带状的，有时会形成一种三角形图案，或十字形图案（有些像马耳他十字）。当在短波紫外线照射下，观察到钻石具有这种独特带状荧光时，可以直接判断该钻石是合成钻石。

总之，当检测一颗钻石的时候，无论是无色钻石还是彩色钻石，在短波紫外线照射下能产生更强荧光，再加上磷光的存在，这两点就可以表明该钻石是合成的。独特带状荧光模式也表明该钻石为合成钻石。虽然目前一些新的合成技术生产的钻石在紫外线下，并不表现出这里所提到的荧光反应，但有一点是确定的，即只要所检测的宝石在紫外线下表现出这些反应，就可以得出这是合成钻石的结论。如果还不确定，可以使用放大镜检查钻石中是否存在金属包裹体或十字形颜色分区，两者只要发现其一就可以证实该钻石为合成钻石。

检测祖母绿　事实证明，长波紫外线是一种检测祖母绿的特别有用的方式。天然祖母绿，无论是哥伦比亚、赞比亚、巴基斯坦、巴西或阿富汗祖母绿，都很少会在长波紫外线下发出荧光（换句话说，它们很少表现出任何颜色上的变化）。然而，合成祖母绿却经常在长波紫外线照射下呈现荧光。那些通过水热法和助熔剂法生产的合成祖母绿能发出强烈的荧光——它们在长波紫外线照射下会变成强的浓红色荧光。摄政法生产的林德型合成祖母绿也会产生非常强的红色荧光。同时，查塔姆法与吉尔森法合成钻石也会发出很强的浓红色荧光。查塔姆法合成祖母绿会发出浓红色荧光，吉尔森法合成祖母绿发出橙红色或橄榄棕荧光（虽然有些老式吉尔森法合成祖母绿并不产生荧光）。

对祖母绿进行紫外荧光检测还有另一个非常重要的原因。许多天然祖母绿会经过浸油处理。虽然浸油可以改善祖母绿的颜色和整体外观，甚至在某些方面提升祖母绿品质，但是该处理实际上隐藏了祖母绿中明显可见的裂隙。对于经浸油处理的祖母绿而言，紫外荧光检测可以暴露浸油处理已经隐藏的瑕疵。

在紫外线照射下，浸油处理所使用的油通常会发出荧光，从而证实宝石已经过浸油处理，同时也揭示了裂隙的存在。在这种情况下，由于紫外灯使你观察到裂隙的存在，它可以帮助你确定所观察到的裂隙是否会使整个宝石发生破裂——因为在紫外灯下你可以看到宝石中是否有太多裂隙，是否有些裂隙特别大，裂隙穿透宝石的程度是否太深，以及裂隙是否处于更容易发生意外损坏的部位（比如边角处或是台面下方）。

紫外荧光检测也可以确定祖母绿是不是源于北卡罗来纳州的翠绿锂辉石。1998 年以来，那里开采的所有祖母绿材质，都会显示出一种其他祖母绿宝石很少发生的荧光现象，即在短波紫外线下表现出浅黄色或浅蓝色的荧光。这种荧光在其他地方开采的祖母绿上都未曾发现过。为了看到这种荧光，你必须把宝石置于黑暗的房间里的一个黑色平面上，将紫外灯灯源紧紧贴近宝石来观察。

检测蓝宝石 紫外灯还有一个重要的用途是用来区分老式维尔纳叶法合成蓝色蓝宝石与天然蓝色蓝宝石，以及判断一些蓝色蓝宝石的颜色是天然形成的还是经加热改色形成的。

维尔纳叶法合成蓝色蓝宝石经常出现在一些生产于 1910 年后的老款珠宝首饰中。过去这样的蓝宝石很容易被鉴别，这是因为这种蓝宝石经常包含某些典型特征，即被称为弧形生长纹的同心曲线（见彩页部分）。今天，情况已经不同了。这些典型特征可以被处理掉，因此人们很可能将这种方法合成的蓝色蓝宝石当作天然形成的蓝色蓝宝石。然而，在短波紫外线照射下，这种方法合成的蓝色蓝宝石会呈现蓝白色的荧光，而天然蓝宝石则不会产生这种荧光。

紫外灯能帮助人们识别一些被加热改色的蓝宝石，大多数情况下，也能被用来鉴别那些已经扩散处理的蓝宝石（无色蓝宝石与氧化钛涂层一起加热后，在无色蓝宝石的表面形成蓝色薄层）。不仅是维尔纳叶法合成蓝宝石会呈现蓝白色荧光，一些经加热改色的蓝宝石也会呈现这样的荧光。如果你看到蓝宝石具有蓝白色荧光，你应该立即怀疑所检测的蓝宝石是不是维尔纳叶法合成蓝宝石，或是经加热改色的蓝色蓝宝石。在这种情况下，你必须使用放大镜或显微镜观察。盘状包裹体（通常发生在加热蓝宝石上，见彩页部分）的存在可以证明宝石是经加热处理的天然蓝宝石，因为合成蓝宝石中不存在这样的包裹体。

呈现绿色荧光的蓝宝石应立即受到怀疑：一些“实验室制造”的合成蓝宝石呈现这种绿色荧光，而许多经深层扩散处理的蓝宝石也呈现这种荧光。荧光在确认“深层扩散处理”蓝宝石时非常有帮助，而使用简单的浸液法往往难以确认。强烈的绿色荧光也可能表明宝石为扩散处理合成蓝宝石。绿色的荧光再加上天然宝石中存在的典型包裹体（如愈合裂隙或光晕），可以证实宝石是经扩散处理的天然蓝宝石。

其他说明

区分合成无色石尖晶石、无色刚玉与钻石　紫外灯的另一个重要用途是区分合成无色尖晶石与钻石。在旧首饰上经常可以见到使用尖晶石来替代钻石。即使在今天，用于群镶的小粒宝石（通常小于 15 分）

经常会被发现是合成无色尖晶石，而非钻石。但是紫外灯可以帮助你找出这些带有欺骗性质的宝石。当在长波紫外线下观察时，合成无色尖晶石和无色的刚玉不会呈现荧光，但是在短波紫外线照射下却会表现出较强的荧光。合成无色尖晶石在短波紫外线照射下会发出强烈的乳白色荧光；无色刚玉在短波紫外线照射下发出强烈的蓝色或绿蓝色荧光。在长波紫外线照射下不发生荧光反应的天然钻石，通常在短波紫外线照射下也不会呈现荧光。在紫外线照射下，天然钻石很少呈现白色荧光，即使发出白色荧光也永远不会在短波紫外线照射下产生。

钻石颜色的准确分级 钻石在进行颜色分级前，必须经紫外线检查荧光以确保准确分级。检测荧光不仅有助于区分钻石与仿制品，它在钻石颜色分级中也起到非常重要的作用。有些钻石发荧光，有些钻石不发荧光。在我们亲自检测的钻石中，大约有 50% 是发荧光的。通常情况下，如果一颗钻石发荧光，它会呈现蓝色、黄色或很浅的黄绿色荧光。

如果钻石能发出荧光，在给钻石颜色分级时，使用可产生紫外线的日光型荧光灯就有可能发生错误。大多数荧光灯发出的紫外线波长类似于紫外灯，但是强度较低。将钻石放在荧光灯下，距离荧光灯越近，其荧光反应越强，对所观察到的颜色影响就越大。例如，一颗发出“强烈的蓝色”荧光的钻石，当距离荧光灯几英寸时，看起来会白得多；当距离荧光灯 1 英尺[①]时，白色程度会减轻；而当钻石与荧光灯之间的距离为正常“人与人之间的距离”（距离光源约 4 英尺或更多），白色程度会轻得多。钻石荧光反应的强度以及光源远近不同时，一颗钻

① 长度单位，1 英尺等于 0.3048 米。

石的颜色级别可能会有 3~4 级的差别！发出蓝色荧光的钻石在户外阳光下看起来总是会白得多，这时紫外光波长比日光型荧光灯更长。

同样的，如果一颗钻石的荧光为黄色，当该钻石距离标准日光型荧光灯只有几英寸时，钻石颜色看起来会更黄，远没有真实颜色那么白，在这种情况下，进行颜色分级就会导致定级比实际情况要低。

可以告诉大家的是，在我们看来，购买发出蓝色荧光的钻石对买方来说会是一件物超所值的好事情。因为无论钻石本身颜色是什么，当置于户外暴露于阳光下，或置于室内暴露在荧光灯下，其表现出的颜色可能会比实际颜色更好。

很重要的一点是，曾经的重点宝石检测实验室使用了一种特殊的日光型紫外线过滤荧光灯，可以消除紫外线波长对钻石颜色的影响。这么做是为了在除户外光照以外的任何光照情况下观察钻石时，更准确地对钻石颜色进行分级。这样做，一颗荧光钻石可以在“稳定”的状态下得以分级，即没有因暴露于紫外线的波长下而产生荧光反应，这种荧光反应会影响其自身颜色。

尽管荧光灯有紫外线波长，然而这些波长距离直接光源越远就会变得越弱，在正常的“人与人之间的距离”，紫外线波长不足以让钻石呈现任何明显的荧光反应，了解这一点很重要。在室内观察到的颜色是钻石在“稳定”状态（当它不发荧光的情况下）的颜色。当使用紫外线过滤灯对钻石进行颜色分级时，荧光颜色和强度在报告中都会注明，蓝色荧光被视为一种独特的益处，会让拥有者获得物超所值的购物感受。

然而，在某些情况下，实验室改变这个程序，使用未过滤紫外线的荧光灯进行分级，结果是在一种激发态，即发生荧光的状态下进行荧光钻石分级。如果钻石具有中等、强或极强程度的荧光，那么报告中的等级显示颜色就可能不同于通常所看到的颜色（除了在户外自然光下）。当荧光被激发时，所看到的颜色不是钻石本身的颜色，而是它的荧光颜色，那么颜色等级可能会比通常情况下见到的颜色高出1~4个等级。在颜色等级发生改变时，钻石的价格也可能会虚高。

我们不知道实验室什么时候改变了这种颜色分级技术，但是现在有些实验室正在重新考虑这个决定的正确性。同时，非常重要的一点是要能够判断任何钻石的荧光反应的颜色和强度，并对颜色分级和宝石价值的准确性做出自己的判断。

如果能够准确进行分级，我们认为购买具有荧光的钻石是个很好的选择，因为具有荧光的钻石是独一无二的，并能够物超所值。但享受这些的关键前提是正确的分级和定价。

坦桑石仿制品的检测 坦桑石不发出荧光，但目前已知的所有坦桑石仿制品都会发出荧光。它们通常在长波紫外线照射下呈现出微弱的白垩蓝白色或橙色荧光，而在短波紫外线照射下则呈现出很强的蓝白色或橙色荧光。最新的一种仿制品，即合成镁橄榄石在长、短波紫外线照射下均会呈现浑浊的绿色或黄绿色荧光，但这种荧光只有在黑暗环境里才可见。

高分子聚合物充填翡翠的检测 如今市场上的很多翡翠都是经过漂白之后进行涂膜或某些类型的高分子聚合物（比如蜡或树脂）充填而成。当翡翠暴露于长波紫外线照射下时，如出现蓝白色到黄绿色荧光，则可证明其经过这样的处理。

经颜色处理的黑珍珠的检测 天然色的黑珍珠变得非常流行。然而，并不是所有黑珍珠的颜色都是天然形成的。天然色黑珍珠在长波紫外线照射下会呈现褐色或红色的荧光。如果没有荧光——或者出现白垩黄色荧光——通常表明其经过颜色处理，但也可能是天然的。因此，如果黑珍珠没有呈现褐色或红色荧光，则需要进行额外的其他检测。

经颜色处理的"巧克力色"珍珠在长波紫外线照射下呈现粉红色荧光。

经颜色处理黄色珍珠的检测 在长波紫外线照射下，一些黄色养殖珍珠会发出特殊的荧光，证明其颜色是经过处理的。它们的大部分区域会显示黄绿色荧光，但是会出现黄白色荧光区域，其中心是惰性的。如果出现以上荧光反应，放大黄白色区域会看到非珠质特征，有独立的亮红色点状或者开口处有红色边缘，以上特征会直接表明其是经过处理的。

天然与合成欧泊的检测 在紫外线照射下，天然形成的欧泊会呈现磷光反应，而合成欧泊则不会。

紫外灯的其他用途

紫外灯在区分相似宝石时也有着重要的用途：粉色托帕石、粉色蓝宝石和粉色碧玺；青金石和染色碧玉（"瑞士青金石"）；红褐色琥珀和外观相似的塑料；蓝色锆石和海蓝宝石；天然黑珍珠和染色黑珍珠；天然黑欧泊和糖处理的黑欧泊；以及天然宝石和新型仿制品，例如区分坦桑石和坦桑石色的钇铝榴石。

最后，需要注意的是在进行宝石鉴定时荧光的存在或者缺失。进行珠宝鉴定时，对于镶有多颗钻石的首饰，注意观察其中哪些钻石会发出荧光，发出荧光的钻石在珠宝上的位置以及发出何种颜色荧光，这些都具有特别的价值——在应对首饰盗窃或者宝石更换这样的事件时，可以给我们提供特别帮助。

如今使用紫外灯检测宝石或首饰可能是最快捷的测试方式之一。

即使仅仅使用紫外灯不能得到肯定性的检测结果，它还可以与便携式放大镜、二色镜或查尔斯滤色镜等其他仪器一起使用，足以让你得到一个肯定的鉴定结果。如果使用得当，紫外灯可以成为宝石爱好者的忠实朋友。

表 7.1 发荧光宝石

宝石	短波	长波
变石 ★★	红色	红色
变石型合成刚玉（蓝宝石）	红色、橙色（通常情况下）	浅红
琥珀	白色、黄色、橙色	与短波相同
天然紫晶	通常表现为惰性；深蓝色	与短波相同
合成紫晶	惰性	惰性
海蓝宝石	惰性	惰性
辐照马克西西型绿柱石	中等强度的黄绿色	中等强度的绿色
蓝锥矿 ★★	强蓝色	惰性

续表

宝石	短波	长波
立方氧化锆（无色）	强橙色或黄色（新型材质有可能是惰性）	与短波相同但是较弱
金绿宝石		
黄绿色金绿宝石	黄绿色	惰性
变石★★	红色	红色
黄色、暗绿色和褐色品种	惰性	惰性
钻石	微弱的颜色；通常是惰性	弱到强的蓝橙色、黄绿色、黄色或惰性
天然彩蓝色钻石	惰性	通常是惰性
（钻石可以呈现除紫色以外所有颜色的荧光。通常是从弱到强的蓝色荧光；黄色荧光也很普遍，蓝色荧光证明钻石为天然钻石）		
合成钻石	弱到中等强度的黄色、黄绿色或强烈的绿色	弱黄色或绿黄色，或者惰性
人造钆镓榴石钻石仿制品（无色）	中等至强的荧光，橙色、黄绿色或者惰性	与短波相同，但是较弱
祖母绿		
天然祖母绿	通常为惰性或者红色	与短波相同
合成祖母绿	通常为弱红色	通常为强红色
合成吉尔森祖母绿	弱红色或者惰性	强红色或者惰性
翡翠		
天然紫色翡翠	弱褐红色	与短波相同
染色紫色翡翠	弱褐橙色至褐红色	强到很强的橙色

续表

宝石	短波	长波
紫锂辉石 ★★	弱橙粉色	强橙粉色
月长石 ★★	强到弱的红色	浅绿色至黄色
欧泊 ★★	白色、绿色、黄色	蓝色、白色
（天然欧泊经常还会呈现磷光，合成猫眼石则不会呈现磷光）		
珍珠		
养殖白色珍珠 ★★	弱白色	强蓝白色（一些老式的养殖珍珠可能呈现类似天然珍珠的淡褐色）
天然白珍珠	通常为惰性	强到弱的白色、褐红或浅褐色
天然黑珍珠	惰性	红色或浅褐色
养殖、染色黑珍珠	惰性	惰性或浅绿色或浅黄白色
养殖、处理“巧克力色”珍珠	绿色调	浅粉色
养殖、天然黑珍珠	惰性	通常是红色或褐色
养殖、天然黑珍珠（墨西哥）	弱	总是浅粉色
养殖、天然黄珍珠	通常为惰性	黄绿色
养殖、处理黄珍珠	通常为惰性	带有黄白色区域的黄绿色，黄白色区域中心为惰性
养殖或淡水珍珠（染色处理成金色）	通常为惰性	橙黄色有时混有蓝色，粉色带有不均匀橙色斑点
橄榄石	惰性	有时为浅红色

续表

宝石	短波	长波
红宝石		
天然红宝石	强红色	非常强的红色
（某些深色红宝石，比如说泰国红宝石，可能为弱荧光或惰性）		
合成红宝石	强红色	比短波更强的红色
合成阿莫拉	浅黄色或浅蓝色	比短波更强的红色
蓝宝石		
天然蓝色蓝宝石	通常为惰性	通常为惰性
锡兰蓝色蓝宝石 ★★（老首饰可见淡蓝色）	浅橙色或浅红色	通常为中等到强红色到黄橙色
锡兰黄蓝宝石 ★★	橙黄色	强橙色
无色蓝宝石	强烈的蓝色或绿蓝色	惰性
蓝色（扩散处理）蓝宝石	浅绿色	通常为惰性
蓝色（加热处理）蓝宝石	蓝白色	惰性
合成蓝色蓝宝石	蓝白色或绿色	通常为惰性
合成橙色蓝宝石	红色	红色
天然粉色蓝宝石	强红色	强红色
尖晶石		
天然红色尖晶石	中等到强的红色	强红色
天然淡紫色尖晶石	黄色	黄绿色
合成白色尖晶石 ★★	强白色	惰性

续表

宝石	短波	长波
坦桑石	惰性	惰性
仿制品（钇铝榴石）	强烈橙色	较弱橙色
仿制品（合成刚玉）	强烈蓝白色	浅蓝白色
仿制品（合成镁橄榄石）	中等褐绿色	非常弱褐绿色
粉色托帕石	弱粉红色	强粉红色
表面覆膜	惰性	惰性
碧玺		
深红色碧玺	中等强度蓝色 / 浅紫色	惰性
黄色碧玺（坦桑尼亚）★★	浅黄色	橙色
绿松石（合成）	弱到惰性	明显不均匀，强荧光；原色不同的绿松石颜色会有不同
钇铝榴石（钻石仿品）	弱红色到惰性	惰性
钇铝榴石（坦桑石仿品）	浓橙色	弱到中等强度橙色
钇铝榴石（帕拉伊巴碧玺仿品）	中等强度绿色	弱到中等强度绿色
锆石		
无色锆石	黄到橙黄色或惰性	从弱到强的黄色，芥末黄或惰性
蓝色锆石	黄到橙黄色或惰性	从弱到强的黄色，芥末黄或惰性
★★ 宝石总是发荧光		

表 7.2 使用紫外灯检测区分外形相似宝石

宝石	短波	长波	说明
钻石	较弱橙色	橙色	有些钻石在长波下显示橙色荧光，在短波下显示较弱的橙色荧光。 立方氧化锆通常显示橙色荧光，但是与钻石的顺序恰好相反。检验到这种相反的顺序可以准确判断待检品是钻石还是立方氧化锆
立方氧化锆	橙色	较弱橙色	
无色刚玉	很强烈的蓝色或绿蓝色	惰性	
合成无色尖晶石	很强烈的乳白色	惰性	
合成钻石	弱到中等强度的黄色、黄绿色或强烈的绿色，有时显示不规则带状或三角或马耳他十字形图案（注意，与天然钻石相反，天然钻石一般在长波下出现）	弱黄色或绿黄色，或者惰性	蓝色荧光可以证实是天然钻石。持续时间长的磷光反应可以证实是合成钻石
天然红宝石	红色到强红色	红色到强红色	泰国红宝石为惰性到弱红色
合成红宝石	非常强烈的红色，往往比天然红宝石更红	非常强烈的红色，往往比天然红宝石更红	往往比天然红宝石更强。喀山红宝石比维尔纳叶法合成红宝石弱一些，但是比天然红宝石强
红色尖晶石	比红宝石弱的红色	比红宝石弱的红色	无二色性

续表

宝石	短波	长波	说明
红色石榴石	惰性	惰性	无二色性
红色玻璃	通常为惰性	通常为惰性	无二色性
天然蓝宝石	惰性到中等程度红色；有些呈白色至浅绿辉光色	惰性到中等程度红色	有包裹体可以确定为天然蓝宝石
合成蓝宝石	蓝白色到黄绿色	通常为惰性	热处理天然蓝色蓝宝石也可能发出蓝白色荧光。包裹体的类型可以帮助区分
天然蓝色尖晶石	惰性	通常为惰性；有时显示浅绿色	无二色性。在查尔斯滤色镜下显示强红色（在蓝宝石上不可见）
合成蓝色尖晶石	浅橙色、浅红色或蓝白色，有时呈杂色	红色或粉色	无二色性。在查尔斯滤色镜下显示强红色（在蓝宝石上不可见）
蓝锥矿	强烈的蓝色	惰性	二色性——蓝色和无色
天然祖母绿	惰性或弱红色	惰性或弱红色	如在浸油过程中进行染色则可能会显示黄绿色荧光
天然祖母绿（北卡罗来纳州）	浅黄色或浅蓝色	惰性	在其他产地的祖母绿上未见过此类荧光
合成查塔姆祖母绿	红色	红色	与天然祖母绿包裹体不同
合成吉尔森祖母绿	惰性或弱红色	惰性或橙红色、橄榄棕	与查塔姆型合成祖母绿包裹体类型相似但是更干净
合成林德祖母绿（摄政）	较弱的红色	非常强的红色	与天然祖母绿以及其他合成祖母绿的包裹体不同
黑色欧泊	蓝白色	蓝白色	

续表

宝石	短波	长波	说明
糖处理“黑色欧泊”	通常为惰性	通常为惰性	使用便携式放大镜可见抛光面上的细密孔隙
天然黑珍珠	惰性	红色或浅褐色	长波下呈绒状
染色黑珍珠	惰性	惰性	
染色黑色养殖珍珠	惰性	惰性，浅绿色或浅黄白色	
天然黄色养殖珍珠	通常为惰性	黄绿色	
处理黄珍珠	通常为惰性	带有黄白色区域的黄绿色，黄白色区域中心为惰性	用15倍放大镜检查可见亮红色点状
粉色蓝宝石	弱橙红色	强橙红色	
粉色托帕石（天然色）	弱粉红色	强粉红色	来自欧鲁普雷图（Ouro Preto，巴西）和巴基斯坦Katlang的粉色托帕石可能在长波下发出红橙色荧光，有时不均匀；比短波情况下弱
粉色托帕石（热处理）	中等到强白绿色	（与天然粉色托帕石相同）	
粉色碧玺	惰性	惰性	
蓝色锆石	惰性黄到橙黄色	从弱到强的黄色，芥末黄或惰性	这两种宝石都具有二色性，但是锆石因具有很高的双折射率而显示出了很强的刻面棱线重影
海蓝宝石	惰性	惰性	

续表

宝石	短波	长波	说明
黄水晶	惰性	惰性	
黄色托帕石	惰性	弱橙黄色到橙色	
黄色绿柱石	通常为惰性	通常为惰性	
黄色方柱石	惰性	红色	
青金石	白绿色	浅红色点状（由包裹体造成）	高品质阿富汗产品不可见红色点状荧光
“吉尔森”青金石仿品	惰性	惰性	
“瑞士青金石”（染色碧玉）	惰性	惰性	
坦桑石	惰性	惰性	如有三色性可证实为坦桑石
钇铝榴石	非常强烈的橙色	橙色	无二色性
合成刚玉	非常强烈的蓝白色	浅蓝白色	二色性，无三色性
合成镁橄榄石	中等褐绿色	弱褐绿色	二色性，无三色性

表 7.3 发磷光宝石

宝石家族	磷光颜色
绿柱石（无色透绿柱石）	蓝白色
绿柱石（粉色铯绿柱石）	粉色
钻石	蓝色
蓝色钻石	在短波下表现很强的红色，或是很弱到弱蓝色或是黄色，持续时间短
合成蓝色钻石	在短波下表现强烈黄色荧光，持续时间非常久
钻石（变色型）	黄色（如果荧光色与磷光色不同，则该钻石是天然的，而不是经过处理的仿变色型的钻石）
合成钻石	黄色、绿黄色或绿色（往往长时间保持）
欧泊	白色（经常可见）
紫锂辉石	橙色（经常可见）
托帕石	奶白色（很少见）
锆石	蓝白色

第8章　折射仪

图 8.1

什么是折射仪

折射仪被一些宝石学人士看作最重要的宝石鉴定仪器。它是个非常小的便携式仪器，外形大致为长方体，大约 6 英寸长、3 英寸高、1.5 英寸宽。光线穿过物质的时候会发生弯曲（折射），而折射仪则可以测量其折射的角度。观测者眼睛从折射仪目镜看时，就可以从标尺上看到读数。品质较好的折射仪价格从 435 美元到 900 美元不等（见第二部分第 2 章）。

我们讨论二色镜（见第三部分第 6 章）时已经了解到，当光线穿过透明宝石，光的速度会发生变化，这样就会使光线发生弯曲（折射）。对于某些宝石来说，光线穿透后是单束射线（单折射宝石），而光线穿透另一些宝石时会分成两束射线（双折射宝石）。宝石究竟是单折射还是双折射取决于其独特的物理特性。某些宝石显示单折射性（如钻石、尖晶石、石榴石），而其他一些宝石会表现出双折射性（如祖母绿、锆石、蓝宝石）。

折射仪也可以用来确定一颗宝石究竟是单折射宝石还是双折射宝石（如果是单折射宝石，观察者会在标尺上看到一个读数；如果是双折射宝石，在标尺上就会看到两个读数）。但折射仪的功能不仅如此。折射仪是一种非常重要的仪器，它不仅可以提供透明或半透明宝石的相关信息，还可以提供一些不透明宝石的信息（指的是你无法看到内部物质的宝石，如青金石）。折射仪的主要用途是测量光穿过宝石时发生弯曲或者折射的角度。这种测量方法得到的数值被称为折射率。由于不同宝石品种的折射率通常存在差异，所以折射率可以为准确进行宝石鉴定提供宝贵信息。

折射仪会给你另外的重要信息。对于双折射宝石来说，仅仅通过简单计算从折射仪获得的两个折射率读数的差值，你就能计算出宝石双折射的强度。这就是所谓的双折射率。不同宝石的双折射率不同，因此它也可以为宝石鉴定提供重要帮助。

各行业中有许多不同类型的折射仪，其中有一些非常复杂且昂贵，但对宝石鉴定而言，600 美元以下的折射仪就足够派上用场了（见第二部分第 2 章）。美国宝石学院的 Duplex Ⅱ 折射仪广受欢迎，人们对艾克霍斯特和 RosGem 的折射仪评价也很高。雷纳、拓康（Topcan）和克劳丝（Krauss）的产品也很好。

图 8.2　使用 Duplex Ⅱ 折射仪时可以使用图片中所示的配套的通用灯，或是 GIA 光纤灯。

与大多数你正在学习使用的宝石鉴定仪器一样，折射仪也同样简单易操作。一旦你了解如何使用这种仪器，仅仅通过使用折射仪就足以对很多宝石进行准确鉴定。

如何使用折射仪

你在开始使用折射仪之前，要有合适的光源，需要一个白色光源（如卤素灯）和一个单色黄色光源用来过滤色谱中除了黄色外的所有颜色（见第二部分第 3 章）。如果你还没有通用灯，你会发现很有必要购买一个类似 GIA 生产的配有白色和单色黄色光源的通用灯，这取决于你的需要。

现在我们准备开始了。正如前面所提到的，折射仪可以显示出我们需要的信息，是因为它可以测量当光线穿过宝石时发生弯曲或折射的程度。当以正确的方法使用折射仪检测宝石时，观察者可以在通过目镜看到的标尺上观察到“边缘阴影”或者绿色线条（取决于折射仪所使用的光源类型）。但要看到这条线并且获得正确读数(即折射率值）的关键是正确使用仪器。

折射仪上有个标尺可以显示宝石的折射率。该标尺所显示的折射率范围为 1.35~1.80。大多数宝石的折射率处于这一范围内，所以折射仪提供的读数可以帮助你判定大部分宝石。

使用折射仪进行宝石鉴定的一大优势是，它能对具有良好抛光的宝石提供读数。不论宝石表面是平面还是弧面，也不论宝石是透明的、半透明的，还是不透明的，都可使用折射仪检测，不会有什么区别。它甚至可以用于集合体宝石的检测，比如翡翠、猫眼石和青金石。它对所检测的宝石的唯一要求就是宝石需要有良好的抛光。宝石抛光越好，使用折射仪得到的读数越清晰。然而，如果宝石的抛光情况不佳，在使用折射仪检测宝石时，你可能发现，材质越软的宝石（诸如孔雀石、菱锰矿），其折射率读数获取的难度越大（甚至有可能无法获得读数）。

大多数折射仪最主要的缺点是，它们不能提供折射率值超过1.800的宝石的折射率读数。该仪器无法提供如此高的读数。这就意味着折射仪对于某些宝石无效，这类宝石诸如钻石、类似钻石的锆石，以及某些品种的石榴石。然而，Jemeter折射仪却不存在这个问题，与传统的折射仪相比，其优势就是对于折射率超过1.800的宝石仍然有效。

为了方便起见，我们将以美国宝石学院生产的Duplex Ⅱ折射仪为例进行说明。如果你的折射仪型号不同，可能会有微小的差异，但是

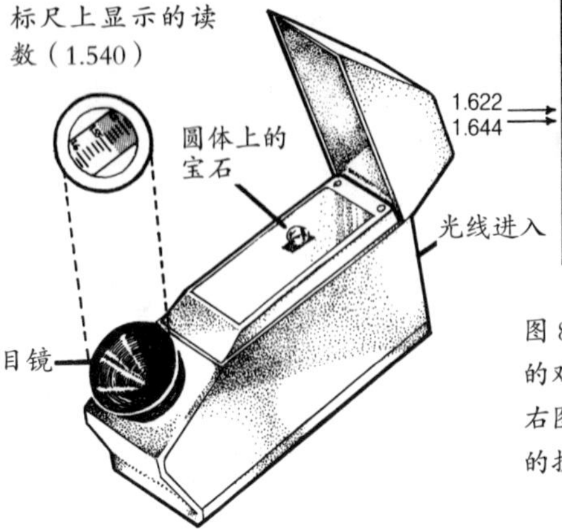

图8.3　折射仪的读数

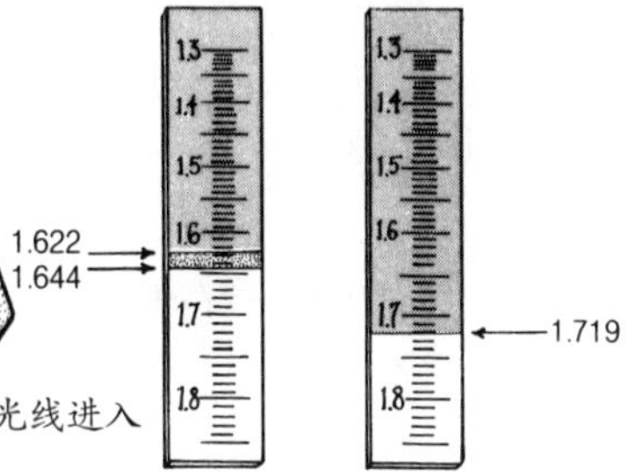

图8.4　左图：电气石（一种强烈的双折射宝石）的折射率读数。右图：尖晶石（一种单折射宝石）的折射率读数。

基本的程序仍然适用。你在操作折射仪时所使用的具体方法，可能会因宝石表面不同和抛光程度不同而有细微差别。我们首先来讲解具有平坦表面和良好抛光的宝石（诸如刻面蓝宝石或红宝石）的检测方法。

首先让自己熟悉折射仪。当你看到折射仪时，你会注意到它的顶部有一个盖子。打开这个盖子，你会看到一个平面工作面，大约为 2.5 英寸长，1.5 英寸宽。这个工作面的中心设有一块小的长方形玻璃，这片玻璃称为半圆体。在把宝石放置于该半圆体或者从半圆体上取下的时候一定要非常小心，因为该玻璃材质很软，很容易被刮坏。如果半圆体被严重损坏，你将无法获得折射仪上的读数。

接下来，观察一下折射仪前端，注意开口处，这是光进入仪器的地方。一定要确保将光源置于开口处。此外，还需确保光源可以提供白色以及单色的黄色光。

下一步检查目镜，注意目镜上有一个可以旋转的偏光片，我们将在本章后部分讲解如何使用。

确定平坦表面宝石的折射率

1. 小心地将一小滴折射率液滴在半圆体上。折射仪会附带一小瓶由生产商提供的折射率液（如果没有，请与制造商或设备供应商联系）。将一小滴折射率液滴在半圆体中心。这种液体会消除宝石与玻璃之间的空气，这样在宝石表面和半圆体玻璃表面就会建立起光学接触。这种光学接触对于获取折射率读数是必要的。折射率液每瓶大约为 45 美元，可从制造商或供应商处获得。

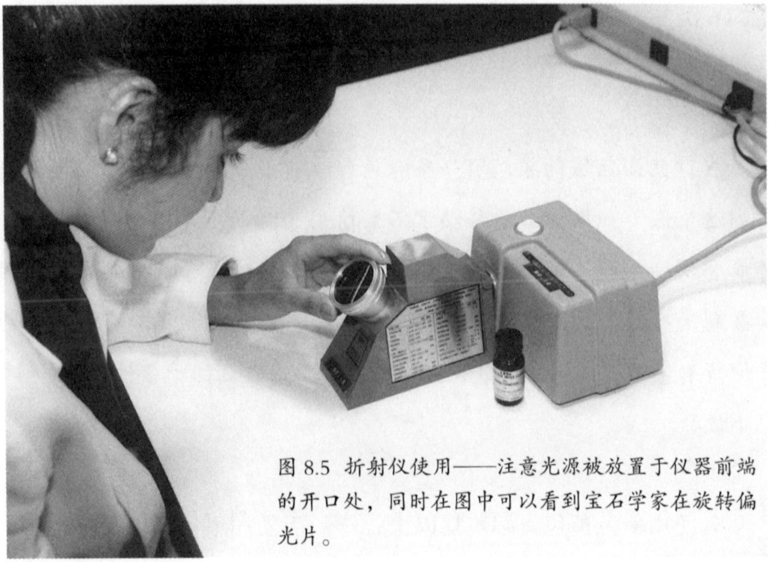

图 8.5　折射仪使用——注意光源被放置于仪器前端的开口处，同时在图中可以看到宝石学家在旋转偏光片。

2. 把要检测的宝石放置于半圆体上。找到宝石具有最好抛光的最大平面（通常是台面）。确保宝石是干净的（使用麂皮、软布或纸擦拭，去除灰尘和污垢）。小心地把宝石放在玻璃半圆体上，让宝石与刚刚放置的液体接触。有人会发现将液体滴在半圆体旁的金属表面上更容易，将该平面浸在液体中，然后轻轻地将它置于或滑到玻璃上。如果宝石是镶嵌在珠宝托上的，务必确保宝石托不影响宝石面与液体和玻璃的接触，要将尖头托放置于平面以下，确保液体与宝石之间的光学接触。

3. 将一个白色光源放置于折射仪前端。在折射仪前端你会发现一个开口，光可以从这里进入仪器。在这个开口前方，放置一个白色光源（我们之前推荐的通用灯就非常适合）。

4. 通过目镜观察。通过目镜观察仪器内部，保持你的头部距离目镜约 6 英寸。慢慢地前后移动头部，直到能够看见一个保持不动的色彩较暗或者有阴影的区域。

在这阴影区域的末端有一条绿色线。可能需要前后移动宝石才能看到这条线（如果你必须移动宝石，请用手指而不是镊子，因为镊子可能会刮坏半圆体的玻璃）。你看到的阴影区域位于标尺顶部较低的读数到一个较高的读数之间。你在绿色线看到的数值读数就是宝石的近似折射率。把读数的小数部分四舍五入至最接近的千分位（0.000），记下读数。

5. 使用单色黄色光源重复以上程序。当使用单色黄色光源时，观察者就不会看到那条绿色的线。在阴影区域上，观察者可以看到折射率的读数。单色光源让阴影区域边缘更清晰，所以读数也更容易。再次，注意把读数的小数部分四舍五入至最接近的千分位。

6. 缓慢旋转偏光片。折射仪配有一个适合目镜的偏光片。缓慢地将偏光片旋转 180 度，注意阴影边缘是否移动。如果不移动，将宝石旋转 45 度，然后再次旋转偏光片。注意阴影边缘是否移动。再

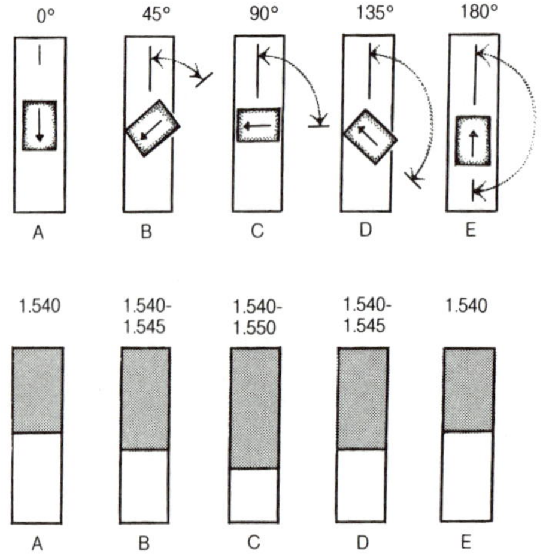

图 8.6 在旋转宝石的同时观察折射率的变化。

次把宝石旋转 45 度，然后重复这个过程。继续再旋转宝石两次（直到旋转宝石至 180 度），每次都要旋转偏光片。

旋转偏光镜，如果阴影边缘不动，那么所检测的宝石为单折射宝石。注意标尺上的折射率读数，对照本章的单折射宝石折射率表，你可能会确定宝石的品种。

如果你所检查的是一颗透明的刻面宝石，其折射率在 1.450~1.650 之间，这可能是玻璃。玻璃有许多不同类型，每一种玻璃的折射率不同。但它们的折射率很少会低于 1.450 或高于 1.650。琥珀是唯一折射率（1.540）在这一范围内的透明宝石材质。玉髓的折射率也是 1.540，但玉髓是半透明或不透明的材质，而不是透明的。

旋转偏光镜，如果阴影边缘移动，那么你所检测的宝石是双折射宝石。旋转偏光片 180 度，记下你在阴影边缘标尺上看到的读数。旋转宝石 45 度，然后再次旋转偏光片，记下你在标尺上看到的读数。不断重复这个过程直到你一点一点把宝石旋转至 180 度，每一次都旋转偏光片，记下你所看到的折射率读数。现在，写下你能获得的最高和最低的读数。

例如，第一次观看的读数可能是 1.624 和 1.644；另一次读数可能是 1.643 和 1.624。第四次的最高读数是 1.644，最低读数是 1.624。因此，该宝石的折射率在 1.624~1.644。基于最高和最低的读数，在附录中的双折射率表找到相应的读数，以确定你所检测的宝石身份——就这里所列数据来说，你所检测的宝石是电气石（即碧玺）。

如果得到的读数是 1.800，需要使用其他测试来验证宝石。如果你使用标准的折射仪来识别宝石身份，它的折射率为 1.800 或以上，你有可能无法得到可靠的读数。正如我们前面所提到的，标准的折射仪只用来检测折射率低于 1.800 的宝石时才有效（Jemeter 折射仪是个例外，它可以对折射率超过 1.800 的宝石提供可靠的折射率读数）。如果你所检测的宝石折射率为 1.800 或更高，阴影的边缘会直接标记 1.800，但这并不是宝石的真实折射率。而事实上你获得的是接触液体的折射率，该液体本身的折射率正好为 1.800。不要把这个读数混淆为宝石的折射率。因为很少有宝石的折射率超过 1.800，如出现这种情况，需要辅以其他的测试方法来方便快捷地鉴定宝石种属。

确定双折射率

双折射率表示一颗宝石的双重折射强度。双折射率越高，双重折射强度越大。双折射性越强，就越容易使用放大镜看到背面边缘的阴影（见第三部分第 4 章）。

一旦你明确知道所检测的宝石为双折射宝石，并且已经通过折射仪的最高和最低读数获得其折射率范围，就很容易确定它的双折射率。只需要用最高读数减去最低读数，得到的就是双折射率。当用放大镜来检查任何双折射率为 0.020 以上的宝石，你会很容易看到后刻面边缘阴影（就像你看到“重影”的感觉）。检测宝石的双折射率提供了一个很好的方法来复核宝石身份（本书附录提供了双折射率表可供参考）。

故障排除

如果你无法在折射仪中看到阴影区域，无法获得折射率读数，可能是如下原因：

1. 宝石未接触到滴入的折射率液体。

2. 宝石表面划伤或未抛光。

3. 宝石表面不平坦。

4. 珠宝尖头托延伸到宝石表面以上，导致宝石表面未接触到半圆体。

5. 宝石上有污点，无法读数。长久浸泡于首饰清洁剂的翡翠会出现污点，旧紫晶和旧玻璃也可能会出现污点。

6. 所检测的宝石具有很高的折射率——如钻石、锆石、立方氧化锆、钇铝榴石、钆镓榴石、合成金红石和某些品种的石榴石等——折射仪无法提供这些宝石的折射率读数。正如我们前面所提到的，大多数折射仪无法提供折射率高于 1.800 的宝石读数。

确定弧面宝石的折射率：远视法或点测法

折射仪最适用于具有大而平坦的表面，且经过高度抛光的宝石，但它也同样适用于一些非常小或者严重划伤的石头，以及具有弧面的宝石（依天然形状磨圆的宝石）。但是使用折射仪检测这样的宝石，确实需要一种特殊技术，这种技术被称为远视法或者点测法。

· **使用白色光源** 将一个强烈的白色光源放置于折射仪开口前端。白色光是首选，因为它更亮，可以让你更容易看到要寻找的东西。

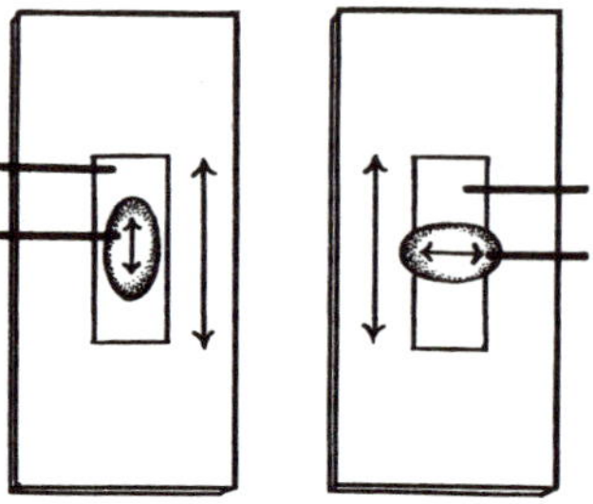

图 8.7 将椭圆形凸面宝石置于半圆体上的正确方式

· **在玻璃半圆体上滴一小滴折射率液** 要确保这滴液体的体积尽量小，越小越好，最好是针头大小。然而，要注意到非常小滴的折射率液在短短的几分钟后就会蒸发。所以，要确保检查宝石时，宝石和半圆体之间还有接触液体。如果没有接触液体，你将无法得到读数。

· **小心地把宝石放在折射率液上** 大多数需要采用点测法检测的宝石都是椭圆形或者圆形的。如果要检测的是椭圆形的宝石，一定要确保椭圆形宝石的长轴与半圆体的长轴保持平行。

对于镶嵌于珠宝托上的非常小粒的宝石而言，也许与折射率液接触会比较难。一旦你已经建立起宝石与液体的联系，可能需要使用黏蜡、口香糖，或是其他黏性物质来确保宝石不会移动，以此来保持宝石与液体之间的联系。

· **站起来** 当你站立时，缓慢地上下移动头部，然后是左右移动，直到你在折射仪标尺上看到一个椭圆形或者橄榄球形状的图像。接着缓慢地上下移动头部直到橄榄球形状图像变成半明半暗。观察在橄榄球形状图形的明暗交界处——亮区和暗区在此交汇——的中点读数。记下折射仪在这一点上的读数。

点测法只提供单一的读数（即使双折射宝石也是如此），但这个读数非常接近该宝石的折射率。你应该对不同的宝石（应为你已经知道的宝石品种）进行反复练习，以获得更好的经验。对玉石进行检测会是一种非常有趣的练习——比如说翡翠，读数可能会是 1.650，而软玉大概是 1.620。只需确保是在半明半暗处的点上读数，如下图所示。

故障排除

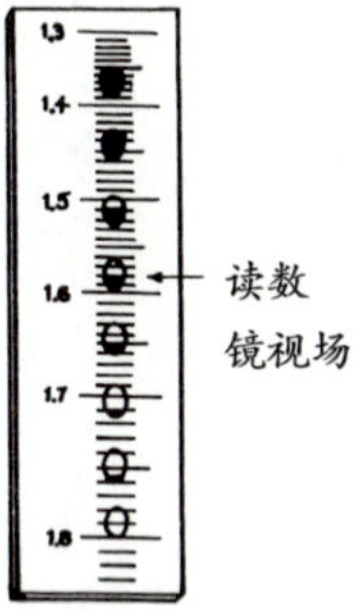

图 8.8 在橄榄球形状图形的亮区和暗区交界处读数。

进行点测读数

如果采用此方法你无法获得折射率读数，可能是如下原因：

1. 宝石未接触到滴入的折射率液。请确保液体未蒸发。

2. 宝石表面严重划伤或抛光不足。需使用放大镜检查，这是因为凸面宝石的表面即使有很多很小的划痕也会看起来很光滑，而这些划痕会影响读数。

3. 宝石上有污点（因暴露于空气、体液、化学用品下而产生）而无法读数。长久浸泡于首饰清洁剂里的翡翠会出现污点，旧紫晶和旧玻璃也可能会出现污点。

4. 所检测的宝石具有很高的折射率，如钻石、锆石、立方氧化锆、钇铝榴石、钆镓榴石、合成金红石和某些品种的石榴石等，折射仪无法提供这些宝石的折射率读数。正如我们前面所提到的，大多数折射仪无法提供折射率高于 1.800 的宝石读数。注意使用点测法时，你会看到一个橄榄球形状的阴影，但是你无法观察到明暗区的交界处，无法在其中点读数。

你现在需要的就是一些练习和一些信心，就可以开始使用你的折射仪进行日常的宝石检测了。

折射仪的保养

在把宝石放置于半圆体或者从半圆体上取下的时候一定要非常小心，记住半圆体很容易被刮坏。

如果接触液蒸发，在半圆体上形成小晶体时，需要再滴一滴接触液来融化晶体，然后轻轻地擦拭玻璃。不要在小晶体还是干的状态下擦拭，因为晶体往往很粗糙，会划伤玻璃半圆体。

如果你正在检测的宝石粘在半圆体上，再滴一滴接触液来软化晶体。然后，轻轻地取下宝石。

为了保护半圆体，当你需要储存一段时间不使用折射仪时，可以在上边涂上薄薄的一层凡士林。这将会防止锈蚀变色，从而避免影响折射仪测量的准确性。当你想再次使用时，可以使用洗甲水，它能很容易地擦掉凡士林。

在用完折射仪后，温和地清洁半圆体和宝石，确保消除一切液体痕迹。

如果半圆体玻璃严重划伤或有凹痕，需更换半圆体或者重新抛光（50 美元）。

经常性检查折射仪校准。要做到这一点，只需拿一块已知身份的宝石，如紫晶、黄晶，使用折射仪获得读数。如果读数符合真实数值，则正常使用；如果不符合真实数值，则需要重新校准（按照制造商的说明）。

一定要确保在储存折射仪之前将半圆体上多余的液体轻轻擦拭掉。如果有盖子，请盖上盖子。

图 8.9 便携式 RosGem 折射仪便携性强，而且能提供独特的照明系统（如图所示）。使用一个简单的手电筒照明，你就可以通过一个简单的载玻片将白光立即转换为单色光，该载玻片包含一个可用于任何类型光源的滤光片。

折射仪将显示什么

正如我们已经阐释过的，折射仪会为你提供宝石的折射率读数，这是个光线穿过宝石表面弯曲（折射）程度的测量数值。大多数宝石为双折射宝石，很容易获得两个折射率读数，然后通过参考本书附录中的折射率表就可以确定该宝石的身份。然而单折射宝石不是很多，我们要对此做一些特别的说明。

虽然单折射宝石在折射仪上只显示一个读数，但是对于宝石家族中的所有宝石来说其读数未必会相同，明白这一点非常重要。一些单折射宝石的家族有一个以上的品种，如不同的石榴石，可能有不同的读数。例如，镁铝榴石（一种红色的石榴石）折射率读数可能为 1.746，而铁镁铝榴石（石榴石的另一个红色品种）折射率读数为 1.760，铁铝榴石（一种紫红色的石榴石）的读数为 1.790。同时，铁铝榴石的折射率读数可能会超过 1.800，使用普通折射仪无法获得读数。然而，当检查一个特定的单折射宝石，不管它是什么品种，只能得到一个读数。

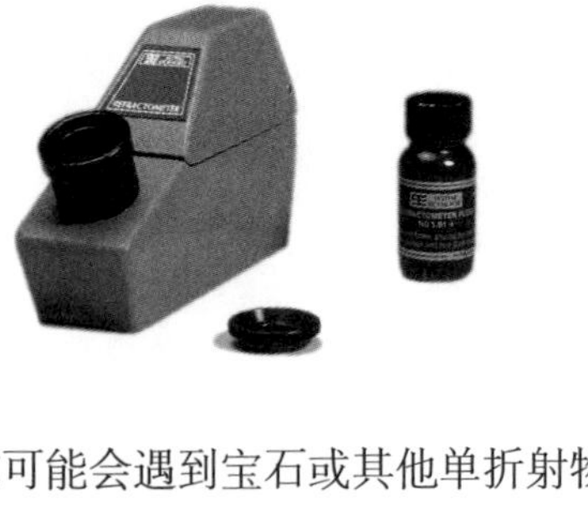

图 8.10 艾克霍斯特公司生产的小型折射仪有内置的单色滤光片，可以将任何光源发出的光转化为单色光，甚至是手电筒。

你可能会遇到宝石或其他单折射物质，包括尖晶石、欧泊、琥珀、玻璃、塑料、象牙、煤精和石榴石。钻石、立方氧化锆、钇铝榴石、钆镓榴石也是单折射性的，但其折射率太高（超过 1.800），无法通过折射仪读取，除非你使用的是一种特殊类型仪器，比如Jemeter折射仪（反射率计量仪，目前已不再制造）。

使用折射仪非常有趣，我们建议，尽量花一些时间与那些已经知道如何使用折射仪的人多交流。与一个有知识的人交流几分钟就可以提供足够的信息保证你能够正确使用折射仪，并看到你应该看到的东西。一旦你熟练地掌握了折射仪的使用方法，它可能会成为你每天都需要使用的一种仪器。

表8.1　常见单折射宝石折射率表

（请参见附录获得更为详尽的单折射宝石与双折射宝石）

宝石	大致的折射率	注
欧泊（天然和合成）	1.400~1.460	合成欧泊颜色经常在“界限”之内，常见类似蜥蜴皮肤的纹理。 要特别小心合成墨西哥火欧泊，其折射率低于实验室可以检测的数值。
方钠石	1.480	看起来像是青金石，但青金石的折射率是1.500。
黑曜岩	1.480~1.510	用热针接触会有烟，有类似雪松燃烧的味道，而塑料仿制品会出现类似消毒剂的味道。
塑料—— 很多类型： 酪蛋白 聚苯乙烯 人造树胶	1.490~1.660 1.550~1.560 1.590 1.610~1.660	所有的类型都是软质的，可以用刀切开。摸起来是温热的。因为较软，一经佩戴就会出现磨损。

续表

宝石	大致的折射率	注
玻璃	1.500~1.650	折射率处于这一范围内的透明刻面石头大部分是玻璃。琥珀是例外，但琥珀很少会是刻面的， 而且可以用刀划坏。注意：有些玻璃的折射率会低于 1.480，还有极少数情况会达到 1.780。
煤精	1.640~1.680	一种转化为煤块的老化木质，在维多利亚时代和丧事珠宝中使用广泛。类似黑宝石，但是颜色浅得多。
尖晶石		一般折射率接近天然宝石折射率，即 1.720。无色尖晶石非常少见，所以如见到无色尖晶石，很有可能会是合成的。在这种情况下，使用短波紫外线检测会出现强烈的乳白色荧光（见第三部分第 7 章）。同时，使用偏光镜如果看到强烈的异常双折射，可证明为合成的（见第四部分第 11 章）。
天然，蓝色或红色	1.715~1.735	
天然，有些为蓝色和其他颜色	1.740~1.800	
合成	1.720~1.740	
石榴石	1.730~1.890	
镁铝榴石	1.740~1.750	
铁镁铝榴石	1.750~1.770	
钙铝榴石		
肉桂石	1.742~1.748	该种“钙铝榴石”为肉桂石。
沙弗莱石	1.742~1.744	“沙弗莱石” 是石榴石中价格较高的一种。
水绿榴石	1.730	很像玉，经常按照德兰士瓦（Transvaal）玉出售，但它不是玉。
桂榴石	1.760~1.830	呈中等到深的紫红色。是最常见的品种。在 4 星或 6 星星状类型中可见。使用放大镜可以观察到针状包裹体。

续表

宝石	大致的折射率	注
锰铝榴石 钙铁榴石 （翠榴石）	1.790~1.820 1.860~1.890	红橘色、褐橙色和黄色类型。非常可爱的宝石。这种绿色品种被称为翠榴石，价格昂贵。因其折射率太高，使用大部分折射仪无法获得折射率读数。可以通过放大镜查找马尾形包裹体来判断。同样是非常可爱的宝石。
顶部为石榴石的仿造二层石	1.770±	这在一些老式旧珠宝中可见，在合成宝石出现之前使用。它是用一块石榴石（往往是桂榴石）熔在玻璃上形成。人们可以把不同颜色的玻璃制造成各种宝石——红宝石、蓝宝石、祖母绿等。当使用折射仪检测该类宝石时，会得到石榴石的折射率而不是仿宝石的折射率。
钻石	2.417	因其折射率太高，大部分折射仪不能提供该类宝石折射率读数。不要错误地将 1.800 的折射率当作宝石的真实折射率，这事实上是接触液体的折射率。
立方氧化锆	2.150	见“钻石”注释。

第9章　显微镜

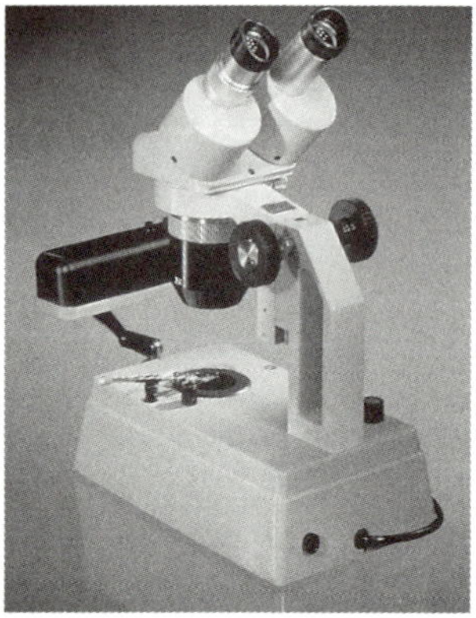

图 9.1

什么是显微镜

显微镜一直以来都是宝石鉴定的重要检测工具。由于新的宝石处理方法与新的合成宝石不断出现，显微镜更是检测这些宝石必不可少的鉴定工具。

显微镜就像放大镜一样，是一个可用于宝石检测的放大镜。我们在第三部分第 4 章中讨论的 10 倍放大镜是低倍率放大镜，而显微镜是高倍率放大镜。它可以使你看到在低倍率放大镜下看不到的东西，也可以使你看到比 10 倍放大镜看得更清晰的东西。显微镜在区分合成宝石与相应的天然宝石，鉴定不同类型的处理宝石中起到了至关重要的作用。略微改造后，显微镜可以用作二色镜、偏光镜、折射仪和分光镜。

然而，当我们讨论显微镜时，我们所说的显微镜并不是指用于其他行业任何类型的显微镜。例如，医生使用的显微镜对宝石学家来说是不可用的。任何从事宝石鉴定的人都需要一台双目立体显微镜。这种显微镜可以提供从 10 倍到至少 30 倍的放大倍数，且它具有两个目镜而不是单一目镜。具有单一目镜的显微镜给你展示的是事物的反转像，这种反转像会与你看到的宝石特征相混淆。然而，双目立体显微镜则不会呈现这种反转像。此外，双目立体显微镜的构造原理会让你在检测宝石时，创造一个三维立体的效果。

根据你选择的特性不同（见第二部分第 2 章），一台好的基本宝石鉴定用的显微镜售价在 990~3700 美元之间。而且，这台宝石显微镜必须能够提供明视场照明和暗视场照明。反射光源也是必不可少的配置。如果你打算使用宝石显微镜检测最新的合成宝石，你的显微镜必须具有至少可以调节到 60 倍的放大倍数。如果你正在进行钻石比例的测量工作，那么连续变焦也是你的显微镜应必备的功能。具有这种功能的显微镜非常昂贵（售价至少为 1995 美元），但它不仅仅有宝石鉴定所需的功能。

A. 变焦电源
B. 目镜
C. 调焦旋钮
D. 顶光源
E. 宝石夹
F. 锁光圈
G. 载物台

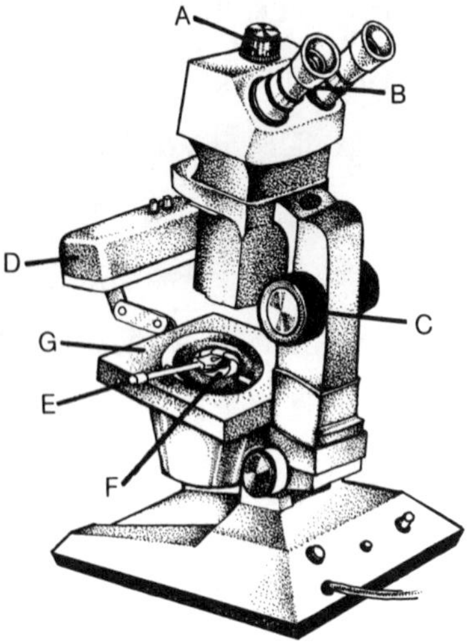

图 9.2 显微镜的部分组件

除了显微镜，还建议购买一个2倍的适配器。这种适配器可以安装在显微镜镜头上，进而增加1倍的放大倍率。一台30倍显微镜配有适配器后，其放大倍率可提至60倍。如果宝石夹没有包含在所购买的显微镜中（大多数型号的显微镜包含有宝石夹），我们也推荐购买宝石夹（镊子的一种）。宝石夹将使你更易稳定地夹持任何待检测宝石，还可以提高你仔细检测宝石任何一个部分的能力。正如我们在第三部分第4章中讨论的那样，显微镜的放大倍数越高，就越难聚焦。稳定地夹持待检测宝石，并仔细检测它的每一个部位，是避免遗漏检测部位必不可少的，特别是当使用很高放大倍数显微镜检测宝石的时候。

掌握显微镜的使用技能要比掌握其他大多数宝石检测仪器的技能需要的时间和练习要多。你需要时间训练正确使用显微镜，正确使用照明光源，正确聚焦宝石的技能，以及在显微镜下看到你应该看到的东西时，变得自信。如果可能的话，在你刚开始使用显微镜的时候，求助于一位宝石学家并一起工作几个小时，将有助你掌握显微镜的使用技能。精通显微镜的使用方法无论花费多少时间都不要放弃，一旦你熟练掌握了显微镜的使用方法，将会获得它给你带来的回报。

显微镜可以给你带来一些激动人心的经历：识别一颗其他所有检测仪器都认为是天然宝石的合成宝石，判定一颗优化处理宝石，通过特有的鉴定特征可以断定一颗优质宝石可能的原产地（如缅甸红宝石或哥伦比亚祖母绿）。所有这些，只需要你掌握显微镜的使用技能，知道用它来寻找什么，再加上一点点耐心和指导下的实践，不久的将来都会实现。

在开始使用显微镜进行宝石检测之前，我们建议你拥有由爱德华·古柏林与约翰·科伊武拉合著的《宝石内含物图册》，以及特德·塞梅利斯所著的《红宝石和蓝宝石的热处理》和《抹谷：红宝石与蓝宝石的山谷》。在本书彩页部分，我们也提供了一些你必须认识的包裹体的优质图片。推荐的这三本书具有百科全书式的覆盖率且提供了清晰的照片。《宝石内含物图册》是一本几乎涵盖合成宝石与仿宝石在内的所有宝石中可见的特征包裹体图册。这本书方便你刚开始接触宝石的内含物。特德·塞梅利斯的两本书则提供了有关当前处理刚玉鉴定方面最完整的信息。这三本书，虽然价格昂贵，却是那些对宝石学感兴趣的人的基本参考资料。

如何使用显微镜

使用显微镜的第一步，学会调整它以适应你的眼睛。请按照如下步骤进行。

聚焦显微镜

1. 倾斜显微镜的镜臂，以便你通过显微镜观察的时候（从你的座位上），感觉很舒服，且背部没有压力。

2. 调整目镜间的距离，使它们可以舒适地容纳你的双眼。通过推开或拉近目镜可以调整双目显微镜之间的距离，直到你的双眼可以舒服地通过两个目镜观察东西。

3. 调整焦距：

（1）移动宝石夹的尖点到显微镜视域的中心，以便底光源可以照射上。紧接着旋转控制放大倍率的调节旋钮至一个更高的放大倍数。现在闭上左眼，仅用右眼通过右目镜观察，并通过轻微旋转调焦旋钮使宝石夹的尖点被非常缓慢地聚焦，直至尖点在显微镜下清晰可见。

（2）右目镜聚焦完成后，不要触摸调焦旋钮，此时闭上右眼，只用左眼观察。通过左目镜观察显微镜下的宝石夹的尖点，并通过移动左目镜顶部自身的位置，而不是调焦旋钮，聚焦宝石夹的尖点（左目镜的顶部是可调的，右目镜的顶部不可调）。再次清晰聚焦宝石夹的尖点，就像刚才使用右目镜聚焦一样。

（3）现在，同时睁开双眼，通过显微镜目镜观察宝石夹的尖点，此时它应处于清晰聚焦的位置。再次闭上一只眼睛同时睁开另一只眼观察宝石夹的尖点，然后重复使用另一只眼睛观察尖点。不管睁开哪只眼睛观察，宝石夹的尖点都应该在清晰的聚焦点上。如果宝石夹的尖点没有处在清晰的聚焦点上，应重复步骤（1）和（2），直至无论使用哪只眼睛观察，宝石夹的尖点都在清晰的聚焦点上。

使用显微镜检测宝石

一旦你能轻松地使用显微镜聚焦，就可以用它来检测宝石了。按照下面的操作方法进行宝石检测。

1. 确保待检测宝石是干净的。用一个小刷子（比如艺术家的画笔）蘸上外用酒精（异丙基）仔细清除宝石上的污垢与灰尘。使用不起毛的绒布擦拭宝石。使用压缩空气（见第二部分第 2 章）去除任何残留在宝石上的尘埃。这样可以消除在宝石表面或凹坑裂隙中混合灰尘存在的可能性。注意：如果你有一台超声波清洗仪，谨记不要用它来清洗欧泊、珍珠、砂金石、日长石、孔雀石、坦桑石和大多数祖母绿。因为超声波清洗仪有可能破坏这些宝石，以及对任何已经有解理裂隙、大量包裹体或裂隙存在的宝石造成破坏。

2. 在暗视场照明条件下检测宝石。暗视场照明是宝石鉴定中最常用的照明方式。暗视场照明，可以通过使用锁光圈下面扁平的、无反射的黑色遮光罩挡在底部照明灯泡上来实现（遮光罩的调节旋钮位于显微镜载物台上的宝石夹附近）。遮光罩可以阻止来自宝石下部透射光源的垂直照射（明视场照明）。使用宝石夹夹持宝石，并调整使它位于略高于锁光圈的位置，以便光可以从侧面进入宝石中（侧向照明）。你必须确定宝石的位置不要离底部光源太高，否则你将不能对宝石进行侧向照明。在暗视场照明条件下，侧向照明结合遮光罩产生的黑色背景，可以使宝石的包裹体显得更加突出，更容易观察与鉴定。

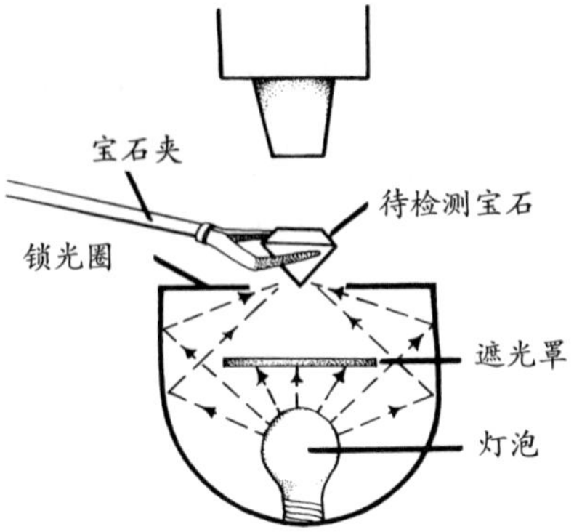

图 9.3 暗视场照明

3. 在低倍率放大条件下检测宝石。如上面所述，在暗视场照明条件下，使用双眼从双目镜中观察检测宝石。从低倍率放大观察开始（7倍至10倍），因为较低的放大倍率可以给你更宽广的观察区域——观察区域的大小将在给定的点上聚焦——这样可以使宝石中的包裹体更容易被识别。仔细检查宝石的每一区域，慢慢转动调焦旋钮使宝石内部不同的深度都可以被聚焦。把宝石转动到不同的位置后再次观测宝石。这样做的目的是，你可以从不同的角度观察宝石的不同部位。

4. 逐渐增大显微镜的放大倍数。尝试记住你在低倍数放大观察下看到的任何东西的位置，这样你就可以在更高的放大倍数下更仔细地观察它。有些你在低倍数放大观察时看到的东西，在高倍数下好像消失了。这是因为随着放大倍数的增加，显微镜的可见视域变小了。由于随着观察倍数的变大，显微镜下实际可见视域变小，使得在低倍数下可见的物体在高倍数下可能已不在可见范围内了。这时应小心缓慢地转动宝石，你将能再次找到之前看到的物体。

寻找在低倍数下不可见的包裹体。随着每一次放大倍数的增加，一定要转动宝石，以便你可以从不同方向不同角度观察它。

更高的放大倍数可以使你看到在低倍数下看不到的内部特征和包裹体，它还可以使你在低倍数下见到的东西看得更清楚。高倍率放大对于观察低倍率下看上去像是气泡的包裹体特别重要。气泡的存在通常表明待检测物为玻璃。然而，一个在10倍放大观察下像是气泡的包裹体，在更高的放大倍数下观察时可能转变为别的东西，例如一个圆形的晶体。在更高放大倍数下检测类似气泡的包裹体，可以避免把不是玻璃的东西鉴定为玻璃这种尴尬情况的出现。

5. 在明视场照明条件下检测宝石。明视场照明是把宝石直接放在光源上，以便光可以从后面照射宝石。用于产生暗视场照明的遮光罩在此已不再使用。明视场照明可以突出某些类型的包裹体，特别是祖母绿中的包裹体。这种照明方式还可以用于观察双晶面，更仔细地检测在暗视场照明时看起来是裂隙或解理线的内含物。要记住再次转动宝石，并从每一个角度观察它。

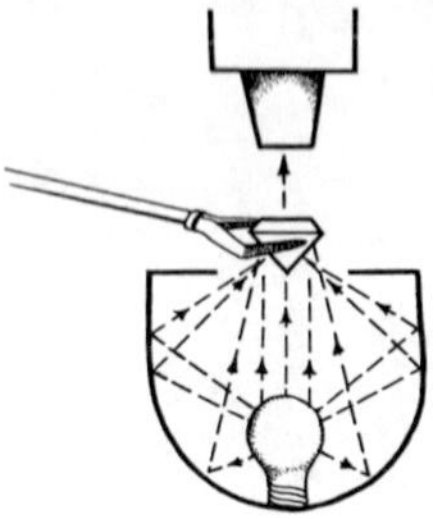

图 9.4 明视场照明

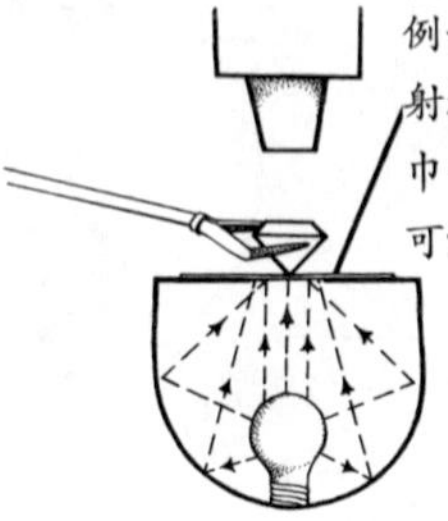

图 9.5 散射明视场照明

6. 在散射明视场照明条件下检测宝石。在这种类型的照明中，就像明视场照明一样，光从宝石的后面照射进宝石中，但照射光被散射了。简单地在光源开口处放一张白色的面巾纸或一张薄的白色纸，就可以使照射光散射。散射光可以使浅色宝石中很难见到的微弱弧形生长纹和微弱颜色分区（分带）特征很容易被观察到。

7. 在垂直（顶光源）照明条件下检测宝石。这种类型的照明方法要求光从宝石的上部直接照射到宝石上，以便光可以从宝石中的包裹体上反射。这种照明方式可以使你看到，例如发现于缅甸红宝石和蓝宝石中很细的针状包裹体，因为这些包裹体可以将光反射到你的眼睛中。在检测蓝宝石的时候，垂直照明还有助于你看到光晕或扁平铂晶体的反光（形状像三角形或小六边形），表明该蓝宝石为合成蓝宝石，而圆盘状包裹体的出现则表明其经过热处理。对于黑欧泊，这种类型照明方法可以观察到其他方式很难发现的扁平、圆盘状气泡，从而证明该石头是二层石，而非真正的黑欧泊。

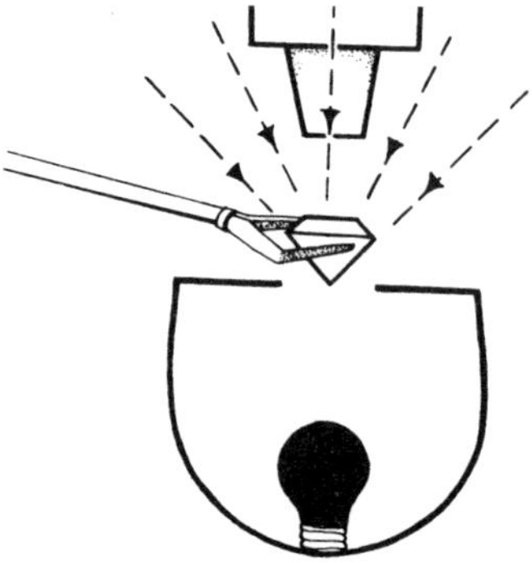

图 9.6 垂直（顶光源）照明—— 光直接从宝石的上部照射
（照明光来自显微镜附带的顶光源、光纤灯或其他强光源）

8. 在水平照明条件下检测宝石。这种类型的照明方法要求，当从上部通过显微镜观察宝石时，一束窄光（光纤光源或笔式手电筒）直接从侧面透射宝石。由于水平照明会使点状晶体或细小的气泡显得尤为突出，因此它们在这种照明条件下更容易被看到。

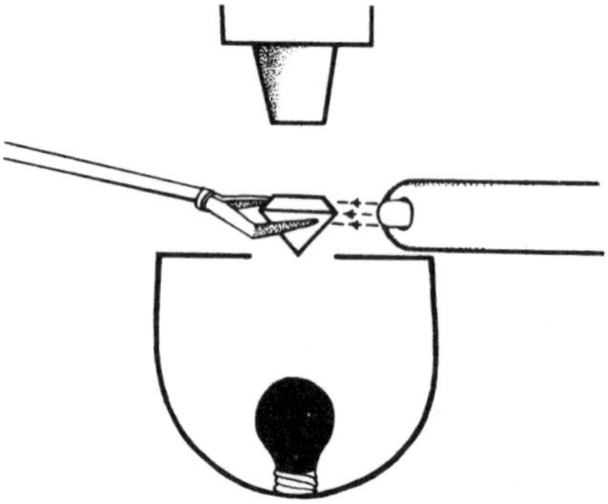

图 9.7 水平照明——笔式手电筒或光纤光源

9. 在点光源照明条件下检测宝石。这种类型的照明方法要求，通过闭合锁光圈至想要的程度来获得缩小的照射光开口，进而使光线直接从宝石的背后照射。点光源照明在观察弧形生长纹时特别有用。

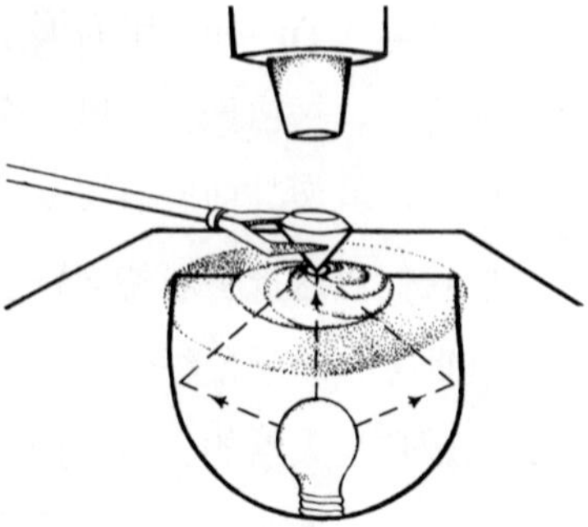

图 9.8 点光源照明——注意锁光圈几乎是可以全部闭合的

现在需要的就是实践了。将你已经有的宝石按照这些照明方法进行检测实验。试着在不同类型的照明条件下观察同一颗宝石。正如我们将要讨论的那样，试着熟悉某些类型的包裹体。

显微镜下可以看到什么

宝石鉴定真正令人兴奋之处在于能够使用显微镜进行检测。显微镜有一个重要的优势，即能够识别许多新型的合成宝石。这些合成宝石在使用其他方法检测时似乎都显示为天然宝石。显微镜经常会帮你辨认一颗高品质宝石的颜色是天然的还是人工改善的，识别宝石的裂隙是否有充填物，以及在大多数情况下，也可以帮你鉴定宝石可能的原产地。

我们最近进行了一次非常有趣的实验，显示了显微镜在宝石鉴定中的价值究竟有多大。在图森（Tucson）宝石展上——不同国家彩色宝石卖家聚集的重要会展之一，一位珠宝商以一个非常具有吸引力的价格出售一批珍贵的托帕石。就像其他宝石买家一样，我们总是在寻找物美价廉的宝石。虽然我们对这批宝石持怀疑态度，但是它们的价格太诱人了。我们认定这批宝石的颜色经过了处理，但是这位珠宝商向我们保证这批托帕石的颜色是天然的。当我们进一步追问，问他怎么可能以如此诱人的价格卖掉这批颜色上佳的天然托帕石时，他说是从矿上得到的原石并自己切割抛光的。

我们不相信他说的。他愿意陪我们在显微镜下检测这批宝石中的一颗。使用浸没法（将宝石浸没在一种特殊的液体中检测宝石），显微镜立即告诉我们该宝石的颜色不是天然的。我们知道它是经过处理的，因为在这种宝石的天然颜色中我们看到了一些从未出现的东西——宝石的周围有一圈亮粉色光晕状宽边环绕。珠宝商承认该批托帕石的“粉色”是宝石受到轰击（辐照）后产生的。他未能得到当初想要的粉红色，却得到了一个更漂亮的颜色。不幸的是，这种颜色不是永久性的。

处理宝石并不总是那么容易检测的。在某些情况下我们仍无法对其进行识别。例如，我们还不知道如何区分托帕石的天然蓝色与由辐照产生的蓝色（在蓝色托帕石中，辐照产生的蓝色似乎是永久的）。但是，我们在鉴定各种类型的处理宝石、合成宝石方面已经取得了很大的进步，并且每天都有重要的新发现。

在大多数情况下，包裹体可以提供关键的鉴定线索。对宝石鉴定而言，显微镜的重要性在于，它能够提供关于宝石中出现的各种包裹体更精确的信息。

什么是包裹体

包裹体是指任何封闭在宝石内的外来物质。包裹体可以是封闭在宝石内的气体、液体或固体。在宝石中，这个术语也适用于解理裂隙、裂隙、生长线、颜色分区（色带）和晶体（与主体宝石具有相同或完全不同成分的物质）。

包裹体可以提供有价值的信息，因为没有一种宝石材质——无论是人工生产的宝石还是天然宝石——完全不含有任何包裹体。用肉眼观察，10 倍放大观察，甚至在 30 倍放大观察下可能是不可见的，可能需要使用 60 倍放大观察时才可以发现，但包裹体是永远存在的。

一些非常漂亮的包裹体可以让一件宝石变得更有趣。一颗普通水晶当含有金色、漂亮纤细针状金红石矿物晶体（发晶球），就可以变得非同寻常。一些大而丑陋的包裹体可以摧毁宝石的美丽和价值。事实上，一些非常小的包裹体，不但不会减弱宝石的美丽，降低价值，反而可能有助于鉴定该宝石的原产地，或判定宝石的颜色是不是天然的。

包裹体观察的关键是，知道去寻找什么类型的包裹体，它们看起来像什么，以及它们应该或不应该在那里出现。现在，我们将开始描述宝石中发现的不同类型的包裹体（这里描述的包裹体可参看彩页部分）。

宝石中常见的包裹体类型

气泡 这些包裹体看起来像是形状大小不一的小气泡。虽然圆形的气泡也可能在天然琥珀中出现，但是它们的出现通常表明宝石为合成宝石或玻璃。在合成红宝石或合成蓝宝石中，气泡可以是圆形、纺锤形（中间大两边依次变小的一串气泡）、梨形或蝌蚪形的。在以梨形或蝌蚪形出现的气泡中，它们的尾部总是朝着相同的方向。

云状物 成群的微小气泡或空洞。

色带 是指颜色不均匀分布。这种包裹体通常显示为白色或无色平行面。色带经常可以在红宝石、蓝宝石、紫晶和黄晶中观察到。

暗色球状包裹体 似球状暗色不透明包裹体被一个细小不规则褐色云状物包围。这些似球状暗色包裹体仅在泰国红宝石中发现，从未在缅甸红宝石中见过。

树枝状包裹体 这种树枝状或蜂巢状的包裹体就像在苔藓玛瑙中看到的那样。

羽状纹 内部裂隙的另一个术语。有时它们像一根羽毛，因此被称为羽状纹。

纤维状或针状包裹体 类似细针或细纤维的细长晶体包裹体。细长的金红石晶体出现在水晶中称为金红石水晶（金发晶），细长的电气石晶体出现在水晶中称为电气石水晶（黑发晶）。针状包裹体还可以在石榴石、蓝宝石和红宝石中见到。

指纹状包裹体 这是一些弯曲排列的小晶体包裹体，组成的图案类似人的指纹或迷宫。指纹状包裹体可以在水晶和托帕石中见到。在蓝宝石中，它们很像是闭合羽状纹。

光晕或圆盘状包裹体 光晕是一种以锆石晶体为中心，类似小的扁平圆盘状羽翼包裹体。这些羽翼由伴随锆石晶体生长的放射性或拉力造成的应力微裂隙组成。锆石晶体通常在圆盘中心显示为一个小暗点。另一种类型的圆盘状包裹体，对初学者来说是很难与光晕区分开的，即加热迹象的表现。与大多数圆盘状包裹体不同，它是一种镜面状的，表现为“光晕”边界附近有多重破坏。注意：只有对这种包裹体娴熟鉴定后，才可识别所属宝石是否经过了改善处理。专门从事优化改善宝石鉴定的宝石检测实验室（见附录）可以进行这方面的鉴定工作。愈合裂隙（液体充填）是一种像小管般排列，整体呈迷宫状的包裹体。愈合裂隙经常可以在蓝宝石中见到。

激光钻孔 为消除钻石中的可见瑕疵进而改善钻石外观，使用激光穿透钻石时产生的微观孔道。例如，一个黑色可见的瑕疵，可以被激光淡化而几乎消失不可见。然而，激光钻孔是可见的。在大多数情况下，它看起来像一条细直的白线，从宝石的外表面进入宝石内部。激光孔在激光入射面表层显示为一个小的点状破口。一种新的激光钻孔技术——内部激光钻孔，可能更难于检测。但是因处理留下来的玻璃光泽透明羽状纹，以及钻孔留下的螺旋状或蠕虫状通道是可以检测到的。当在透射光照明条件下观察时，这些通道可能显现黑色。

板条状包裹体 长而薄的板状（就像一个板条）晶体。

负晶 一种独特的晶体形状空洞。负晶是有趣的，因为你看到的只是一个轮廓（它不是一个固体）。然而，这种轮廓总是呈现与母晶轮廓相同的外形。例如，假如你检测一颗含有负晶包裹体的水晶，由于水晶的形状是六边形，那么负晶将有六边形的轮廓。负晶通常可以在水晶和托帕石中见到。

纺锤形气泡 一串中间大两边依次变小的气泡。通常可以在合成刚玉和合成尖晶石中见到。

雨状包裹体 一种像雨一样的虚线状包裹体。它们可以在助熔剂合成红宝石，例如卡尚合成红宝石中看到。

簇状包裹体 紫晶中发现的黄磷铁矿包裹体。它因看起来像一捆麦子的上半部分而得名。

丝状包裹体 在反射光照明条件下检测时，呈现为类似丝织品光泽的细小有趣的针状晶体。这种包裹体经常可以在红宝石和蓝宝石中见到。

固态包裹体 出现在母晶中的固态晶体或矿物碎块。

弧形生长纹 在老式维尔纳叶法合成红宝石与合成蓝宝石中可见的同心弯曲线。

旋涡状构造 在玻璃中可以发现。它们在整个宝石中以打旋的方式呈现为弯曲线与花饰。通常旋涡的颜色比主体宝石的颜色要暗。旋涡状构造有时也被称为弧形生长纹，但与上面描述的弧形生长纹不同，它们不是同心的。

板状包裹体 合成钻石中可见的板状固态金属包裹体。

三相包裹体 是指包含液体、气泡和固体（通常是晶体）的空洞。通常看起来像指向两端的形状不规则的豌豆荚。在豌豆荚（被液体充填）内有一个气泡（气态），且毗邻气泡有一个立方体或菱形晶体（固态）。所有物质要么是以气态、液态的形式存在，要么以固态的形式存在。但这种类型的包裹体包含了物质的三种状态，因此而得名。在祖母绿中含有立方体或菱形固体，可以证明该祖母绿是天然形成的而不是合成的。

双晶面 就像位于平行面上的玻璃窗格，类似平行线，但实际上是平面。双晶面经常在红宝石和蓝宝石中见到，偶尔也可以在一些长石类宝石中发现。这种类型包裹体的出现可以证明所属的红宝石或蓝宝石是天然形成的。但是，如果双晶面大量出现，将会降低宝石的耐久性和光泽度（例如月光石）。

两相包裹体 是一种含有封闭气泡的腊肠状外观的包裹体——就像腊肠从一端倾斜到另一端，这种气泡有的可以从一端移动到另一端，有的则不能。两相包裹体可以在托帕石、水晶、合成祖母绿中见到，有时也可以在碧玺中见到。

面纱状包裹体 是呈层状排列的细小泡状包裹体。这种层状排列可以是扁平状或曲面状，宽的或窄的，长的或短的。这种包裹体在一些合成祖母绿中可以很容易见到。

百叶窗包裹体 一种出现在绿色、黄色和褐色锆石中的包裹体。我们之所以称之为百叶窗包裹体，是因为它们看起来就像稍微关闭的百叶窗。可以在本书中找到这种包裹体，并试着熟悉它们（见彩页部分）。看你能不能从自己的宝石库中识别一些宝石，玩得开心。

一些常见宝石在显微镜下可见的包裹体

接下来我们将宝石包裹体鉴定放在一起帮助你进行辨认与检测。此外，还可以参考第三部分第 4 章的相关内容。显微镜下检测宝石时见到的许多常见包裹体都在后面章节讲述，但是包裹体种类太多不能全部囊括。必须记住的是，新发现的包裹体可能会使本书中提供的信息作废。因此，通过阅读宝石学期刊和贸易出版物使信息不断更新是非常重要的。为学习认识特定包裹体、避免与相似包裹体相混淆而进行的坚持不懈的练习也是必不可少的。在有条件的情况下，可以尝试找到一位熟练的宝石学家在刚开始阶段帮助你进行观察练习，并且及时查阅参考书。

钻石

无色钻石晶体 一种生长在主体钻石中的小钻石晶体。使用放大镜观察时，它看起来像一个点或者气泡，但使用显微镜观察时，可以清楚地看到它是一个具有八面体外形的晶体（就像两个底对底放置的金字塔一样）。

锆石晶体 一种生长在主体钻石中的锆石晶体，并具有或多或少方形截面的腊肠状外形。

石榴石晶体 主体钻石中生长的晶形完好或扭曲的透明红色晶体。

透辉石晶体 沉闷不透明（非透明的）的绿色或透明的祖母绿绿色透辉石晶体有时可以在钻石中观察到。

小黑点 经常被误认为是“碳点”的黑色包裹体通常是黑色磁铁矿矿物，或者有时可能是赤铁矿或铬铁矿。黑色碳质包裹体通常是纤细面纱状的，且非常罕见。

铬尖晶石晶体 那些出现在钻石中的深桃红色不透明晶体可能是铬尖晶石晶体。有时候它们可能会呈现较大块的黑色，因而可能与磁铁矿相混淆。

解理 是一个具有平面的裂隙或破裂，且通常从腰部开始。它是直的而不是锯齿状的。解理可能很小或者很明显。如果将解理非常明显的钻石放在超声波中清洗，可能会导致解理变得更大。

羽状纹 裂隙的另一名字。羽状纹与解理的区别在于，它不是一个平面，而是呈锯齿状的外观（有时像一根羽毛）。如果羽状纹很明显，可能会降低钻石的耐久性。

激光钻孔 可见包裹体的钻石可以被激光技术改善。这种激光技术包括两个方面：激光先从钻石的表面钻孔至包裹体位置，然后将盐酸沿着激光钻孔引入漂白黑色包裹体，在某些情况下，还可以完全溶解包裹体。在放大观察时，你可以识别激光钻孔。你将看到从钻石一个刻面的表面开始，一条纤细的直线(像一根线)穿透钻石。从出露点观察，激光钻孔就像一个小破点。

内部激光钻孔 内部激光钻孔可能比上面所述的激光钻孔更难于检测，但它留下了具玻璃光泽的透明羽状纹和不规则的螺旋状或蠕虫状通道。在透射光照射下，这些通道可能呈现黑色。

合成钻石

白色尘埃状微粒 许多合成钻石含有在整个钻石中随机分散的大量微小白色尘埃状微粒。有些微粒可能类似面包屑。

树枝状或板条状包裹体 类似板条或小的树枝状的金属包裹体。

黑色或银色助熔剂包裹体 暗色针状、拉长状或扁平状金属包裹体，通常是金属铁。这种包裹体的出现表明所属的钻石为合成钻石。

针点状包裹体 在黄色合成钻石与近无色合成钻石中可以看到的细小金属助熔剂包裹体，看上去就像孤立的钉头点。

立方体形包裹体 立方体形金属包裹体可以较大，也可以较小。

金属尘埃云 金属尘埃云是一种具有独特特征的包裹体，这个特征是由它们反射所在钻石的颜色而产生的。

扁平状包裹体 扁平的固态金属包裹体，通常呈椭圆状成群出现，经常可以在合成钻石中观察到。这些包裹体是金属熔化的残留物。这种金属在合成钻石的制造过程中起催化剂的作用。

色带 在彩色合成钻石中，你会发现独特的色带现象。边界特别清晰的色带表明所属的钻石是合成钻石。色带通常可以在合成蓝色钻石中见到。

“沙漏”或“停止标志”形生长模式 这种标志的出现立即表明所属钻石为合成钻石。

祖母绿

三相包裹体 在哥伦比亚和阿富汗祖母绿中可见三相包裹体。在哥伦比亚祖母绿中，三相包裹体像中国雪荚豌豆或豌豆荚；在阿富汗祖母绿中，它们像一根手指。在祖母绿中，含有正方形或菱形固体可以证明该祖母绿是天然形成而不是合成的。

黄铁矿 产自切沃（Chivor，哥伦比亚）和一些产自赞比亚的祖母绿中通常含有晶形漂亮的黄铁矿晶体。黄铁矿，也被称为“傻瓜的金子”，因其具有似黄铜的金属光泽而容易被辨认出来。它通常是立方体形。

云母 小而薄的扁平六边形黑云母片通常可以在巴基斯坦、德兰士瓦、赞比亚和坦桑尼亚产的祖母绿中见到。祖母绿中的云母通常是黑色的（云母还可以在另一种绿色宝石橄榄石中见到）。

针状金红石包裹体 针状金红石包裹体（长而直的平行针）可以为北卡罗来纳州产的翠绿锂辉石提供明确的、积极的鉴定证据。它们并不总是出现在祖母绿中，但当它们出现在祖母绿中的时候，可以提供决定性的鉴定依据。

管状包裹体 似光纤的透闪石细管，有时略微弯曲，常常是乱七八糟得像一个随机扔掉的汽水盒吸管。这种细管状透闪石经常可以在桑德瓦纳产的小颗粒（1克拉以下）高品质深绿色祖母绿中见到。

带有气泡的矩形腔 或多或少类似一端含有气泡的矩形腔两相包裹体，经常出现在祖母绿中。它表现为在底端含有“L”形气泡。

板条状包裹体 长而薄的扁平阳起石矿物包裹体，通常出现在西伯利亚祖母绿中。

合成祖母绿

龟裂纹 这是一种类似渔网的网状裂隙。这种特征可以在表面覆绿柱石镀膜的莱切雷特纳合成祖母绿中见到。

指纹状助熔剂 发白的“指纹”状助熔剂，通常在祖母绿合成过程中使用（见彩页部分）。

钉头状包裹体 摄政祖母绿（林德法合成祖母绿的前身）中有许多方向相同的细棒状晶体出现。一些细棒状晶体因将其末端放大而像钉头，因此称之为钉头状包裹体（这种方法合成的祖母绿在紫外灯下呈现非常强的红色荧光）。

纤细面纱状包裹体 纤细、起伏的带状面纱是查塔姆法合成祖母绿中常见的一种包裹体。在吉尔森法合成祖母绿中也经常见到这种包裹体。

内部生长纹理 一些水热法合成祖母绿中出现的，具有类似尖锐山峰的山脉状生长纹理。这种搅动外观的生长纹理是合成祖母绿的标志性特征。

红宝石

丝状包裹体 这些都是彼此相交的针状晶体，且通常以60度角和120度角相交。在反射光照明条件下检测时，呈现类似丝织品光泽，因而称之为丝状包裹体。有时可在放大镜下看到，但往往需要在显微镜下观察。反射光照明条件下检测这种宝石是很重要的，因为可以清楚地看到其中的丝状包裹体。在反射光照明条件下观测这种包裹体时，它们可呈现许多颜色。丝状包裹体经常在缅甸红宝石中看到，偶尔也在肯尼亚红宝石中发现，但从来没有在泰国红宝石或人工合成红宝石中出现过。丝状包裹体的出现可证明所属的红宝石为真正的天然红宝石。

球状包裹体 这些都是磁黄铁矿晶体包裹体。这些晶体具有球状外观且都被褐色云状物包围。它们是泰国红宝石的典型特征，从来没有在缅甸红宝石中出现过。一些泰国红宝石有一个以上的这种球状包裹体。

圆盘状包裹体 这些包裹体看起来像光盘或光晕环绕着一个黑点。它们实际上是中心黑色锆石点向外辐射的张力裂隙。产生这些裂隙的张力有两种途径来源：要么是锆石受热向外扩张产生的应力造成了这种裂隙，要么是锆石向外辐射产生的应力导致了裂隙的出现。

不要把这种圆盘状包裹体与加热改色红宝石中的圆盘状包裹体相混淆。前者的中心总是有一个黑点。这种可见的圆盘状包裹体在热处理红宝石中不会出现。

黄铁矿晶体 黄铁矿包裹体具有金属反射光泽，经常以立方体形状出现，是巴基斯坦克什米尔红宝石的特征包裹体。

双晶面 相比于缅甸红宝石，泰国红宝石中更常见到双晶面。它们从来没在合成红宝石中出现过，因此它们的存在可以证明所属的红宝石为天然红宝石。当从某些特定方向观察时，这些双晶面可能像纤维状或针状包裹体，但实际上是许多平面——如果你略微倾斜宝石，就可以观察到大量的平面一个接一个地从宝石的一侧贯穿到另一侧。这就是你观察到的双晶面。

愈合裂隙（也叫液体充填） 这些包裹体经常在产自柬埔寨和斯里兰卡（锡兰）的红宝石中见到。它们就像无数纤细拉长的细管。有的很长，有的很短，但都沿着一个平面指向同一个方向。这个平面可以是扭曲和/或波浪形的。

气泡状织带 这种类型的包裹体在天然与合成红宝石中都可以见到。如果这种气泡被充填了，那么所属的红宝石为合成红宝石；如果气泡是空心的（开放或未充填），则所属的红宝石为天然红宝石。你必须采用高倍率放大观察（至少 45~60 倍）才可以辨别这些气泡（小孔）是否被充填。

合成红宝石

云形气泡 小的气泡群或气泡云，有时会连续堆叠一起，中心是一个较大的气泡，向两端逐渐变为较小的气泡。这些拉长的气泡只会在老式维尔纳叶法合成红宝石中出现。

弧形生长纹 同心曲线（有时这种弧线的弯曲程度非常小，看起来就像直线）可以在老式维尔纳叶法合成红宝石和蓝宝石中见到。当弧形生长纹可以被清楚观察到时，可作为合成红、蓝宝石的积极鉴定依据。

气泡状织带 参见上文天然红宝石。

雨状包裹体 这些是像雨一样的虚线状包裹体。它们可以在助熔剂合成红宝石，例如卡尚合成红宝石中见到。

分区生长 搅动的分区生长是合成红宝石的标志。

蓝色蓝宝石与合成蓝色蓝宝石

除了球状包裹体外，蓝宝石具有上述红宝石中描述的所有包裹体。

另外，除了弧形生长纹可在维尔纳叶法合成蓝宝石中见到，这种方法合成的蓝宝石中还有弯曲色带出现。

粉彩色锡兰蓝宝石

这些宝石中通常高度含有盘状包裹体、愈合裂隙、含有包裹体的包裹体等等。

其他常见宝石在显微镜下可见的包裹体

海蓝宝石

棒条状包裹体 非常细的可见平行管，看上去有非常细碎的浅褐色粉末封在其中。这些包裹体经常出现在海蓝宝石中。棒条状包裹体可以大量出现，也可以少量出现，如果大量出现在宝石中将会对宝石的美丽和价值产生影响。

幽灵线 前一瞬间可见下一瞬间消失的平行线。如果你仔细检查宝石，将发现幽灵线会在 90% 以上的海蓝宝石中出现。当你检测海蓝宝石的时候，要非常缓慢地转动宝石，并仔细地聚焦观察。当你看到只要倾斜宝石就会有一组或多组平行线似乎要消失的时候，你看到的就是幽灵线。它们可能仅在海蓝宝石的一个区域出现，也可能在多个区域出现。

铁铝榴石（石榴石）

金红石针状包裹体 任何含有细而长的金红石针状包裹体的紫红色石榴石都是铁铝榴石。这些细针状金红石可随机分布，可以 90 度角和 90 度角交错，也可以 70 度角和 110 度角交错。那些无数以 90 度角交叉的针状金红石可以产生 4 射星光，那些无数以 70 度角和 110 度角交叉的针状金红石可以产生 6 射星光。

光晕状包裹体 可以在斯里兰卡产的铁铝榴石中见到。

沙弗莱石（石榴石）

板条状包裹体 这种好看的绿色石榴石品种可能含有细而长的扁平阳起石矿物晶体。

翠榴石（石榴石）

马尾状包裹体 罕见的绿色翠榴石（比沙弗莱石还要昂贵）含有纤细的纤维角闪石矿物晶体。这些纤维角闪石包裹体往往呈簇状出现，就像马尾巴一样。它们也可以呈旋涡状或随机分布。

水晶（所有品种）

在所有的水晶类宝石中，都可以看到负晶、针状包裹体（金红石晶体、电气石晶体）或板条状包裹体（细而长的扁平阳起石晶体）。

紫晶（水晶）

蛇状包裹体 细而长的蛇状晶体（赤铁矿或针铁矿），经常出现在天然紫晶中。

多组双晶 多组双晶也被称作“斑马线”（古柏林），看起来像是木锯上的牙齿。它们通常排列成几行平行线。

色带 颜色在平行面或层中可见。

簇状包裹体 黄磁铁矿矿物包裹体。它得名是因为它看起来像是底部来自同一点的一捆麦子的上半部。

指纹状包裹体 许多细小的晶体包裹体组成的图案类似人的指纹或迷宫。

合成紫晶（水晶）

细屑状包裹体 非常小的白色面包屑状包裹体。当这种包裹体出现在颜色漂亮的没有其他包裹体存在的紫晶中时，表明该紫晶是合成紫晶。

黄晶（水晶）

色带 类似于紫晶中见到的色带。

绿晶（水晶）

双晶 呈“Z”形平行线出现的多个双晶通常在绿晶抛光面上可见。

粉晶（芙蓉石）

针状包裹体 高倍放大观察下，小的金红石针在95%的粉晶中可以发现。大多数粉晶中的包裹体，都是这些金红石针的存在造成的。

尖晶石

八面体包裹体 在尖晶石中，常常有小的八面体晶体包裹体（铁尖晶石矿物）出现。这种八面体外形就像两个底座放置在一起的金字塔。如果这种包裹体存在于尖晶石中，则证明它们所属的尖晶石是天然尖晶石。有时候，如果这种八面体晶体很小，则看起来就像一些小点。在更高倍显微镜下检测时，可辨别它们是否为真的八面体晶体。

腊肠状包裹体 一些雾蒙蒙的蓝色尖晶石可能含有类似腊肠状的晶体包裹体。

锆石晶体 锆石晶体经常可在蓝色和紫色尖晶石中见到。

托帕石

托帕石中的包裹体与水晶中的包裹体相同。

碧玺

裂隙 碧玺中会出现一种形状古怪、似镜面状的典型电气石裂隙。这种裂隙是锯齿状边缘平而宽的裂隙。一旦看到它们，你就能认出它们。

铜晶体 在碧玺中，类似金属丝的铜晶体出现表明所属碧玺是非常罕见的含铜碧玺，且可能表明该碧玺为帕拉伊巴。

锆石

百叶窗 一种类似稍微关闭的百叶窗的包裹体，经常出现在绿色、黄色和褐色锆石中。

> 任何宝石含有铁锈色裂隙都表明该宝石是天然形成的（就像出现在一些红宝石中的铁锈色裂隙一样）。把“生锈”引入合成宝石中的实验尝试一直没有成功。

第四部分

可选仪器——适用场合及使用方法

第10章　分光镜

什么是分光镜

分光镜是一个相对较小的、分析通过宝石的光的检测仪器。分光镜直到最近才被真正地重视起来。不管什么原因，许多宝石学家都忽视这种宝石检测仪器，而偏爱其他仪器。然而，随着彩色钻石市场的快速增长，人们正在改变对分光镜的态度。我们相信，它是个有趣的宝石检测工具，而且对宝石鉴定实验室来说是不可或缺的检测工具。

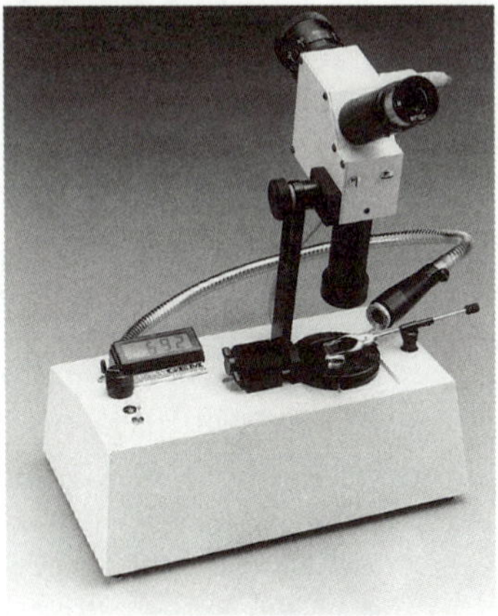

图 10.1　带有数字读取测试结果的分光镜

对于那些有使用分光镜经验的人来说，分光镜是一种可以很快给出镶嵌钻石或包括原石（没有被切割和抛光的原材质）在内的未镶嵌钻石鉴定结论的宝石检测仪器。分光镜对那些折射仪不起作用的宝石检测尤为有用。对折射仪不起作用的原因是：宝石没有抛光或抛光程度较差，宝石具有超出折射仪检测范围的折射率，不可以放在折射仪上检测的镶嵌宝石，以及很难在折射仪上读取测试结果的弧面宝石。分光镜是唯一广泛用于区分天然颜色钻石和那些由辐照或热处理获得颜色钻石的检测仪器。它也特别有助于区别天然绿色翡翠与染色绿色翡翠，有助于识别天然蓝宝石品种（尤其是蓝色蓝宝石）与相应的合成宝石或外观相似的宝石品种，以及在区分天然变石与合成变色刚玉或合成变色尖晶石上也特别有用。

宝石检测中经常使用的分光镜有两种类型：棱镜式分光镜和光栅式分光镜。对于宝石检测而言，无论哪种类型的分光镜都是可以使用的。标准的光栅式分光镜相对较便宜，但是棱镜式分光镜具有光栅式分光镜不具备的两个优点：一是允许更多的光进入仪器中，另一个是更易读取光谱黑蓝端的测试结果。还有一些新型配备光纤照明与数字读取测试结果的光栅式分光镜，数字读取测试结果可以解决标准光栅式分光镜测试时可能出现的问题。虽然这种类型的分光镜价格有点贵，但是它们越来越受人们的喜爱。

我们不推荐使用大多数便携式或手持式分光镜，因为它们通常更

图 10.2 棱镜式分光镜

图 10.3 光栅式分光镜

难读取测试结果，以及一些不能提供在黑蓝端光谱的读取结果的分光镜。许多这种类型的分光镜还限制你调整进入仪器中光的多少。

在本章节里，我们将解释如何使用配备有良好照明光源与固定支架的标准棱镜式分光镜。虽然棱镜式分光镜的实际操作与光栅式或数字读取式分光镜略有不同，但是基本原则仍然适用，而且你应该能够轻松地按照这里描述的技术来调整你自己的分光镜。

棱镜式分光镜就像两个连接管一样，一个紧连着另一个——较长的“管”是合适分光镜的管，较短的“管”是包含照亮刻度的管。在这种分光镜的末端有一个可调节光线的狭缝。简单地说，这种仪器可以把白光分解成光谱色，然后当这种光谱色通过宝石物质的时候，再分析光谱色的变化。分光镜真的是一个容易使用的宝石检测仪器。而且从可视的角度来看，它是非常有趣的。如果你喜欢彩虹，那么你会喜欢这种宝石检测仪器！正如我们在照明章节里讨论的那样，当所有的可见光谱（红色、橙色、黄色、绿色、蓝色、靛蓝色和紫色）汇聚到一起的时候，我们得到的光是白色光。为了理解分光镜，你需要意识到的是，当白光穿过一颗宝石，一个或多个产生颜色波长的光被宝石吸收了。

宝石吸收光谱产生颜色这种现象不是我们用肉眼就能看到的，但是当光穿过一颗宝石的时候，我们就可以观察到这种现象的发生。当我们观察所有的颜色组成白光进入宝石后，我们会看到，透射宝石后某些颜色的光会简单地消失。这种现象被称为选择性吸收，可以为宝石鉴定提供非常有用的线索。

分光镜实际上做的是，通过在光谱色中产生竖直的黑线或黑带（吸收线或吸收带），使我们在许多宝石中可以看到选择性吸收这一现象，知道什么颜色被吸收了。这种黑线或黑带是某些光谱色被宝石选择性吸收消失后产生的。通过观察全光谱色中哪些光谱色消失了，哪些光谱色缺少了，我们可得出该宝石特有的光谱图。这张光谱图是宝石的“特征吸收光谱图”——以可见颜色图形显示，黑色条带的位置是特定宝石的鉴定特征。

因为没有两种宝石材质会以同样方式吸收相同波长（颜色）的光，所以我们可以利用宝石的特征吸收光谱来鉴定许多宝石。不幸的是，并不是所有的宝石都能呈现出清晰可见的吸收光谱。但是当这种清晰可见的吸收光谱出现的时候，它们可以为某种待检测宝石提供快速、积极的鉴定依据。而且，在某些情况下，这种吸收光谱还可以区分宝石的颜色是否是天然的。

使用分光镜

首先，在使用分光镜检测宝石之前，先通过分光镜的目镜看一看。在分光镜的前面放置一个强光源，使这个强光通过狭缝照射到分光镜

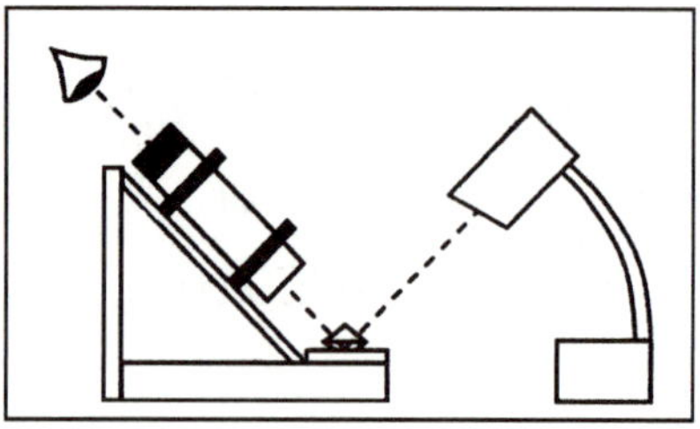

图 10.4

正确放置分光镜、宝石和照射光源，以便可以看到宝石的吸收光谱。
注意：在新型的数字分光镜中，光谱显示是垂直的，而不是水平的。

的末端。如果你使用的是光栅式分光镜，请确保使用尽可能强的照射光（建议使用光纤灯）。通过目镜看一下，你会看到整个可见光谱——7种颜色组成的彩虹——从红色一端到蓝紫色另一端在水平线上行进。如果你使用的是光栅式分光镜，整个光谱色将是等距离分开的，如果你使用的是棱镜式分光镜，蓝紫色端看上去要比其他颜色更“宽广”一些，而红橙色端看起来更紧凑一些。也就是说，棱镜式分光镜中，橙和红的颜色看起来压缩在一起，而紫色和靛蓝色看起来分得更开一些。

使用分光镜检测一颗宝石的时候，你仍可以继续看到全光谱，但是有一个明显的不同——垂直的黑色条带会在全光谱范围内出现在一个或多个地方（一些宝石可以有10个或更多的黑色条带）。有时候，这种黑色条带是一个有模糊边界的宽条带，有时候黑色条带是一个非常狭窄、很难见到的细线。这些黑色线条或条带无论出现在哪种颜色范围内都是宝石选择性吸收的结果。换句话说，你之所以看到黑色线条，是因为该位置的颜色应该与宝石吸收的颜色相同。

沿着光谱显示的顶部，你还将看到一系列的数字读数。这些数字读数从400nm到700nm（老式的分光镜的数字是从4000nm到7000nm）。数字读数的顺序始于紫色一端的400nm处，持续到红色一端的700nm处。需要注意的是，通过数字读数读取黑色条带出现的位置，你可以很容易地在光谱图表中查到对应的宝石品种，经常可以立即确定待检测宝石的种属。

让我们以翠榴石为例（绿色石榴石的一种），看看如何快捷方便地使用分光镜进行检测。折射仪不可以用于检测这种宝石，因为它的折射率非常高，超出了折射仪的检测范围。但是它可以很容易地被分光镜鉴定出来。当你通过分光镜的目镜观察这种宝石的时候，将能看到一个颜色丰富的彩虹状光谱——有时会有更多的吸收光谱。在大多数翠榴石中，你将能在光谱的紫色区域约 440nm 处看到一个很强的黑色条带。这是因为当白色光通过这种宝石的时候，有某种紫色波长的光被翠榴石吸收了，因而，我们不能在全光谱中看到它。我们看到黑色条带的位置是光谱被吸收的位置。如果翠榴石的颜色为丰富的深绿色，在光谱的红色末端大约 700nm 处有两个非常明显的紧挨着类似火车轨道形状的黑色条带（我们称之为吸收双线）。随着白光穿过这种宝石，一些红色波长的光被吸收掉，进而我们在这些被吸收的红色波长处看到了黑色条带。当分光镜中出现了这种模式的吸收光谱时，这种宝石只能是翠榴石，因为只有这种绿色宝石才会出现这种特殊的光谱（吸收）模式。

现在让我们用分光镜检测一下蓝宝石。当你通过目镜观察它的光谱显示的时候，除了彩虹的颜色，你还将在光谱末端紫色区域内的 450nm 处看到一个垂直黑条带。蓝宝石的颜色越深（任何宝石都一样），分光镜中出现的黑色条带越明显。这个条带有时很容易被看到，有时有点困难，但如果该宝石是颜色丰富的蓝色蓝宝石，就总会在 450nm 处有一个黑色条带出现（见吸收光谱）。如果该宝石是其他品种的宝石，例如蓝色尖晶石或坦桑石，就不会在 450nm 处看到黑色条带。

分光镜也有助于区分天然蓝宝石与合成蓝宝石。在大多数合成蓝宝石中，你不会在 450nm 处看到任何黑色条带。因此，如果一个宝石的颜色是丰富的艳蓝色，而且其他测试表明它是蓝宝石，但是如果在使用分光镜检测时它没有 450nm 处的吸收带（黑色条带），你可以断定它是合成蓝色蓝宝石。在一些合成蓝宝石中，你可能会在 450nm 处看到一个微弱的蓝色线条。但如果该宝石是颜色丰富的深蓝色天然蓝宝石，则它会在 450nm 处的吸收光谱中出现一个明显的黑色条带。如果该颜色浓郁的深蓝色蓝宝石在吸收光谱中仅出现微弱的蓝色线条，那么这颗宝石就可以被鉴定为合成蓝色蓝宝石。

在过去，分光镜可以立即为识别真正的蓝宝石提供积极的检测证据。但不幸的是，现在这种方法已不再有效了。查塔姆法合成蓝色蓝宝石不能被分光镜鉴定出来。这种合成蓝宝石在吸收光谱中几乎出现与天然蓝宝石相同的反应。虽然这种合成蓝宝石在市面上出现得不多，但是你必须意识到它们的存在。如果你有一颗非常漂亮的蓝色蓝宝石，并且相信它是真正的天然蓝色蓝宝石，你一定要用宝石显微镜仔细地观察它（在合成蓝色蓝宝石中会有三角形或六边形金属铂片出现），或将其送到专业的宝石检测实验室检测后，才能得出相应的鉴定结论。

如何使用分光镜

1. 确保使用一个好的强光光源。合适的照明光源是成功使用这种检测工具的关键。宝石必须被强光照亮。大多数分光镜套装配有照明光源。如果你使用的分光镜没有配备照明光源，那么一个可以提供透射光与反射光照明的强光光源对使用分光镜检测宝石是非常重要的。光纤灯的光或由幻灯机产生的强光可以满足这个条件。

2. 确保只有透射宝石或从宝石上反射的光进入分光镜的狭缝。试着调整光源和分光镜的位置，以使分光镜的狭缝尽可能地靠近被检测宝石，进而照射光可以透射或直接反射进入狭缝中。同时，尽量不要让其他干扰光进入狭缝。

3. 在黑暗的房间里使用分光镜。当使用分光镜检测宝石的时候，黑暗的房间有助于减少外来光的干扰，同时可以调节眼睛，以便更容易地在分光镜中看到宝石的吸收光谱。

4. 检测透明或半透明宝石时，请使用透射光照明。当使用分光镜检测透明宝石（你可以清楚地通过宝石看东西）或者半透明宝石（你可以通过宝石看东西，但是不清楚，就像“毛玻璃”一样），只要简单地把宝石放在分光镜的前面，位于分光镜和光源之间即可。按照这种方法，照射光将从宝石后面透射宝石，向上进入分光镜中。

5. 检测不透明宝石时，请使用反射光。对于不透明宝石（你不能通过它看东西，例如绿松石）的检测，应设法将它放置在分光镜的前面，使光源从上方照射，以便照射光照射到宝石表面后，反射进入分光镜的狭缝中。

6. 检测非常暗的宝石时，请使用光纤灯或多功能灯上的点光源。暗色宝石需要非常强的点光源照射才可以保证它们有足够强的光照亮。如果采用透射照明时的透射光很弱，应尝试使用反射照明代替透射照明。

7. 调整分光镜底部的狭缝以使光线可以通过。如果在分光镜中很难看到黑色线条，应尝试调整狭缝的开口。有时通过略微打开或关上一点狭缝的方式使它变宽或变窄，这样可以更容易地观察到光谱中的黑色条带（我们不推荐使用没有可调节狭缝类型的分光镜）。光谱的蓝紫色区域中的黑色条带可能很难被看到。这时棱镜式分光镜可以提供相应的观察优势，因为在它的光谱中，蓝紫色区域有更大的观察范围，进而更容易观察其中出现的黑色条带。

8. 确保分光镜保持稳定。分光镜必须保持稳定，否则你不能用它成功地进行宝石检测。这是另一个我们不推荐使用手持式分光镜的原因。请使用标准的分光镜。

9. 从多个方向检测宝石。如果你没有检测到宝石的任何特征吸收条带，或者如果你没有得到宝石独特的吸收谱线，可以尝试从几个不同的方向检测宝石。有时候你能从一个方向得到待检测宝石的特征吸收谱线，但是从另一个角度却不能。或者，试着改变光线入射的方向进行检测，就可以得到宝石的特征谱线。

10. 避免因长时间暴露在光照下而使宝石变得过热。分光镜检测所需的适当强光照明可能会使宝石变热。过热不仅会破坏宝石，而且会降低分光镜测试结果的有效性。处理钻石的特征吸收谱线很难被检测出来，是所需的照射光很强而使该钻石变得过热造成的。当宝石受热时，一些宝石的吸收谱线会全部消失，另一些宝石则会部分消失。不要让待检测宝石超过必要的受热时间。在宝石检测之前，我们建议使用压缩空气对宝石降温——因为压缩空气可以产生冷却剂氟利昂。它可能会使宝石表面瞬间产生白霜，但很快就会蒸发掉。这种白霜不会对宝石和测试结果产生不利影响。

冷却已经受热的宝石时，可以先给宝石喷洒一些冷却剂，然后让它逐渐冷却（目的是防止由热震对宝石造成的破坏）。

使用分光镜会看到什么

正如我们前面所讨论的那样，分光镜可以向你展示许多宝石的“特征吸收光谱”——因颜色被宝石吸收，而在可见光谱特定位置出现由垂直黑线或黑带产生的特征图。不同宝石特定的“吸收光谱”可以被不同的图表显示出来。只需简单地使用这些图表，比较它们与你在分光镜中看到的吸收光谱的异同，你就可以对很多宝石进行鉴定。然而，请记住，吸收光谱并不总能将天然宝石与相应的合成宝石区分开来。因此，你必须时刻更新新型合成宝石的特征吸收光谱信息，知道它与老式合成宝石在使用分光镜检测时的异同。

特征图不是宝石测试谱图的复制品

你会发现这里的光谱图（在其他书里也一样），不是你在宝石中看到特征吸收谱图的复制品，总有某种程度的变化，不要期望它们会匹配得很好。如果不考虑这些特征图，光谱图通常也是足够用的。

更重要的是，要注意使用棱镜式分光镜测试的特征吸收谱图，与使用光栅式分光镜测试的特征吸收谱图看上去有所不同。

棱镜式分光镜 正如我们提到的那样，在由棱镜式分光镜产生的光谱中，你会发现可见光谱色的蓝紫色区域端有比其他颜色更广泛的空间范围，而红色区域端却挤在一个狭窄的范围内。广泛的蓝紫色区域端可以提供一个优势，因为出现在紫色—靛蓝色区域的黑色条带很难被观察到。棱镜式分光镜产生的广泛蓝紫区域，可使这个区域内出现的黑色条带很容易被观察到。

光栅式分光镜 在由光栅式分光镜测试的光谱中，你会发现不同的光谱颜色是等距的。光栅式分光镜中的光谱颜色空间分布与棱镜式分光镜中的光谱颜色分布不同，由棱镜式分光镜测试的吸收模式可能与光栅式分光镜测试的吸收模式有所差异。即使二者的视觉显示模式看起来不同，但二者的数字显示是相同的。

一些重要的吸收谱线

现在，分光镜对下列宝石的鉴定尤为重要。

变石

天然变石与合成变石在可见光谱的红色区域都会出现一个显著的吸收双带（两个吸收带紧挨在一起）。第一个吸收带大约位于 680nm 处；第二个吸收带大约位于 678nm 处。天然变石与合成变石都会在 640nm 和 650nm 处出现一个弱的吸收双带。合成变色尖晶石与合成变色刚玉通常被误认为是变石，但它们不会在可见光谱的红色区域出现这种吸收模式或吸收双带。

彩色钻石

除非在低温条件下，否则很难在常温下看到彩色钻石的吸收线。在检测彩色钻石之前，先用颠倒的压缩空气罐向钻石喷洒一层氟利昂冷却剂。如果你住在冰激凌店附近，你也可以看看是否可以从店里得到一块干冰，然后把钻石放在上面冷却（记住处理干冰时要用专业手套）。这时试着把狭缝调到最大的位置，以便更容易地看到钻石的吸收线。

一般来说，优化处理钻石比天然钻石有更多的吸收线。同样，如果钻石可见光谱的红橙色区域内或多或少地被挡住，进而出现了黑色或灰色条带时，要怀疑该钻石是优化处理钻石。

黄色钻石 在一颗浓艳彩黄色钻石中，如果在可见光谱深紫色区域的大约 415nm 处有一个明显的吸收线，则通常表明该钻石是经过优化处理的。415nm 处的吸收线是颜色较淡的浅黄色钻石（开普系列钻石）的特征吸收线。无色钻石的吸收光谱在这个位置没有吸收带或吸收线。然而，带有黄色调（或近无色）的无色钻石在这个位置却有吸收带或吸收线。这个吸收线越明显，钻石的黄色调越浓。天然色的亮彩黄钻石不会出现这条吸收线。浓彩黄色钻石在 415nm 处有浅淡的吸收线，表明该钻石的黄色是由近无色钻石辐照改色而成的。

褐色钻石 可以在光谱的 498nm 处出现弱吸收线，504nm 处出现强吸收线和 533nm 处出现弱吸收线。

绿色钻石 可以在光谱的 504nm 处出现强吸收线和 498nm 处出现非常弱的吸收线。

人工处理彩色钻石中的一些特征吸收谱线

褐色人工处理钻石——在 592nm、504nm、498nm、465nm、451nm、435nm、423nm 和 415nm 处有吸收线或吸收带。

绿色人工处理钻石——在 741nm、504nm、498nm、465nm、451nm、435nm、423nm 和 415nm 处有吸收线或吸收带。

黄色人工处理钻石——在 592nm、504nm、498nm（比在 504nm 处的吸收线更强）、478nm、465nm、451nm、435nm、423nm 和 415nm 处有吸收线或吸收带。

粉色人工处理钻石（发橙色荧光）——在 480nm 处有强吸收线与在 570nm 处有明亮的荧光线（不是黑色线）。

光谱中 592nm 吸收线的出现是人工处理钻石的确切证据。当 592nm 吸收线缺失的时候，要寻找 498nm 和 504nm 两条吸收线（498nm 吸收线更明显）。498nm 和 504nm 两条吸收线也可以出现在天然钻石中，但是当这两条吸收线都出现在一颗钻石中，且 498nm 吸收线更强时，它们可以充分证明这颗钻石为优化处理钻石。

合成钻石

绝大多数天然钻石——大约有 95%，在光谱中 415nm 处都有一条尖锐的吸收带。这条吸收带位于分光镜可见光谱色的紫色区域。然而，到目前为止，这条吸收带或吸收线在所有的合成钻石中是不存在的。合成“近无色”钻石也缺失其他天然近无色钻石中出现的典型尖锐吸收带。

蓝色蓝宝石

所有的天然蓝色蓝宝石在可见光谱蓝紫色区域的 450nm 处都有一条黑色的条带。这条吸收带有时候可能很难看到，尤其在颜色很浅的锡兰蓝色蓝宝石中。蓝宝石的蓝色越深，这条吸收线越明显。深蓝色蓝宝石中的这条吸收线微弱，表明此蓝宝石为合成蓝宝石。大多数合成蓝色蓝宝石中不会在 450nm 处出现吸收线。蓝色合成尖晶石、坦桑石和蓝色玻璃也不会在 450nm 处出现吸收线。但是现在一种由查塔姆法合成的新型蓝宝石中具有基本上与天然蓝色蓝宝石相同的吸收谱线。当你看到宝石中出现 450nm 吸收线时，必须进行其他的宝石检测，以确保该蓝宝石是真正的天然蓝色蓝宝石而不是查塔姆法合成蓝色蓝宝石。

翠榴石

正如我们前面所讨论的那样，因为翠榴石的折射率非常高，且超出了折射仪的检测范围，因而不能用折射仪来鉴别这种宝石。因此，分光镜对于这种宝石的检测尤其有用。这种艳丽的深绿色宝石在可见光谱的红色区域，大约 700nm 处有一条吸收双线。有时这种宝石在橙红色区域大约 625nm 和 645nm 处还有两条弱的吸收带。普通的黄绿色翠榴石在紫色区域的 440nm 处有一条很强的吸收带。

天然绿色翡翠

颜色艳丽的绿色翡翠总是在光谱色的红橙色区域呈现不同寻常的

吸收模式。在这一区域内，你可以看到一组三条吸收带——一条吸收带强于相邻的另一条吸收带。最强的吸收带大约位于光谱图 685nm 处，相邻较弱的吸收带大约位于光谱图 660nm 处，最弱的吸收带大约位于光谱图 630nm 处（630nm 处的吸收带太弱几乎看不到）。

高品质的绿色翡翠在光谱图中有三条吸收带，一条比一条的颜色阴影深（阴影颜色最深的吸收带从红色可见光波的最远端开始，持续到 685nm 处；阴影颜色弱一些的吸收带大约开始于 685nm 处，持续到 660nm 处；阴影颜色最弱的从 660nm 处开始，持续到 630nm 处）。这种模式的吸收光谱从来不会出现在染色绿色翡翠，或者染色成外观类似天然绿色翡翠的其他材质的宝石品种上。

当查尔斯滤色镜显示该绿色翡翠可能是天然绿色翡翠时，一定要用分光镜进行确切证明。

常见宝石的吸收光谱

在本书彩页部分，我们提供了一些吸收光谱图，以便帮助你认识常见宝石的特征吸收谱线。值得注意的是，这些吸收谱图是用光栅式分光镜而不是用棱镜式分光镜测试的。想要获取宝石吸收光谱更全面信息的书籍，我们强烈推荐R.基思·米切尔所编著的《分光镜和宝石学》和理查德·T. 利迪科特所著的《宝石鉴定手册》，它们提供了使用棱镜式分光镜测试得到的非常漂亮的宝石吸收光谱图。因为很多读者可能已经拥有《宝石鉴定手册》，以及现在越来越多的人更喜欢使用光栅式分光镜检测宝石，所以我们提供光栅式分光镜测试谱图与棱镜式分光镜测试谱图的比较。

如果你正在使用棱镜式分光镜，只要你意识到这里出现的吸收条（吸收带）、颜色的外观与使用你的分光镜测试时实际看到的可能有所不同，这些光谱图仍将对你有用。如果你正在使用棱镜式分光镜，应依照这些谱图的数值显示而不是可见吸收模式进行宝石鉴定。

除以上推荐书以外，棱镜式分光镜测试的宝石特征吸收光谱可在罗伯特·韦伯斯特所著的《实用宝石学》一书中找到。想要获取钻石的特征吸收光谱，我们推荐埃里克·布鲁顿所著的《钻石》一书。

通过实践练习，你会很快认识到最熟悉的宝石吸收光谱。但是初学者不应完全依赖分光镜，除非宝石的吸收模式是毫无疑问的。刚开始不要对分光镜期望太多。通过对具有特征吸收谱线的宝石慢慢练习，逐渐培养出你使用分光镜检测宝石的技能。

第 11 章　偏光镜

什么是偏光镜

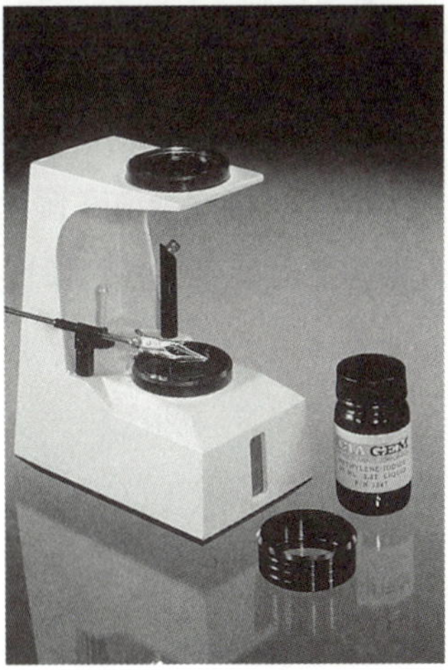

图 11.1　偏光镜和浸液槽

现今，偏光镜是那些对宝石鉴定越来越感兴趣的人使用的另一种宝石鉴定仪器，主要因为偏光镜可以用来区分真正的天然紫晶与合成紫晶。偏光镜是一种由两个圆形的偏振滤光片组成的简单仪器，其中一块滤光片放置在另一块的正上方，并且带有从底部照射的良好照明光。

偏光镜顶部的滤光片可以旋转。底部的部件与上面的滤光片的距离通常为 3 英寸，是固定不可旋转的。

如何使用偏光镜

根据你使用偏光镜的目的，我们将一步步地讨论如何使用偏光镜。首先，我们要了解如何使用偏光镜来鉴别一颗宝石是单折射宝石还是双折射宝石（见第三部分第 6 章）。接下来，我们要讨论如何使用偏光镜区分天然紫晶与合成紫晶。此外，我们还将提到如何使用偏光镜将玉石、玉髓与玻璃或其他可能试图模仿玉石的单折射宝石区分开来。

使用偏光镜来鉴别一颗宝石是单折射宝石还是双折射宝石

在我们学会使用偏光镜区分天然紫晶与合成紫晶前，我们使用偏光镜的主要目的是区分单折射宝石和双折射宝石。为此目的而使用偏光镜是很容易的，首先要找到最黑暗的位置。

1. 把待测宝石放在偏光镜的两块滤光片之间进行测试之前，先通过顶部滤光观察，并缓慢地旋转它。当你旋转顶部的滤光片时，你会发现来自底部的照射光会变得较亮或较暗。在一个完整的旋转周期内，光线会“变亮”两次和“变暗”两次。旋转顶部的滤光片，直到你找到最黑暗的位置（这就是所谓的“正交偏光镜”或“交叉极化”）。现在停止旋转。

2. 把待测宝石放在偏光镜的两块滤光片之间。我们发现把待测宝石放置在一个装满外用酒精或水的小浸液槽或烧杯中检测时，将有助于进行鉴定。

3. 旋转宝石。横向旋转宝石大约 1/4 转，宝石会变得更亮吗？再旋转宝石 1/4 转，现在宝石会变得更暗吗？如果该宝石是双折射宝石，当你旋转一个完整的 360 度时，宝石就会变亮，然后变暗，又变亮和再变暗。在一个完整的旋转周期内，该宝石会变亮两次和变暗两次。如果该宝石是单折射宝石，那么它将在一个完整的 360 度旋转周期内，始终保持黑暗的状态。

把宝石放在偏光镜两块滤光片之间后，旋转宝石，而不是旋转顶部的滤光片。

一个重要的例外 现在你已经知道使用偏光镜进行宝石检测是多么容易的事情了，但我们必须说明有一个例外。我们刚刚说过单折射宝石用偏光镜检测始终保持黑暗的状态。这个说法大多数时候是正确的，但是对于那些表现出所谓的“异常双折射”的单折射宝石来说，是不正确的（异常双折射是指假的双折射）。

如何检测宝石的异常双折射 异常双折射在所有合成尖晶石和许多合成石榴石中出现。如果你正在检测的宝石是这些宝石中的一种，那么你必须检测该宝石的异常双折射。如果你不确定该宝石是否具有异常双折射，那么你必须使用其他测试手段进行确定。

使用偏光镜检测石榴石时，转动石榴石，会出现以下三种情况之一：

1. 在一个完整的 360 度旋转周期内，它可能像一颗正常的单折射宝石那样保持全黑暗。在这种情况下，你知道该宝石是单折射宝石。

2. 当你旋转石榴石时，它可能呈现随机穿过宝石的左右摇摆黑色线条。这是异常双折射的确凿迹象。你需要知道，当看到这些随机穿过宝石的左右摇摆黑色线条时，该宝石是单折射宝石。

3. 石榴石也可能产生就像在正常的双折射宝石中出现的明—暗、明—暗的变化现象。在这种情况下，你必须使用其他测试手段进行确定。

在你使用偏光镜检测合成尖晶石的时候，当你转动它时，你总能看到随机穿过宝石的左右摇摆的黑色线条。这是证明该宝石不是双折射宝石而是单折射宝石的确切证据。

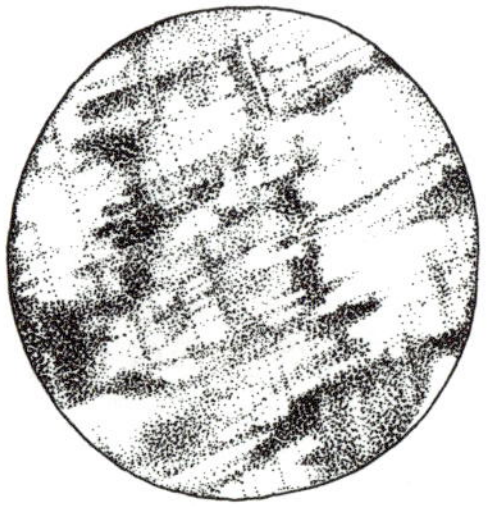

图 11.2 合成尖晶石中的异常双折射——看起来像是左右摇摆的交叉线

在区分钻石与具有无色品种且凭经验误认为是钻石的许多其他宝石方面，偏光镜是非常宝贵的仪器。这些其他宝石，包括无色刚玉（蓝宝石）、无色托帕石、无色绿柱石、无色水晶、无色锆石和新型的钻石仿制品——合成碳硅石。使用偏光镜，可以将这些都是双折射率的宝石与具有单折射率的钻石区分开来。偏光镜不能帮助你鉴别这些宝石品种，但可以确认它们是双折射宝石，进而确定它们都不是钻石，也不是其他单折射宝石。

使用偏光镜区分天然紫晶与合成紫晶

使用偏光镜区分天然紫晶与合成紫晶时，需要一种稍微不同的方法。

1. 找到紫晶的光轴方向。你必须首先找到待检测紫晶的光轴方向。

你不需要理解什么是光轴，但是你需要知道如何找到它。

在把宝石放在偏光镜的两块滤光片之间进行检测之前，再次旋转顶部的滤光片，直到你通过顶部的滤光片确认滤光器处于最黑暗的位置为止，此时停止旋转。

把一个小的浸液槽或烧杯放置在较低的滤光片上，然后倒进一些苯甲酸苄酯（只要能淹没待检测的紫晶就足够了）。苯甲酸苄酯是一种折射率液，可以从诸如美国宝石学院之类的宝石检测机构、许多珠宝首饰和化学制品销售网点购买到。折射率液可以让你正在寻找的东西更容易被看到。如果没有折射率液，也可以使用外用酒精替代。

把紫晶放入浸液中（你可能需要使用镊子或宝石夹夹持紫晶）。现在，通过顶部的滤光片观察，我们会发现紫晶的光轴方向。要做到这一点，需要把紫晶夹持或放置在一个位置上，例如，台面朝上放置紫晶（被浸液覆盖），然后横向旋转紫晶，并通过顶部的滤光片观察紫晶的变化。必须通过顶部的滤光片观察，但不要旋转它，仅旋转待检测宝石。

当你旋转宝石至 360 度时，如果它始终保持黑暗，那么你已经找到了光轴方向；如果它是明暗相间变化的，那么你不是通过光轴方向观察宝石的，这时你必须尝试从另一个不同的方向观察宝石。下一次你可以试着在末端夹持宝石进行观察。重复这个过程。不断改变你观察宝石的方向，直到你找到紫晶始终保持黑暗的位置为止。当紫晶处于全暗的状态时，你是通过紫晶的光轴方向观察它的。

2. 通过光轴方向观察紫晶。一旦你找到了紫晶的光轴方向，一定要保持紫晶处于这个位置，以便能从这个方向持续观察紫晶。

3. 转动顶部的滤光片。通过顶部的滤光片观察紫晶，保持紫晶静止不动，转动滤光片直到你找到紫晶变亮的位置。现在你所看到的将会告诉你待检测的紫晶是天然紫晶还是合成紫晶。

如果紫晶看起来很光滑，即使在这个明亮的位置看起来也很光滑，那么该紫晶是合成紫晶。如果你在紫晶上看到了不规则的线（由双晶导致，所有天然紫晶具有的特征），那么你检测的紫晶是天然紫晶。

然而，要提醒你的是，现在有一种新的合成紫晶，在偏光镜下也呈现了类似天然紫晶中双晶所导致的不规则线条。通常这种合成紫晶会出现比天然紫晶还多的不规则线条，但是只有那些鉴定紫晶非常有经验的宝石学家才有可能检测出它们的不同。因此，确定待检测紫晶是不是天然紫晶，仍然是一个值得探索的问题。如果紫晶在偏光镜下呈现出非常光滑、平坦的外表，你能够确定它是合成紫晶。但你不能确定它是紫晶，即使它显示了不规则线条——双晶——天然紫晶的特征。

使用偏光镜区分天然紫晶与合成紫晶时，大多数人容易犯的最大的错误是找不到紫晶的光轴方向。在这种情况下，人们不会看到天然紫晶中的不规则线条，从而将本来是天然紫晶的宝石，错误地检测为合成紫晶。

使用偏光镜将玉石和玉髓与玻璃区分开来

玉石是一种多晶物质。这意味着它是由众多交织在一起的小晶体组成的。玉髓是隐晶质（由大量亚微观的晶体组成）。在使用偏光镜检测时，所有多晶集合体和隐晶质物质都呈现“全亮”的状态（使用检测单折射宝石和双折射宝石时描述的程序检测它们时）。当旋转顶部滤光片360度时，这些宝石不会出现像双折射宝石中呈现的变暗—变亮/变暗—

变亮的变化。它们也不会出现像单折射宝石和玻璃中呈现的全暗状态。它们仍将保持全亮。

因此，偏光镜可以提供一种非常快速简单的检测，可以将红玛瑙或肉红玉髓与玻璃仿制品区分开来。如果待检测宝石在偏光镜下处于全暗的状态，那么它是玻璃或其他仿制品；如果它保持全亮，那么它是真正的天然红玛瑙或肉红玉髓。当你检测的可能是精雕细刻、诸多宝石拼嵌在一起的古董首饰时（例如一条罗马或希腊项链），偏光镜非常有用，因为你可以通过它，轻易找到哪个是玻璃的哪个是真正天然玉髓的。

偏光镜同样也适用于检测玉石。玉石在使用偏光镜检测时也始终保持全亮的状态。任何看起来像玉石但在偏光镜下变暗的宝石都可能不是玉。

第 12 章 SSEF 钻石类型测试仪和 SSEF 蓝色钻石测试仪——钻石购买者必备工具

今天，越来越多的无色钻石被合成出来（当术语“无色”在此使用时，指钻石的颜色类别是 D—Z[①]，而不是艳彩色）。正如你知道的，

图 12.1
图片来源：H. 汉尼教授拍摄，瑞士宝石学研究所

① 指成色等级从无色到浅黄或浅褐色，逐渐加深。

合成钻石具有与天然钻石基本相同的物理和光学性质，但它们是在工厂或实验室制造出来的，而不是地球深部天然形成的。现在，市场上可以买到的无色合成钻石有各种规格。生产无色合成钻石本身没有什么错误，而且它们在珠宝市场上也有自己的位置，但是，这些“新型”无色合成钻石却成了珠宝界的头条新闻，其原因是越来越多的无色合成钻石被作为“天然”钻石出售。从宝石学的角度来看，事情就变得更复杂了。许多天然形成的钻石也可以通过运用更加先进的高温高压法处理，将它们从有色或不受欢迎的颜色转变为更理想的颜色；高温高压法处理的钻石有无色钻石（目前为止，占钻石市场份额最大的优化处理钻石）和具有各种漂亮颜色的钻石。在这里，高温高压法处理的钻石本身没有什么错误，但从事处理的生产商不仅没有披露这种处理方法，反而把它们当作天然色钻石以更高的价格销售。因此，区分这种处理钻石是很重要的。

今天，我们也将高温高压法与其他处理技术（例如辐照）结合使用，将天然钻石处理改色成具有更广颜色范围的钻石，包括更高颜色级别的无色钻石，以及更多的艳彩色钻石（有些经处理的彩色钻石的颜色看起来比天然钻石的颜色更“天然”）。高温高压合成钻石以及高温高压法的发展，对今天的钻石市场造成了巨大的恐慌。因为一些合成钻石和高温高压处理钻石具有相同的识别特性，这使得鉴定区分它们更加困难。

高温高压法处理与高温高压合成钻石简史

多年前，被称为高温高压法的技术被引进，并被用于将一些颜色非常浅或颜色较差的钻石转变为无色或近无色钻石,甚至是彩色钻石。高温高压法处理也可以（虽然这是非常罕见的）将褐色钻石转变成极其罕见的蓝色钻石和粉色钻石，以及通过移除不利的褐色色调、加强颜色的浓度而改善天然形成的蓝色和艳粉色钻石的颜色。高温高压法处理引起了广泛的恐慌，因为确定任何一颗具有高品质颜色的钻石是否经过高温高压法处理的检测，都需要在主要的宝石鉴定实验室中进行复杂的测试分析。

同时，高温高压法处理对合成钻石的可行性具有重要影响。20世纪80年代，钻石市场上出现了不同深浅的“艳彩”黄色商用合成钻石。20世纪90年代，合成粉色和蓝色钻石开始进入钻石市场。就合成彩色钻石而言，大多数可以被标准的宝石学测试进行鉴定（荧光、包裹体、光谱检测等）。此外，对于具有最稀有颜色的钻石而言，即使粒径很小，宝石实验室通常也会出具相应的鉴定报告。因此，对彩色钻石而言，出具鉴定报告将减轻人们在贸易中的忧虑。

无色合成钻石给钻石检测带来更大的技术挑战。虽然单晶化学气相淀积（CVD）法生产的无色合成钻石在20世纪80年代末进入钻石市场，但是初始生产的合成钻石因受限于尺寸小（大部分在0.5克拉以下）、颜色浅（J~M）和售价高，而没有在钻石市场上大批量出现。最近的技术进步改变了这一状况。今天，我们在市场上可以找到具有更高颜色净度（E~F颜色级别，VS~SI净度级别）级别，与良好切割抛光的1克拉大小的合成钻石；实验室检测中也开始看到2克拉以上的切割和抛光无色合成钻石。

很容易理解，今天为什么人们买卖钻石时，总是担心合成钻石与高温高压处理钻石的鉴定问题，因为大多数宝石学家负担不起鉴定这些钻石所需的设备。因此，每个人都认为他们需要把所有的钻石送到主要宝石实验室进行检测。

但事实并非如此。就无色钻石(占所有钻石销售的大约80%)而言，所有的合成无色钻石与所有的高温高压处理无色钻石都属于一种非常罕见的、称为Ⅱ型的钻石类型。这种区别是至关重要的，因为这意味着借助一个筛选工具，就可以在大多数时候知道所检测的钻石不是合成无色或近无色钻石，或不是高温高压处理的无色或近无色钻石。这将极大降低对主要宝石检测实验室的依赖程度。

SSEF 钻石类型测试仪工具，使钻石筛查变得很容易

筛查无色钻石（和筛查粉色与蓝色钻石一样）以确定它们是否为Ⅰ型钻石或Ⅱ型钻石，对于当今的钻石检测来说是至关重要的。对无色钻石而言，如果筛查的钻石不是Ⅱ型钻石，那么它不可能是被高温高压处理改变的无色钻石，也不可能是无色合成钻石！

这是很重要的，因为专家估计，在所有钻石中仅有大约2%的钻石是Ⅱ型钻石。这意味着，当检测无色钻石的时候，一个简单筛查工具将使你准确地知道（98%的概率），待检测的无色钻石是否为合成钻石，或者是被高温高压处理改色的钻石类型（这个比例随着钻石粒径的增加而降低，但仍有80%~90%概率，即使对于大颗粒钻石而言也是如此）。在某些情况下，你需要把一粒无色钻石送到主要宝石检测实验室，确认它是天然钻石还是Ⅱ型处理钻石，或者是新的无色合成钻石。

因此，当你要买卖无色钻石的时候，借助钻石筛查来判定一粒

钻石是否为Ⅰ型钻石或Ⅱ型钻石，可以在很多时候使自己安心。这就是SSEF钻石类型测试仪工具给予的极大帮助，也降低了对宝石检测实验室的依赖。只有当筛查结果显示为Ⅱ型钻石的时候，才需要求助主要宝石检测实验室进行确认。

此外，对于那些寻求具有褐色调钻石的改色者来说——他们希望这些褐色调钻石可以被转变为更稀少、更漂亮的颜色——SSEF钻石类型测试仪也是非常宝贵的工具，因为它可以判断待改色的钻石是否可以被改色成功。

使用SSEF钻石类型测试仪工具，筛查合成无色钻石与高温高压处理无色钻石

瑞士宝石学研究所开发了一款区分Ⅰ型钻石与Ⅱ型钻石的简单工具。这款工具叫作SSEF钻石类型测试仪，它的使用可以大大减少钻石贸易中的焦虑和风险。我们在这里只讨论这款仪器，因为它是第一款区分钻石类型的仪器。今天来自比利时的比利时钻石高阶层议会也开发了一款类似的筛查仪器。

对无色钻石而言，SSEF钻石类型测试仪让任何人都可以简单快速地判定一粒钻石是否为一种罕见的钻石类型。这种罕见的钻石类型可能是合成无色钻石，也可能是高温高压处理无色钻石（今天所有无色合成钻石都是Ⅱ型钻石）。如果你使用SSEF钻石类型测试仪测试后发现，待检测钻石不是Ⅱ型钻石，那么你不必担心这粒钻石是合成钻石，也不必担心它是被高温高压处理改色的。然而，如果你发现待

检测钻石是Ⅱ型钻石，你必须把这粒钻石送至宝石检测实验室进行最终的确认。对于褐色调钻石来说，SSEF 钻石类型测试仪会告诉你，它的颜色是否可以被改善，也就是说，如果它是Ⅱ型钻石，那么它的颜色可以通过高温高压法进行改善。对于彩色钻石来说，SSEF 钻石类型测试仪则有更多使用限制，因此我们建议，所有彩色钻石都应当送至宝石检测实验室获取当前的颜色成因鉴定报告。但 SSEF 钻石类型测试仪对彩色钻石的筛查仍然是一种非常有用的检测工具，尤其对蓝色钻石来说更是如此。

区分Ⅰ型钻石与Ⅱ型钻石

由于钻石的需求如此之高，而且在所有在售珠宝中占有重要比例，今天越来越多的人关注那些已经销售，但没有准确鉴定或没有披露的“无色”钻石（也就是说，那些颜色级别在 D—Z 之间的无色或近无色钻石，而不是“彩色”钻石）。值得关注的是，如何识别天然无色钻石，如何将天然钻石与无色合成钻石，以及那些被高温高压处理的改色钻石区分开来。幸运的是，就无色合成钻石与那些经高温高压改色的无色钻石而言，合成或处理的对象都是一个罕见的钻石类型——Ⅱa 型钻石（见本章钻石类型）。Ⅱa 型钻石也可以出现在天然形成的无色和近无色级别的钻石中，但大多数无色钻石都是 Ⅰa 型钻石。正如前面提到的那样，钻石生产商估计， 仅有不到 2% 的Ⅱa 型钻石是被开采出来的。

具有高净度的钻石颗粒越大（3 克拉以上），Ⅱa 型钻石所占的比例越高，而且在具有 VS 级或更高净度的 10 克拉以上的钻石中，Ⅱ型钻石所占的比例可能高达 20%。

正如前面提到的那样，区分天然与合成无色钻石，以及鉴别经高温高压法去除杂色后得到无色或近无色钻石的鉴定工作，只能在主要宝石检测实验室运用复杂的测试手段来完成。然而，从实用的角度来看，在做出购买决定之前，并不总是会将每一粒钻石送至实验室鉴定，而且谁也承担不起将每粒钻石送去鉴定的费用。就无色和近无色钻石而言，也没有必要将每一粒钻石都送至宝石实验室鉴定，因为 SSEF 钻石类型测试仪使你能够知道待测钻石是否为Ⅱa 型钻石。如果不是Ⅱa 型钻石，就不需要将其送至宝石实验室进行鉴定！

如果 SSEF 钻石类型测试仪向你展示，一粒有问题无色钻石的类型不是Ⅱa 型——很多时候都是这样——那么你知道这粒钻石不是合成无色钻石，而且它也不可能是经高温高压处理的无色钻石，因此不需要将它送到宝石实验室进行检测。这样你就可以放心，这粒无色钻石是天然形成的无色钻石，而不是经高温高压处理改善的无色钻石。相反，如果 SSEF 钻石类型测试仪测试显示它是Ⅱa 钻石，那么你就必须将这粒钻石送至宝石检测实验室进一步确认，确定它是天然的无色Ⅱa 型钻石，还是合成无色钻石，或者经高温高压法处理改善的无色钻石。

对于那些带有2000年之前出具分级证书的钻石来说，我们建议将它再次送至宝石检测实验室确认。因为在2000年之前，各个宝石检测实验室都还没有足够的技术知道如何区分高温高压处理无色、近无色钻石与天然形成的无色钻石。

高温高压处理“彩色”钻石

除了无色钻石外，高温高压处理还可以用来将钻石不受欢迎的颜色转换成更令人满意的艳彩色。目前经高温高压处理产生的艳彩色包括了一些比较常见的颜色，例如黄色、黄绿色，还包括一些自然界罕见、昂贵的钻石颜色——粉红色和蓝色。当谈及罕见的艳蓝色和艳粉红色钻石检测的时候，出现的风险最大。虽然天然形成的和经高温高压处理改色的粉红色与蓝色钻石，极为罕见且价格昂贵，但是经高温高压处理改色钻石的售价应该远低于天然色钻石的售价。对所有粉红色钻石和大多数蓝色钻石而言，有必要获得现在的宝石检测实验室的认可，我们建议将所有昂贵的艳彩色钻石都送至宝石检测实验室进行鉴定。

对蓝色钻石而言，SSEF钻石类型测试仪可以立即让你知道一粒钻石是否经高温高压处理改色过。蓝色钻石有两种类型：含硼的类型（Ⅱb型钻石）与含氢的钻石类型（就像一些在澳大利亚开采的蓝色钻石那样）。含氢的蓝色钻石类型是非常罕见的，而且都是典型的灰蓝色或紫蓝色，所以它们通常不会与那些Ⅱb型的蓝色钻石相混淆。使用SSEF钻石类型测试仪可以很容易将它们区分开。在使用SSEF钻石类型测试仪测试时，含硼的蓝色钻石类型会显示与Ⅱa型钻石相同的反应；含氢的蓝色钻石类型则会呈现与Ⅰa型钻石相同的反应。所以，如果你正使用SSEF钻石类型测试仪就像上文介绍一样检测一粒蓝色钻石，但没有得到表明为Ⅱb型的结果，那么这粒钻石的蓝色中一定含有灰色调或紫色调,然后你将会知道这粒钻石可能是天然形成的、含氢蓝色钻石。但是，当谈及彩色钻石的时候，这是依靠SSEF钻石类型测试仪得出测试结果的唯一情况。同时，不要忘记，钻石可以被辐照技术改变颜色，因为蓝色是最受欢迎辐照颜色中的一种。然而，含氢类型的蓝色钻石是不能被辐照产生的。Ⅱb型钻石也是导电的，但辐照产生的蓝色钻石是不导电的。因此，如果你有SSEF蓝色钻石测试仪，或者一个电导率仪，即使没有SSEF钻石类型测试仪，你也能够识别Ⅱb型蓝色钻石。

对于黄色和黄绿色钻石而言，SSEF钻石类型测试仪则不适用。所以，所有具有这些色调的钻石都必须送到宝石实验室进行检测。如果使用SSEF钻石类型测试仪测试一粒褐色或褐色调钻石，那么它会告诉你该钻石是否为Ⅱ型钻石。Ⅱ型褐色钻石可以被高温高压法处理改色。SSEF蓝色钻石测试仪或其他电导率仪会告诉你，如果这粒钻石是稀有的Ⅱb型钻石，那么它可以被高温高压法处理改色成蓝色。我们建议任何人购买任何彩色钻石或镶有彩色钻石首饰的时候，都要将这粒彩色钻石送至主要的宝石鉴定实验室进行检测，确认它们是天然钻石而不是合成钻石，以及确认该钻石的颜色是不是天然形成的。

使用SSEF钻石类型测试仪

接下来我们详细讲述SSEF钻石类型测试仪，以及解释高温高压法如何处理粉红色钻石和蓝色钻石，也就是说，高温高压法如何提高天然粉红色和蓝色钻石中的颜色纯度。所有粉红色钻石和大多数蓝色钻石，无论颜色是天然形成还是经高温高压技术处理而成，在使用SSEF钻石类型测试仪检测时，都会得出相同的反应，因此，必须送到宝石检测实验室进行检测确认。

什么是SSEF钻石类型测试仪

SSEF钻石类型测试仪是一个圆柱形的便携式仪器，与短波紫外灯配合使用。在SSEF钻石类型测试仪的顶部，有一个被橡皮泥（弹性橡皮泥）围绕一圈的开口， 在它前面也有一个开口。在检测仪前面开口的底部，你会发现一面白色的涂层。这种特殊的涂层在短波紫外线照射下会发出绿色荧光。当你使用SSEF钻石类型测试仪检测无色、粉色或蓝色钻石的时候，如果白色的涂层发出荧光，就会知道你检测的钻石可能是合成的，也可能是经过高温高压法处理得到的。当你开始使用SSEF钻石类型测试仪测试钻石的时候，你很快就会看到，在大多数情况下，你所检测的钻石不是那种会显示“合成钻石”或“经高温高压处理”类型的钻石，那么无须担心或没必要为实验室检测承担费用。而在检测仪显示Ⅱ型钻石的情况下，不管待检测的钻石是这两种钻石中的哪一种，你都必须把这粒钻石送到主要宝石检测实验室进一步确认。但由于SSEF钻石类型测试仪通常会显示待检测钻石并不是一种可能为合成钻石，或经高温高压处理改善钻石的稀有类型，因此，这个简单的筛选测试将为你节省大量的时间、金钱，减少不必要的担忧。

SSEF 钻石类型测试仪实际上能测试什么

当使用 SSEF 钻石类型测试仪测试一粒钻石的时候，你实际上测试的是钻石的短波透明度，也就是说，钻石是否可以被短波辐射穿透。在钻石的四种基本类型中，有些类型的钻石可以被短波穿透，有些则不能被短波穿透。那些经高温高压处理而转变成无色、近无色和蓝色的稀有类型钻石能被短波穿透，其他类型钻石则不能被短波穿透。

钻石类型*——经高温高压法处理后的反应

Ⅰ型钻石

ⅠaA 型和ⅠaA/B 型钻石 不能被短波紫外线穿透(它们吸收紫外线)。大多数钻石都属于这种类型（开普系列钻石）。非常罕见的灰蓝色－紫蓝色钻石也是ⅠaA 型钻石。ⅠaA/B 型钻石可以被高温高压处理改善，但处理后的颜色不是无色、近无色、粉红色或蓝色。

Ⅰb 型钻石 不能让短波紫外线穿透（这些钻石属于“淡黄色”系列钻石）。

ⅠaB 型钻石 可以被短波紫外线穿透。这种类型的钻石是最稀有的钻石。据报道，这类钻石可以被高温高压处理，但处理后的颜色不会是无色或近无色。

---

* 大写字母表示Ⅰa 型钻石的聚合形态［A 聚合态和（或）B 聚合态］，小写字母表示Ⅰ型和Ⅱ型钻石类型的细分（Ⅰa 型、Ⅰb 型、Ⅱa 型、Ⅱb 型）。

Ⅱ型钻石

Ⅱa 型和Ⅱb 型钻石 可以被短波紫外线穿透，即不能吸收紫外线。Ⅱa 型和Ⅱb 型钻石可以被高温高压法改善，因此可能是合成钻石：

· 天然形成的Ⅱa 型钻石可以是无色、近无色、褐色和粉红色调的。此外，合成无色和近无色钻石总是Ⅱ型钻石。这种类型褐色调钻石也可以被高温高压法处理转变为无色、近无色和艳粉色钻石。高温高压法可以去除Ⅱa 型钻石中的褐色调。因此，带有褐色调的Ⅱa 型钻石，即使钻石的褐色调非常浓，也可以被高温高压法处理转换为无色和近无色。此外，一些褐色钻石具有粉红色调，但是它们由于被褐色调掩盖而不易观察到。这种钻石的粉色经高温高压法去除褐色调后可见，进而可以将这种钻石转变成粉红色钻石。同样的，天然形成的带有褐色调的粉红色钻石也可以被转化为更纯、更艳的粉红色钻石。

高温高压法不能增加任何粉色，只是简单地通过消除掩盖钻石固有粉色的褐色调而使粉色变得更明显。

· Ⅱb 型钻石含有微量元素硼，天然形成的Ⅱb 型钻石的颜色可为褐色或蓝色。合成蓝色钻石也是Ⅱb 型钻石。在一些极为少见的天然形成的Ⅱb 型钻石中，当硼的含量极低时，它们甚至可能呈现无色或近无色。除了Ⅱb 型钻石自身呈现的天然颜色外，它们的颜色也可以被高温高压法增强改善。呈现浅褐色的Ⅱb 型钻石（或带有少许褐色调的近无色钻石）可以被高温高压法转变成蓝色钻石。含有不受欢迎的褐色调的天然蓝色Ⅱb 型钻石，可以通过高温高压法消除褐色调，而使蓝色变得更纯、更艳。

天然形成的Ⅱb型钻石的颜色是蓝色与褐色的混合，漂亮的蓝色被褐色调掩盖而显得不漂亮，通过采用高温高压法消除令人不喜欢的褐色调后，Ⅱb型钻石原来的蓝色变得更漂亮了。由于高温高压法消除了带有褐色调蓝色Ⅱb型钻石中的褐色调，进而使得钻石的蓝色变得更纯、更漂亮。就像上面描述的粉红色Ⅱa型钻石那样，高温高压法没有增加任何蓝颜色，只是简单地通过消除掩盖钻石固有蓝色的褐色调而使蓝色变得更明显。

通过采用高温高压法产生蓝色钻石是极其罕见的。

SSEF钻石类型测试仪可以告诉我们什么

SSEF钻石类型测试仪可以告诉你待检测的钻石可否被短波紫外线穿透，因此，根据这个检测结果，可以将所有待检测钻石分为两大类：可以被短波紫外线穿透的钻石和不可以被短波紫外线穿透的钻石。正如在前面看到的那样，大部分钻石都属于不能被短波紫外线穿透的钻石类型。无色、蓝色合成钻石，以及那些被高温高压法转变成的无色、近无色、粉色和蓝色钻石属于可以被短波紫外线穿透的钻石类型。因此，通过使用这种简单的工具，你可以判定待检测的钻石是否可以被短波紫外线穿透，然后决定是否需要将钻石送至主要宝石检测实验室进行鉴定确认。此外，如果待检测的钻石是褐色钻石，而且SSEF钻石类型测试仪测试结果显示该钻石为Ⅱ型钻石，那么你知道这粒钻石的褐色调可能被改善；然后，当你再采用 SSEF 蓝色钻石测试仪（或电导率仪）检测这粒钻石的时候，如果结果显示该钻石具有导电性，那么你将知道这粒钻石属于Ⅱb 型钻石，进而知道它可以通过高温高压处理消除褐色调而产生罕见的蓝色（尽管很难找到带有褐色调的Ⅱb 型钻石，一旦你找到了它，它将可以被转变为一粒蓝色钻石）！

所有粉红色钻石，无论是天然形成的还是合成的，或者是经高温高压处理的，在使用 SSEF 钻石类型测试仪测试时，都将出现绿色反应。如果你检测到一粒“粉红色”钻石，但是 SSEF 钻石类型测试仪却没有给出绿色反应的结果，那么你就知道这粒钻石肯定经过了处理，但不是经过高温高压处理的，而是经过另一种不同方法（如表面镀膜）处理而成的。

就无色、近无色和蓝色钻石而言，如果钻石没有被短波紫外线穿透，那么你不必担心或者不必将其送到宝石检测实验室鉴定；如果这粒钻石可被短波紫外线穿透，那么你马上就知道这粒钻石可能是合成钻石，或是经高温高压处理的，因而你必须将它送到宝石检测实验室检测进行确认。

不使用这种便利的 SSEF 钻石类型测试仪，而且又没有宝石学专业知识的钻石相关人员需要将每粒钻石送至宝石检测实验室进行鉴定。但因为将每粒钻石送至宝石检测实验室进行鉴定是不切实际的，所以这种简单的工具可以给你提供很大的帮助，让你知道什么时候需要将钻石送至宝石检测实验室检测确认，什么时候不需要。对宝石学家来说，这种仪器也可以节省宝贵的时间，因为待检测钻石可以借助这种工具而不是显微镜更快进行类型区分。

不管 IaAB 型钻石是否经过了高温高压处理，SSEF 钻石类型测试仪对其检测时都没有反应。但是，经高温高压处理的 IaAB 型钻石的颜色也不会是无色、近无色、粉红色或蓝色。

如何使用 SSEF 钻石类型测试仪

确保你有短波紫外线灯可与 SSEF 钻石类型测试仪结合使用。短波可以从标准紫外线灯（确保它可以提供长波和短波）输出，便携式紫外灯也可用。大多数情况下我们都使用便携式紫外灯，因为它可以更容易地控制短波的输出方向，并且可以在检测那些镶嵌在首饰中的大颗粒钻石时使用。然而，对于那些经常使用 SSEF 钻石类型测试仪检测裸钻的人来说，我们建议使用 SSEF 短波照明灯，因为对于宝石学检测来说，这种照明灯是最强功率的短波紫外光源，但是，使用时要防止不被短波射线危害。使用短波紫外线时要谨慎小心，避免眼睛和皮肤暴露在短波紫外线下，而且绝不观察紫外灯。确保紫外线远离眼睛或皮肤！使用便携式紫外灯时，确保 SSEF 钻石类型测试仪放置在一个黑暗的、没有反射面的表面上，以防止短波辐射从表面反射进入使用者的眼睛中。为了更好地保护眼睛，我们可以使用紫外防护眼镜和护目镜。当使用短波紫外线工作的时候，我们建议佩戴眼睛保护用具。

一定要在黑暗的环境中使用 SSEF 钻石类型测试仪（关掉灯或使用一个紫外线观察箱）。

不要触摸SSEF钻石类型测试仪顶部开口下面的白色小屏幕。这个屏幕被涂上了一种粉状物质。触摸它，或者无意中用镊子划伤它，都会造成破坏，进而致使检测仪不能工作。

使用SSEF钻石类型测试仪时，你只需简单地把钻石放在顶部的开口处（见下文“如何正确使用SSEF钻石类型测试仪”），紧接着把检测仪插进短波照明器中，然后当打开短波灯，观察白色涂层区域，看它是否发荧光。如果用一个手持式短波紫外灯，则先要把紫外灯放在钻石上，然后打开紫外灯，观察镀层是否发荧光。

当使用手持式紫外线灯时，一定要将SSEF钻石类型测试仪放在黑色的表面上，目的是防止短波紫外线从浅色的表面反射进入使用者的眼睛。

如何正确使用SSEF钻石类型测试仪：

1. 通过轻轻地旋转并提拉检测仪的盖子而把它移除。在测试一粒钻石之前，先打开紫外灯，观察检测仪在没有钻石的时候会出现什么情况。注意：在顶部的打开处，有一圈蓝色黏性物质（塑像用黏土，也称为弹性橡皮泥）环绕着这个圆形开口；在检测仪顶部开口的正下方，你会看到一个白色的屏幕。这个在开口正下方的白色屏幕被涂有一层特殊的物质，当这种物质暴露在短波紫外线下时，会发出绿色荧光。在你测试第一粒钻石之前，先把短波紫外灯放在顶部圆形开口上面，打开紫外灯后，会发现这个“白色”表面会发绿色荧光。短波紫外线经过开口的空心，到达白色的背景上时，会使这个背景引发绿色荧光反应（如果使用SSEF照明器，只需将检测仪颠倒，插入照明器顶部的开口，按下短波照明器的照明按钮，看看检测仪的这个特殊涂层，现在它会发绿色荧光）。

2. 把钻石放在检测仪的开口处，并摆正位置。理想情况下，钻石应该横放在开口处，以便短波紫外线可以从钻石的腰部穿过钻石（钻石的腰部垂直放在仪器的开口处）。如果钻石不能横放在开口处，应将钻石的台面朝下亭部朝上垂直放在仪器的开口处。确保你没有将钻石放斜而使钻石的亭部指向开口处。

3. 用模具把蓝色橡皮泥小心地粘在钻石周围，使其形成一个严密的缝口。这是非常重要的，以避免紫外线通过钻石旁边的任何开口或缝隙而渗漏。渗漏会产生一个虚假的绿色反应，这个虚假的绿色反应是由紫外光通过钻石的周围引起的，而不是穿透钻石产生的。当钻石周围密封严实的时候，打开紫外线灯，检查开口下放上钻石的白色涂层颜色。如果用一个手持式短波紫外灯，则要确保紫外灯远离检测仪的前边缘，目的是防止照射到检测仪前面白色涂层上的紫外线出现渗漏情况。但是如果离得太远，也可能会产生一个虚假的反应，仅仅是因为紫外灯与检测仪开口处的距离太远。

4. 观察白色屏幕的反应。它仍然是白色，还是现在已经变为绿色了呢？如果白色屏幕仍然是白色，则表明你检测的钻石不能被紫外光穿透，这样你也无须担心这粒钻石的颜色是不是天然形成的。如果屏幕的颜色变为绿色了，则表明你需要将它送至宝石检测实验室，进行进一步的测试确认。这粒钻石可能是天然钻石，但是它的颜色却经过了高温高压处理。

所有无色和近无色高温高压法处理钻石都属于可以被短波紫外

线穿透的钻石类型。绝大多数这种类型的钻石在检测证书上都显示为Ⅱa 型钻石。在所有钻石中，Ⅱa 型钻石的比例不到 2%。但是要记住，Ⅱa 型钻石在大颗粒钻石中的比例非常高，这种大颗粒钻石是指 3 克拉以上具有高净度级别的钻石。这意味着高温高压处理钻石在大颗粒高净度级别钻石中的百分比率可能要远高于 2%。同时，也要记住所有天然色粉色钻石（Ⅱa 型）和大多数天然色蓝色钻石（Ⅱb 型）是非常稀少昂贵的，而且这两种钻石，不论它们的颜色是天然形成的还是经高温高压处理而成的，都可以被短波紫外线穿过。因此，当遇到任何粉红色钻石和大多数蓝色钻石的时候，有必要将其送至宝石检测实验室进行检测确认，判断它们的颜色是否为天然形成的。

SSEF 蓝色钻石测试仪

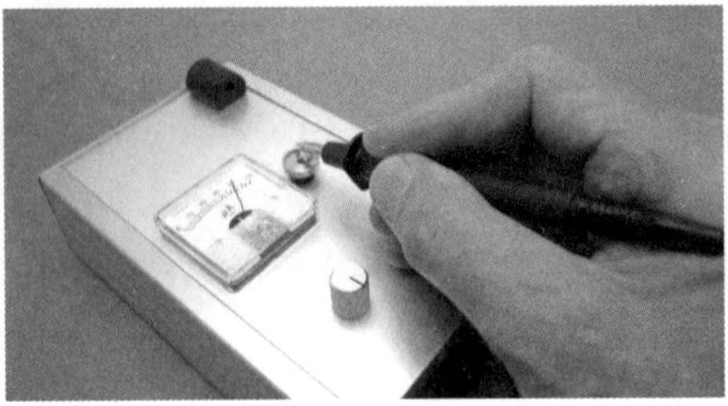

图 12.2

当你检测那些“蓝色”钻石与褐色或褐色调钻石的时候，SSEF 蓝色钻石测试仪是一种非常宝贵的测试仪器。SSEF 蓝色钻石测试仪可以很快地将经辐照技术改色或经表面镀膜的天然钻石与这些天然色的钻石区分开来。天然形成的蓝色钻石（非常稀少的澳大利亚产的蓝灰色或紫蓝色钻石除外，这些钻石我们已经在前面讨论过了），其颜色是由微量元素硼产生的，并且所有含硼的钻石都是导电的（当使用电压测试这种钻石时，它是可以传送电流的）。这种情况在那些经辐照或镀膜金属改色而成的蓝色钻石中是不会出现的。**因此，通过使用 SSEF 蓝色钻石测试仪——可以表明待测钻石是否导电——人们可以简单快速地将天然形成的蓝色钻石，与辐照处理或表面镀膜而形成的蓝色钻石区分开来。**

SSEF 蓝色钻石测试仪无法区分天然形成的蓝色钻石与合成蓝色钻石，合成蓝色钻石也含有硼，但是其他测试（如荧光和磷光）可以将它们区分开。

在测试蓝色钻石时，如果 SSEF 蓝色钻石测试仪的探针没有移动，则表明该钻石的蓝色是经人工处理的。如果探针移动了，那么你知道这粒钻石是导电的，而且含有硼元素，进而你知道这粒钻石可能是天然形成的蓝色，也可能是合成蓝色钻石，或者是经高温高压处理的蓝色钻石。荧光测试可将天然蓝色钻石与合成蓝色钻石区分开来，但如果测试结果显示这粒钻石是天然钻石，那么你需要将它送到宝石检测实验室进行检测确认，判断这粒蓝色钻石是否经过了高温高压处理。

SSEF 蓝色钻石测试仪在判断一粒褐色钻石是否被高温高压处理转变成蓝色钻石的时候，也可以提供非常有用的帮助。高温高压法可以不同程度地去除Ⅱ型钻石中的褐色调。钻石中的褐色被去除后，

Ⅱa 型钻石可以转变成无色，在少数情况下还可以转变为粉红色。不幸的是，在高温高压法对Ⅱa 型钻石进行处理之前，你没办法知道处理后的颜色会是什么，直到处理后才知道。但是对Ⅱb 型钻石处理恰恰相反，在处理前你就知道处理后它会变成什么颜色。所有Ⅱb 型钻石都含有硼元素，因此，如果事先知道这粒钻石是Ⅱb 型钻石，那么即使在经高温高压处理之前，你也可以知道处理后的颜色肯定是蓝色的！

由于Ⅱ型钻石（Ⅱa 型和Ⅱb 型）都可以被短波紫外线穿透，因而可以很容易被 SSEF 钻石类型测试仪按照上面描述的方法识别出来。但是当检测一粒褐色钻石的时候，SSEF 钻石类型测试仪却无法判定它是Ⅱa 型钻石还是Ⅱb 型钻石。在这种情况下，你必须使用 SSEF 蓝色钻石测试仪进行检测。我们知道所有的Ⅱb 型钻石都含有硼，然而，更重要的是，就像上面所提到的那样，它们也都是导电的。因此，借助 SSEF 蓝色钻石测试仪，如果我们能够判定有疑问的Ⅱ型钻石是否导电，那么我们将知道它是Ⅱa 型钻石还是Ⅱb 型钻石。如果测试钻石是导电的，那么你将知道你测试的钻石是罕见的Ⅱb 型钻石，进而你可以知道，当它的褐色颜色被去除后，钻石的颜色将变成蓝色。

因此，在测试褐色钻石和蓝色钻石的时候，SSEF 蓝色钻石测试仪与 SSEF 钻石类型测试仪结合使用是非常有用的。SSEF 钻石类型测试仪可以告诉你检测的钻石是不是Ⅱ型钻，如果是，SSEF 蓝色钻石测试仪可以进一步判断这颗钻石是Ⅱa 型钻石还是Ⅱb 型钻石！

SSEF 蓝色钻石测试仪很容易使用。它是一种由电池供电的简单便携的电导率仪。当你看到 SSEF 蓝色钻石测试仪的时候，你会注意到在它的右端安装有一个像钢笔一样的探针。测试仪上有一个带指针的仪表，指针的转动可以显示不同的导电性。在仪表下是一个可以顺时针转动也可以逆时针转动的刻度盘（这可以提供待测钻石导电性的强度，导电性强度能够指示这粒褐色钻石如何变为蓝色钻石）。测试仪还配有一个用来夹持未镶嵌钻石的金属宝石夹（被测钻石必须与金属相连）。探针的顶部被小心插在一个保护套中，去除保护套后，轻轻地把探针指向测试仪的低端（当你用它测试完钻石后，确保探针重新插在保护套中进行保护）。沿顺时针方向转动仪表下的刻度盘，直到不能转动为止。现在，把有疑问的钻石台面朝上放好，把探针的尖点抵在钻石的台面上（如果是未镶嵌钻石，一定要用金属宝石夹夹持钻石，以便建立一个导电的电路）。然后注意指针是否发生了转动。如果指针发生了转动，那么该钻石是导电的；如果指针没有移动，则表明它是不导电的。如果 SSEF 蓝色钻石测试仪显示被测钻石是导电的，那么你知道这粒钻石是Ⅱb 型钻石，还可以知道这粒钻石的颜色，可以被高温高压处理转变为蓝色调。为了确定这粒钻石是如何导电的，以及这粒钻石可能变成怎样的“蓝色”，先要沿顺时针方向慢慢转动仪表下的刻度盘，再次测试这粒钻石，并重复这个过程直到指针停止移动为止。当刻度盘被反方向转动的时候，如果指针仍在转动，表明这粒钻石的导电性很强，高温高压处理后应该可以产生一个更浓艳的蓝色。

总结

总之，当使用 SSEF 钻石类型测试仪测试无色和近无色钻石的时候，检测仪没有绿色反应，则意味着它不是合成钻石，也不是经高温高压处理的。如果检测仪显示绿色反应，则表明这粒钻石可能是合成钻石，或是经高温高压处理的，这样就需要送至宝石检测实验室进行检测并出具鉴定证书。

所有粉色钻石，无论是天然形成的还是合成的，或是经高温高压处理的，在使用SSEF钻石类型测试仪测试时都将显示绿色反应。如果检测仪检测一粒“粉红色”钻石，却没有出现绿色反应，则表明这粒钻石肯定是经过了处理，但是是不同于高温高压法的其他处理（例如表面镀膜）。SSEF钻石类型测试仪不适用于彩黄色钻石或绿黄色钻石的检测，所有这些颜色的钻石必须送到宝石实验室进行检测确认，或要求附带当前宝石检测实验室出具的鉴定报告。考虑到所有合成无色钻石和那些可以转变成无色－近无色钻石的是Ⅱ型钻石，同时考虑到Ⅱ型钻石非常稀少的事实，SSEF钻石类型测试仪通常会提供被测钻石是天然钻石的证明，因此也会缓解你的焦虑，并减少对宝石检测的依赖程度。需要注意的是，在使用SSEF钻石类型测试仪测试时，要确保被测试的宝石必须是钻石。天然无色刚玉（蓝宝石）不会被短波紫外线穿透（检测仪的这种反应与测试ⅠaA型、ⅠaA/B型和Ⅰb型的反应相同），但是维尔纳叶法合成蓝宝石可以被短波紫外线穿过（检测仪的这种反应与测试Ⅱa型、Ⅱb型和ⅠaB型的反应相同）。

如果你知道一颗宝石是蓝宝石，但不确定是天然蓝宝石还是合成蓝宝石，那么SSEF钻石类型测试仪可以帮助你进行确定！

表 12.1 钻石对 SSEF 钻石类型测试仪的反应

	天然色钻石		高温高压法处理钻石	
钻石的颜色	钻石类型	检测仪反应	钻石类型	检测仪反应
无色*（颜色级别为 D—Z 色级，非彩色）	大多数是Ⅰa 型钻石	没有绿色反应	Ⅰa 型钻石——有色钻石可以转变成各种不同颜色的钻石	没有绿色反应
	Ⅱa 型钻石（非常稀少）	绿色反应**	Ⅱa 型钻石——有色钻石可以转变成无色钻石	绿色反应**
粉红色	Ⅱa 型钻石	绿色反应**	Ⅱa 型钻石——有色钻石可以转变成粉色或更纯更艳的粉色钻石	绿色反应**
蓝色	大多数是Ⅱb 型钻石	绿色反应**	Ⅱb 型钻石——有色钻石可以转变成蓝色或更纯更艳的蓝色钻石	绿色反应**
	Ⅰa 型钻石（含氢——非常稀少）	没有绿色反应		

* 市场上出现的所有无色合成钻石都是Ⅱa 型钻石，且在 SSEF 钻石类型测试仪测试下都有绿色反应。

** 需要在主要宝石检测实验室中进行鉴定。

第 13 章　浸液槽

浸没在液体中检测宝石对宝石学家来说是非常重要的测试手段。这种方法可以使你更容易看到宝石的某些特征和包裹体，这些特征或包裹体如果不使用浸液法检测就很难被看到。浸液法可以使你快速识别二层石，可以使你看到焰熔法合成红宝石或蓝宝石的指示性内部包体（例如弧形生长纹），也可以使你更清楚准确地看到宝石的颜色。

今天，对于任何购买红宝石和蓝宝石的人来说，使用浸液法检测宝石变得尤其重要，因为浸液法可以帮助判断蓝宝石或红宝石的颜色是否经过扩散方法处理。扩散是一种把非常浅或近无色的刚玉改变或改善成较深颜色的一种技术。早期的扩散技术仅仅是在宝石表面渗透一层颜色。但是，更新的扩散处理方法——各种化学添加剂与加热一起使用时被称为体扩散——可以在宝石表面和内部产生“颜色中心”。浸没在液体中观察红宝石或蓝宝石，可以发现该宝石的颜色是否出现在表层，也可以揭示经热处理与化学添加剂共同改善而成的指示性异常颜色中心。对红宝石的买家来说，采用浸液法检测红宝石的时候，还可以发现被充填裂隙的位置，尤其是可以发现红色充填物的位置。

如果你理解包裹体或其他内部生长特征通常不容易看到，那么就很容易理解为什么浸液法会使这些特征更容易观察到。包裹体和其他重要特征——特别是切割抛光的宝石——难以看到的主要原因是，光线很难照射进宝石内部。这是因为很多照射宝石的光线被宝石的表面反射回去了。然而，根据被测宝石的折射率，使用相应折射率的浸液后，宝石表面的反射将被大幅度减少，进而透射光能够代替反射光进入宝石内部，照射到那些不使用浸液法无法照射的内部。液体的折射率越接近被测宝石的折射率，被减少的反射率越大；如果二者相同，或非常接近，那么宝石浸没在液体中看上去会“消失”。但是包裹体不会“消失”！许多包裹体的折射率都与主晶的不同，当主晶消失的时候，内部包裹体就是唯一可见的物体了，看上去更明显。

今天，卧式浸没显微镜日益普及，因为它可以增加浸没的可见性。浸液法，加上显微镜提供的放大倍数，对一位严谨的宝石学家来说，是非常宝贵的。但宝石学家不需要浸没显微镜，仅使用浸液法也可观察宝石（当你获得更大的信心并精通基本的宝石学技能的时候，我们鼓励你使用浸没显微镜）。

不需要使用任何精密或昂贵的仪器，采用浸液法进行基本的宝石测试也很容易完成。很简单，你需要的是一个可以容纳待测宝石或首饰并且液体可以倒进去的大容器。它几乎可以是任何一件东西——

水杯、烟灰缸或玻璃烧杯——只要它足够深，当宝石或首饰放进时液体不溢出，足够大到完全浸没容纳宝石就可以，你要确保被测宝石可以完全被液体浸没。我们建议当采用浸液法检测宝石的时候，使用那些从几个不同的方向观察都可以清晰地看到浸没宝石的器皿。此外，容器的底部应该是透明的，这样可以在必要的时候使用灯光照明，从宝石底部照射的散射光通常有利于宝石检测。

我们推荐使用无色透明的玻璃器皿，或是金属玻璃组合器皿，因为这样你可以使用几种不同液体中的任何一种浸没宝石，这些液体包括水、酒精、丙三醇或二碘甲烷，这些液体不和上述器皿发生化学反应。例如，如果你使用塑料杯盛放二碘甲烷，那么二碘甲烷将会很快溶化塑料杯，这样你得清理这些有害的物质！

什么是浸液槽

我们想讨论的“浸液槽”不是大多数实验室里或浸没显微镜上使用的透明玻璃“烧杯”品种，而是一种新型便携式紧凑设备。它可以使你需要进行的每件事变得更方便、更有效——恰当的容器，适用于散射照明，可以盛放各种浸液。无论何时何地，浸液设备都应满足这些条件。浸液槽是一种专门为更容易浸没检测宝石而设计的特殊构造容器。有些浸液槽可以通过盖子观察浸液中的宝石，目的是使你避免暴露在使用的一些浸液产生的有害气味中；有些浸液槽可以旋转打开和关闭，这样你就能够将浸液密封储存，即使它被从一个地方运输到另一个地方的时候也不会泄漏。一些浸液槽还配有一个放大装置，以便可以在放大的情况下更容易看到待测宝石的诊断性特征。

GIA 浸液槽（售价 45 美元）能够用在偏光镜和显微镜上，在任何地方使用都非常方便。RosGem 宝石分析仪中提供的浸液槽，是一个包括暗视场放大镜、偏光镜和浸液槽的组合体（售价 285 美元），可以提供从底部照射的散射光，还提供了一个独特的 10 倍放大聚焦的设备。这个额外的放大设备在便携式浸没检测宝石设备中非常宝贵。它还提供了偏光镜在浸没宝石的情况下检测宝石的功能，这是它的另一个宝贵之处。然而，较小尺寸的浸液槽难以用于大件首饰的检测。哈内曼也提供了一种浸液槽，但是如果待测宝石是镶嵌宝石，则很难用它检测。然而，如果你发现自己没有浸液槽，却需要在浸液设备中检测一颗宝石，只要按照我们所说的那样做就很容易实现：你所需要的只是一只玻璃杯，一个手电筒和一件某种类型的白色覆盖物（例如手帕、纸巾、餐巾纸等）。把这件白色覆盖物盖在照明光源上（现在你就有了散射光），然后把玻璃杯放在最上面，现在你就有了一个“浸液槽”。这时你只需要向玻璃杯中倒入浸液，浸没宝石并观察检测它就可以了！

如何使用浸液槽

浸液槽使用方法简单：

1. 往浸液槽中倒入足够的浸液，使它可以完全淹没所检测的宝石。我们通常使用二碘甲烷浸液，因为它的折射率可以满足我们使用浸液检测宝石的各种实际环境。然而，在大多数情况下，你仅仅需要水、甘油（婴儿油）和外用酒精就可以进行浸液检测宝石了。

2. 轻轻地将待测宝石或首饰放进浸液中，小心操作不要将液体溅出浸液槽（因为你不想浪费浸液，也不想弄脏或损坏浸液槽放置的地方）。

3. 先将宝石台面朝下放进浸液中。我们也推荐使用镊子夹持宝石放进浸液中，然后再移除镊子。如果待测宝石是一件首饰，通常需要拿着它的镶嵌臂放进浸液中，但是如果用镊子夹持它更容易操作。在操作过程中一定要小心谨慎，防止化学试剂溅到皮肤上（如果溅到皮肤上，要立即用水冲洗掉）。

4. 如果照明灯是内置的，只需打开照明光就可以进行检测了，否则要把浸液槽放在散射光源上再打开照射光（或者就像我们上面所讨论的那样，制作自己的浸液套装）。

5. 检测宝石。首先用肉眼直接观测，你看到了什么？接下来放大观察，放大观察时先用放大镜观察，这时你看到了什么？最后，如果有可能，把浸液槽放在显微镜下观察，你又看到了什么呢？你需要用镊子夹持宝石从几个不同的位置检查宝石。台面朝下检测完后，我们常常也要从宝石的侧面检测宝石，这时需要用镊子夹持宝石的台面和底尖。

合适的宝石浸液可以更好地观测宝石的包裹体和其他生长特征。只需选取与待测宝石折射率最接近的浸液即可。但要记住的是，即使选取水作为浸液，它也可以使你看到的东西产生很大的不同，同时还要记住，如果你不使用与待测宝石折射率相匹配的浸液，或者浸液不能使宝石“消失”，你将不能看到宝石的一些重要特征。

表 13.1 使宝石更易检测的宝石浸液种类★

液体	折射率
水	1.33
酒精	1.36
松节油	1.47
橄榄油	1.47
甘油（丙三醇）	1.47
丁香油	1.54
苯甲酸苄酯	1.57
樟树油	1.59
二碘甲烷	1.74

★不要将多孔的宝石诸如蛋白石、绿松石之类浸没在除水之外的任何液体中，因为这些液体能被吸附进入宝石并引起宝石的失色。同时当使用强溶解液体（苯甲酸苄酯）的时候也应小心，因为它会减弱一些二层石或三层石中的黏合层的黏力。

如何区分天然红、蓝宝石与扩散处理红、蓝宝石

每个购买蓝宝石和红宝石的人都必须小心谨慎，以免购买到经扩散处理的红、蓝宝石。

颜色非常淡至无色的刚玉经过专门的处理后可产生一些更稀少、更漂亮的颜色。这些颜色有红色、蓝色、黄色、橙色和帕帕拉恰色

（一种罕见的粉橙色品种）。这些具有漂亮颜色的宝石被称作“扩散”蓝宝石或红宝石，或称作“体扩散”蓝宝石或红宝石。仅表面扩散的蓝宝石从20世纪90年代初开始产生；扩散红宝石不太常见，但是这种品种正在不断增多。早期的扩散处理技术分两步：首先用化学制品处理宝石的表面，然后在一个可控的环境中以较长时间加热处理宝石。就蓝色蓝宝石而言，扩散处理包括：把化学制品（钛元素、铁元素，与天然蓝宝石相同的致色元素）渗进宝石的表面，然后进行长时间缓慢加热，在加热的过程中宝石的表面因吸收氧化铁而转变成蓝色。然而，这种颜色仅渗进宝石表面0.4mm或更浅的深度。这种处理方法也经常会使宝石更脆、更易破碎。在这些仅扩散表面的宝石中，在经重新切割或再抛光后，你最终得到的宝石可能变成无色。

有种包含化学添加剂（例如铍元素）的扩散处理方法可以在宝石表面和内部产生颜色中心。现在化学添加剂的使用是如此广泛，以至于传统的热处理方法都不使用了。

只要购买和销售扩散处理蓝宝石的人都知道自己所买卖的蓝宝石是扩散处理蓝宝石，且支付的价格是合理的，通常情况下，都不会犯严重错误。但情况并不总是这样。在一个重要的国际珠宝展上一位朋友急切地向我们展示了他在前一天“以不可思议的价格”，从一位“矿主”手中购买的一颗大颗粒、颜色漂亮的“蓝色”蓝宝石。当他告诉我们购买价时，我们认为这颗蓝宝石一定经过了扩散处理，但他却不这样认为。不幸的是，由于他已经从宝石检测实验室离职，不能使用那些宝石检测仪器来对这颗蓝宝石进行扩散检测，于是我们拿出便携式浸液槽浸没宝石。结果可想而知，这颗宝石是经过了冷铍扩散处理。

想更快速而准确地判断出一颗宝石是否经过了表面扩散处理的方

法是，用宝石浸液浸没这颗宝石，并检测它的腰棱和刻面交界处。

·向浸液槽中倒入足够多的浸液以浸没待测宝石。在检测刚玉（蓝宝石或红宝石）的时候，我们建议使用甘油或二碘甲烷。

· 将蓝宝石或红宝石台面朝下放进液体中。

· 把浸液槽放在散射照明光上（或使用可以提供散射照明光的一种照明光源）。

· 现在检测宝石，寻找宝石的蜘蛛网效应。一些放大设备可能有助于观察这种特征。如果浸液槽套装没有提供任何放大设备，可以用放大镜观察试试（但是必须在 1 英尺远的距离观察宝石。如果浸液槽有盖子或覆盖物，观察时将没有任何问题。如果浸液槽没有盖子，当你使用二碘甲烷检测红、蓝宝石的时候，要屏住呼吸，不要吸收二碘甲烷挥发的气体）。检测扩散处理红、蓝宝石的时候，要集中精力观察宝石的刻面交界处和腰棱处。扩散处理的红、蓝宝石在其腰棱与刻面交界处有更深浓度的颜色分布。有时在边棱处和腰棱处出现的这种加深的颜色部分会形成一个图案。你将宝石台面朝下，并观察这颗宝石的时候，观察到的图案看上去有点像一个蜘蛛网（见彩页部分）。

当采用浸液法检测蓝宝石或红宝石的时候，如果沿着腰棱处或边棱处出现颜色浓度更深、更浅的现象，则可以得出待测蓝宝石或红宝石是经扩散处理的判定。此外，明显不同于典型颜色分带（刚玉中经常出现的颜色分带有平行带、交替带，有时候还可以沿刚玉晶体六边形生长结构出现颜色分带现象）的异常颜色中心的出现，可以表明该刚玉经过了伴有化学添加剂的热处理。在极少数情况下，如果你没有在主要宝石检测实验室进行光谱学测试，你将不能得出积极有利的鉴定结论。

对天然和扩散处理的红、蓝宝石来说，其他标准测试手段的测试结果都是相同的。这种腰棱或边棱处颜色浓度变深和变浅的效应仅在采用浸液法检测的时候才可以被看见，正常情况下采用放大镜或显微镜观察的时候是看不到的。扩散处理刚玉宝石必须采用浸液法检测，并使用散射光照明。

如何辨别钴镀膜坦桑石和蓝宝石

应用表面镀膜技术处理的宝石品种在不断增加。“蓝色”蓝宝石和坦桑石是经这种方法处理的。最近，我们发现许多宝石表面都镀有一层很薄的钴膜。对坦桑石而言，镀膜处理尤为麻烦，因为镀膜处理坦桑石大多是0.3克拉或更低重量。虽然大颗粒镀膜处理坦桑石、黝帘石已经被检测出来，但是，小颗粒高品质坦桑石在市场上非常稀缺，所以现在有非常多的小颗粒坦桑石正在用这种方法处理以满足市场的需求。因此，我们在购买较小颗粒坦桑石的时候，要特别小心谨慎。

相比较其他镀膜宝石而言，镀膜坦桑石和镀膜蓝宝石也更难以检测。例如，表面镀膜各种颜色的托帕石——如“神秘托帕石”或“八箭八心蓝色托帕石”——很容易被检测出来，因为在强光照射下，前后摇摆观察托帕石的亭部时，会看到一种异常的彩虹色。然而，在对镀膜坦桑石和镀膜蓝宝石进行检测时，这种方法却毫无用处。因为镀膜蓝宝石的亭部并没有出现彩虹色；镀膜坦桑石中的异常彩虹色非常细微，以至于看不到它。镀膜蓝宝石在查尔斯滤色镜下会立即呈现异常的反应，但是查尔斯滤色镜对镀膜坦桑石检测却不起作用，因为镀膜坦桑石和许多未镀膜坦桑石一样，在查尔斯滤色镜下都呈红色反应。

就镀膜坦桑石而言，浸液法检测可以提供鉴定的最好方法。就镀膜蓝宝石而言，浸液法也是个非常不错的方法，它也像查尔斯滤色镜检测镀膜蓝宝石一样，是一种非常宝贵的鉴别方法。镀膜蓝宝石在查尔斯滤色镜下会呈现粉红或红色反应，但未镀膜蓝宝石却不会。由于镀膜坦桑石和镀膜蓝宝石的镀膜非常薄，很容易剥落下来，显现出镀膜下面宝石更浅的颜色。浸液法检测这两种宝石的时候，镀膜证据可以被看到，尤其在放大的条件下观察这两种宝石时，镀膜证据更是明显可见。放大观察镀膜坦桑石或镀膜蓝宝石的时候，浸液槽中的宝石应台面朝下，并使用散射光从上部观测宝石镀膜的特征。检测坦桑石时，我们建议简单地使用外用酒精或丙三醇作为浸液就可以了；检测蓝宝石时，我们建议使用丙三醇作为浸液。

当检测一颗镀膜宝石的时候，你能看到镀膜脱落或镀膜处理过程中没有镀膜的地方。沿着刻面结合处或宝石的底尖观察，很容易观察到其是否经过镀膜处理，因为这些地方的薄层通常会更快速地剥落，有时在刻面的平面上也可以看到镀层脱落的迹象。在检测镀膜宝石时，要在刻面上寻找白色“划痕”或有斑点的地方，并且在底尖或刻面结合处寻找颜色更浅的区域——这些更浅颜色区域实际上是宝石自身的颜色，即涂层下真实的颜色。有时你也可以在镀层的表面看到一些极小的色“点”，这些色点仅仅比钉头大一点。所有这些特征都是表面镀层的指示性指标。**一定要检查亭部的所有刻面，即使亭部可能会出现均匀的蓝色——有些宝石在亭部仅镀膜一半。**

浸液法可以简单快速地鉴定二层石和三层石

二层石和三层石已经存在了几个世纪，时至今日仍然给宝石商贸活动带来诸多麻烦和问题。我们在前面已经讨论过二层石和三层石，我们还将在第四部分第 16 章中进行更详细的讨论。在这里有两种类型的拼合石需要提及，这也是用浸液法快速区分它们的方法。一种是被称为“苏代”的拼合石，它是由两种无色的宝石材质（通常是无色合成尖晶石）被一层合适颜色的黏合剂或胶水粘在一起的。有色黏合剂薄层会给人以整个宝石都有颜色的印象。令大多数人惊讶的是，当他们从顶部和底部观察这种拼合石的时候，发现它是无色的。

另一种类型的拼合石是更难检测的拼合石：红宝石和蓝宝石二层石。通过在合成红宝石或蓝宝石的冠部黏合薄层天然刚玉，而生产制造出成千上万的红宝石和蓝宝石拼合石。幸运的是，黏合的真正的刚玉薄层实际上与底部的颜色并不相同。就“蓝色”蓝宝石二层石而言，底部的颜色是蓝色的（合成蓝色蓝宝石），而且它的颜色被传递到顶部。但顶部是一个价格便宜的、褐绿色天然刚玉薄层。红宝石二层石与蓝宝石二层石类似：底部是合成红宝石，顶部是浅褐色或近无色刚玉。红宝石和蓝宝石二层石拼合的效果非常逼真，以至于它们在世界各地都有销售，通常是混在天然红宝石和蓝宝石中销售。更主要的是，不像苏代二层石那样可以用常规的宝石学检测方法区分出来，这种二层石通常难以被常规的宝石学测试手段检测出来，除非使用放大镜或显微镜对这种宝石的侧面仔细观察。当在合适的光照条件下，正确地使用放大镜检测这种二层石的时候，可以看到它的颜色界限。

这两种类型的拼合石都可以用浸液法快速而方便地检测出来，即使镶嵌了的拼合石也是如此。浸液法不会对未镶嵌拼合石或镶嵌在首饰上的拼合石造成危害，而且比使用放大镜或显微镜检测都要快速。

判定一颗宝石是否为二层石，只需简单地将它浸没在浸液中即可，就苏代二层石而言，浸没在浸液中后，顶部和底面将“消失”，只可见剩下的一层有色黏合层。在红宝石和蓝宝石二层石中，浸没在浸液中后，虽然拼合层仍可以看到，但是当你在浸液中稍微转动它时，你将发现顶部天然刚玉的薄层与底部合成红、蓝宝石的黏合处的颜色出现明显的不同。

浸液槽的其他用途

使用浸液槽最重要的原因可能是为了鉴定扩散处理蓝宝石、红宝石，以及识别二层石，但是浸液槽还有其他重要的应用。如前所述，

图 13.1 宝石分析仪，最近由RosGem推出的宝石检测仪器。它是一套集合了可聚焦暗视场放大镜、偏光镜和浸液槽的一个小型便携式装置，这个便携式仪器工作时，只需将它简单地放在手电筒上就可以了。现在，宝石分析仪是我们保存在“基本装备”中最灵巧、最有用的检测工具之一。

浸液槽可以使许多指示性包裹体更易观察，通过练习，你会发现浸液法在检测宝石的包裹体时是多么的重要。通过浸液法，你可以很容易观察到许多合成宝石中的指示性弧形生长纹，如蓝宝石和红宝石中的弧形生长纹。诊断颜色分区现象，如刚玉宝石中的特征六边形色区，以及识别颜色分布特征，这对于检测原石非常有用，因为可以据此判定在切割时应选取的颜色最优位置进行加工。但最重要的是，浸液法在快速检测红宝石是否被裂隙充填时，有可能是宝贵的检测手段。此外，借助浸液法，你将会清楚地看到不使用浸液法时可能容易遗漏的许多东西。

在某些只能使用浸液槽的情况下，肉眼就可以看到宝石的重要诊断特征；在其他情况下，放大观察与浸液法相结合可能是有帮助的。重要的是要把浸液法应用到宝石检测中来。一旦你这样做了，你就会明白浸液法对检测宝石的帮助有多大。你会明白一个小巧的浸液槽有多么的方便！

第 14 章　电子钻石测试仪

图 14.1

越来越多买卖钻石的人要依靠电子钻石测试仪来确定钻石的真实性。今天，有许多型号的电子钻石测试仪可供选择(见第二部分第 2 章)。由于使用电子钻石测试仪不需要宝石学技能，所以，对任何人来说，它们都能使钻石检测变得简单快捷。如果待测试的宝石不是钻石，这个测试仪不会告诉你这颗宝石究竟是什么宝石，但是，如果使用得当，电子钻石测试仪是非常有帮助的，特别是对那些未经培训的人来说。但它们并非万无一失。

电子钻石测试仪对于检测具有高折射率的钻石仿制品（例如立方氧化锆、钛酸锶或锆石等）特别有用。这些高折射率的仿制品看起来比折射率较低的仿制品（如玻璃）更像钻石，因为宝石的折射率越高，光亮度就越高。换句话说，高折射率的仿制品有更多的“返火”，因此，看起来更像一粒真正的钻石。一般来说初学者很难识别这些仿制品，因为通常用于识别其他宝石的标准检测仪器（如折射仪）不能检测这些具有非常高折射率的宝石。在这种情况下，电子钻石测试仪非常有用、可靠。

什么是电子钻石测试仪

大多数电子钻石测试仪都是操作简单的小型检测工具，通过阅读说明书就可使用。检测时，将插头插入电源插座，打开开关就可以进行检测。一些钻石检测仪还可以为电池供电，但是只能使用一段的时间。使用电子钻石测试仪检测的时候，只需将其金属触点抵压在待测宝石的一个刻面上就可以进行判定。然后，测试仪会给出一个表明待测宝石是否为真正钻石的信号。

如何使用电子钻石测试仪

正如前面提到的那样，使用电子钻石测试仪测试宝石的时候主要是通过阅读和遵循指令来完成的。我们已经给仪器的使用添加了一些关键点，这会帮助我们优化使用这个工具。这些使用上的关键点，在大多数电子钻石测试仪的附带说明中都没有出现，因此仔细阅读这部分是至关重要的。

1. 待测宝石必须冷却。要知道使用电子钻石测试仪最重要的是被测试的宝石必须冷却。仅仅佩戴钻石，甚至一个人的体温都足够温暖这粒钻石。温暖的钻石将会影响测试的可靠性。使用电子钻石测试仪检测的时候，如果一粒真正的钻石太温暖，测试的结果可能显示它不是真正的钻石。因此，我们建议，测试之前先颠倒压缩空气罐，然后对宝石喷洒氟利昂降温，或者将其放在冷水中降温并擦干。

2. 相邻的宝石不能立即检测。使用电子钻石测试仪检测重要的是，如果你连续测试彼此相邻的宝石，那么将不能得到一个可靠的读取结果（就像测试群镶结婚戒指中的宝石，它们都是紧密镶嵌在一起的）。很少有人意识到，当电荷通过金属触点碰到待测宝石的时候，电荷会加热触点，然后来自触点的热量被传递到待测宝石上。紧接着，这颗宝石的热量将会被传递到相邻的宝石上去。由于邻近宝石变温暖了，在测试时电子钻石测试仪可能会给出一个错误的读取结果。相邻宝石是真正的钻石，但由于被刚刚测试的宝石传递了热量而变温暖，电子钻石测试仪的读取结果也可能显示其不是真正的钻石。因此，在测试第一颗宝石之后，一定不要立即测试它相邻的宝石。

3. 待测宝石不能立即被重复测试。由于某种原因，你需要立即重新测试刚刚测试完的这粒钻石。在第二次测试的时候，可能会由于相同的原因——过热，你可能得到与第一次不同的读取结果。使用金属触点测试完第一次后，钻石过热，再一次测试时就会给出一个错误的读取结果。

4. 确保金属触点不接触其他金属。如果电子钻石测试仪的金属触点接触了金属，它将不会正常工作，例如镶嵌宝石爪臂或爪头。确保金属触点不要碰到金属。有些类型的电子钻石测试仪有一个“金属报警器”，当触点碰到金属时会发出提醒。

5. 保持电池充足电。如果你使用的是由电池供电的电子钻石测试仪，一定要检查电池，测试的时候确保电池充足电，这样你才能得到一个正确的读取结果。电子钻石测试仪必须充足电才可以使用，否则它将无法工作。现在大多数电子钻石测试仪都有一个指示器，当电池不足时它会发出警告，一定记得要检查电池。

谨防那些可以误导电子钻石测试仪的仿制品

正如我们前面所述，电子钻石测试仪在区分钻石与其仿制品——例如立方氧化锆、钛酸锶及其他外形类似钻石的相似品的时候，特别有用，因为它们都有很高的折射率，但电子钻石测试也不是万无一失的。

当我们发现电子钻石测试仪的读取结果为阴性的时候——也就是说，当电子钻石测试仪的读取结果显示待测宝石不是钻石的时候——**我们发现有些电子钻石测试仪也会对不是钻石的宝石给出是“钻石”的错误结论**。下面我们提供具体的例子，说明需要额外的测试来确定有问题的宝石是否为真正的钻石。我们还建议将快速简单的特殊测试仪器与电子钻石测试仪结合使用，以避免代价高昂的错误发生。

小心合成钻石 就像在本书中我们讨论的那样，先进的技术已成功生产出宝石级的黄色和近无色钻石。在各种属性方面，合成钻石具有几乎与天然钻石相同的特性。电子钻石测试仪对所有合成钻石的测试结果都为“真正的钻石”。这时，必须利用其他测试——荧光、磁性、包裹体——进行辨别才能将天然钻石与合成钻石区分开来（参见附录）。

小心钻石二层石 当用它测试一个真正的钻石二层石的时候，电子钻石测试仪总会给出一个错误的诊断结果（见第四部分第 16 章）。虽然最近我们没见过很多钻石二层石，它们仍然时常出现，尤其是在古董和祖传珠宝首饰中。一颗真正的钻石二层石是用胶将顶部（冠部）真正的钻石与底部（亭部）真正的钻石粘在一起形成的。由于被检测的钻石二层石是由钻石组成的，所以在用电子钻石测试仪检测它时，会给出真正钻石的检测结果。这就是为什么它被称为一颗真正的钻石二层石——实际上它是由两粒真正的钻石组成的，以冒充完整的钻石。电子钻石测试仪不能告诉你，它是一颗钻石二层石。回顾二层石章节中的内容，就可以找到鉴定它的方法。

在测试无色刚玉（蓝宝石）、合成无色刚玉和无色锆石时，小心电子钻石测试仪给出假阳性的读取结果。虽然电子钻石测试仪在区分钻石与具有高折率的相似品（例如立方氧化锆）时可以给出非常可靠的检测结果，但是一些电子钻石测试仪无法将钻石与无色蓝宝石、天然锆石区分开来，于是给出错误的读取结果——阳性。也就是说，**电子钻石测试仪可能错误地将仿制品给出“钻石”的结果。**

由于无色锆石具有很强的双折射率，放大镜能轻易将它与钻石区分开来。因此，当你用放大镜检查无色锆石的时候，应从台面观察它的后刻面边缘，通过台面你将能看到后刻面出现重影。换句话说，你看到的不是一个单独清晰的边缘，而是像紧密排列在一起的“铁路轨道”。以这种方式观察电子钻石测试仪给出钻石检测结果的“钻石”，如果出现了后刻面重影，便说明这粒“钻石”是锆石。

无色蓝宝石由于具有较低的折射率，因此，缺乏钻石那样的“返火”和“闪烁”。凭借经验，你可通过肉眼将它与钻石区分开。如果你不确定，紫外线灯可能是鉴别它不是钻石最快的方法，偏光镜或折射仪也可以很快告诉你这颗宝石不是钻石。在使用紫外线灯检测的时候，蓝宝石在短波紫外灯下呈现强白色或乳状蓝白色荧光，而在长波紫外灯下不呈现任何荧光——与钻石相反。钻石可能不呈现任何荧光，但当它发荧光的时候，它通常在长波紫外灯下发出荧光，且短波紫外灯下发出的荧光比长波紫外灯下弱得多。

由于蓝宝石是双折射宝石，而且它的折射率可以在任何一个标准折射仪读取，所以它也可以迅速地被折射仪或偏光镜与钻石区分开。在使用偏光镜检测的时候，蓝宝石会呈现似明似暗的“闪烁”现象，但是钻石不会（见第四部分第11章）。在使用折射仪检测的时候，刚玉会得到一个清晰的读取结果（1.76~1.77），但是由于钻石的折射率超出了折射仪的检测范围而不能得到检测结果（见第三部分第8章）。

当电子钻石检测仪给出“钻石”的读取结果时，要做进一步的测试。当电子钻石测试仪使用得当的时候，阴性的读取结果通常是可靠的。然而，当检测仪给出被检测宝石是钻石的时候，我们建议再进行额外的测试。除了无色蓝宝石和锆石外，新型的钻石仿制品合成碳硅石，据说也可以“欺骗”电子钻石测试仪。

使用电子双重测试仪，区分合成碳硅石与钻石

一种被叫作莫桑石或合成碳硅石的新型钻石仿制品在珠宝市场上出售，给钻石交易带来了新的挑战。在古董和祖传珠宝首饰中出现越来越多的合成碳硅石，被误认为是钻石，其物理特性导致在用标准电子测试仪检测时出现假阳性（“钻石”）的读取结果。

合成碳硅石是碳化硅，以发现它的法国科学家莫桑博士（Dr. Moissan）的名字命名。在合成碳硅石进入市场之前，基于导热系数设计的标准电子测试仪可以用来区分立方氧化锆和其他钻石仿制品与钻石。但是当电子测试仪检测合成碳硅石的时候，热导仪无法将钻石与合成碳硅石区分开，致使测试结果显示它为“钻石”。正因为如此，许多人最初认为碳硅石无法与钻石区分开，但情况并非如此。

通过简单的测试，宝石学家可以快速地将钻石与合成碳硅石区分开，大多数情况下，仅仅使用一个10倍放大镜就可以完成识别。使用放大镜，通过台面观察其对角线方向亭部刻面结合处的时候，如果是合成碳硅石，你将发现强烈的重影现象，因为合成碳硅石具有很强的双折射。借助放大镜，你还可以看到从不会在钻石中出现的白色长形针状包裹体。由于合成碳硅石比钻石更轻，所以如果它是未镶嵌的，通过称重也可以将它与钻石快速区分开。它也有比钻石或立方氧化锆更大的光亮度、更强的色散（返火），因此，对于火眼金睛的检测人员来说，它看起来可能就有问题。虽然制造者努力试图合成真正无色钻石仿制品，但是大多数合成碳硅石在平坦的白色背景下观察时，都会表现出轻微的灰色调或绿色调。

然而，对于新手来说，尤其是当合成碳硅石镶嵌在复杂的首饰中，

或者在不太理想的观察环境下检测它时，合成碳硅石可能会给检测结果造成困扰。所以一种新型的电子钻石测试仪被创造出来——双重电子钻石测试仪。钻石与合成碳硅石不能被标准电子测试仪通过测量导热系数区分开，但它们可以通过测量导电性进行分离。大约在几秒钟之内，双重测试仪可以执行两个单独的测试：一个是测量导热性（导热性测试可以将钻石与立方氧化锆，以及除合成碳硅石之外的仿制品区分开），另一个是测量导电性（导电性测试可以区分钻石与合成碳硅石）。

双重测试仪的工作原理与标准电子测试仪基本上是相同的，但由于是不同的制造商生产的，所以测试反应可能有些不同。因此，要阅读不同制造商的操作指南，以此了解如何解释相应的测试结果。

当使用电子钻石测试仪检测的时候，只需记住，无色蓝宝石、锆石、合成碳硅石可能不是获得假阳性的唯一宝石。我们已经说过多次，当电子钻石测试仪给出阳性的检测结果时，仅仅依靠这个测试结果会导致代价高昂的错误发生。这确实是一些电子钻石测试仪时常发生的情况。

图 14.2 DiamondNite 双重测试仪

第15章 碳化物划针——钻石购买者必备工具

今天，D—H 色级的“无色钻石”比以往任何时候都更昂贵，而且每一种颜色的艳彩色钻石都十分流行。天然形成的黄色和褐色钻石在钻石市场上需求很高，同时，对罕见昂贵的钻石（例如粉红色钻石和蓝色钻石）的需求也在持续增长。对大多数人来说，较大颗粒的这种钻石可能过于昂贵，但是由于天然色与处理色的商战，这种钻石不仅在黑色、褐色和黄色钻石中，也在更稀有、更昂贵的颜色中广受关注。所有事情都一样，只要流行普及，需求和价值上升，在购买的时候就需要格外小心，避免购买的东西不是真正想要的。虽然 0.75 克拉或更大重量的钻石（最稀有颜色的钻石，甚至是 0.25 克拉重量都会有宝石检测实验室出具的鉴定证书），都有当今宝石检测实验室出具的鉴定证书，但是在常见颜色或较小尺寸的钻石中，情况并非如此，因此，风险更大。

购买任何一粒无色或彩色钻石特别是小尺寸的钻石时，都必须谨慎，因为许多“无色”和“彩色”钻石的颜色，是通过应用表面镀膜和一些已经销售但没披露的东西而产生的。**这些表面镀膜的钻石并没**

有产生永久不变的改色结果，这种颜色可以被去除或者随着时间变化而发生改变。现实的情况更加复杂，因为人们都认识到了“处理色”钻石，而且对许多人来说，这些处理色钻石已经是一个可接受和有吸引力的选择。然而，大多数人——消费者和经销商都一样——假定，彩色处理钻石都可以被冠上“永恒”和“价值”术语的代名词，但事实并非如此，镀膜钻石的售价要低于通过其他处理方法得到的产生永久结果的钻石售价。所以，当购买颜色处理钻石的时候，购买者需要知道购买的钻石是经过什么方法处理的。然而，这陷入了两难的境地，因为许多经销商都不知道自己销售的钻石是经过什么方法处理改色的，而且经销商经常还会被供应商误导。因此，有必要去寻求宝石学家的帮助。

在宝石检测实验室中，宝石学家可以进行许多宝石学检测工作，如用沸腾的硫酸煮（这种方法可以很快去除镀层而留下宝石真实的颜色），但在实际零售的环境中，这种方法却不可用。其他检测镀膜的方法则需要对人员进行宝石学培训和拥有装备精良的实验室。将每一粒小钻石都送至实验室检测是不可行的，为香槟色或淡黄色钻石支付检测费用也是不可行的。但幸运的是，有一种简单快速和可负担得起的技术可用来鉴定，这种技术任何人都可以掌握：使用一种碳化物划针。通过使用碳化物划针（一种看似钢笔的简单的工具）将针头抵压在钻石的刻面上并拽动，刻针将会在镀膜上刻画。碳化物划针不会划伤钻石，但它可以刻画用于改色的镀膜，划痕经常可以用肉眼立即看到，但需要用10倍放大镜进行确认（这种划针必须是一种碳化物划针，因为它比由钢或其他材质制成的划针都要坚硬）。在彩色钻石中，表面镀膜仅在钻石的亭部（钻石的底部），所以只需要对其亭部进行检查即可。大多数无色钻石（曾经被称为“着色”钻石）可以对整个钻石进行镀膜，也可以对亭部或冠部进行镀膜。在使用碳化物划针检测无色钻石的时候，你可以像检测彩色钻石那样检测它们，但是你必须检测该钻石的冠部（钻石的上部）和亭部。在极少数情况下，一些无色钻石可能只在腰部“着色”，但在这种情况下，放大镜或显微镜检测就可以揭示腰部区域的“笔触效果”。

在没有检测证书的情况下，我们建议使用碳化物划针检测每一粒购买或销售的钻石。我们也推荐只从信誉良好的商家购买钻石，以降低购买带有假冒 GIA 或其他可信赖实验室出具鉴定证书钻石的风险。

使用碳化物划针测试钻石冠部刻面和亭部刻面并不困难，也并不耗时。如果划针能够刻画钻石的表面，那么这个表面绝对有镀膜。在无色钻石中，第一步我们建议检测冠部和亭部的刻面，如果没有发现镀膜的证据，接下来，应该放大检测一下腰部区域。如果钻石是腰部着色了，那么你将能在腰部观察到笔触现象。然而，如果钻石是整体镀膜，或者是亭部镀膜，抑或是冠部镀膜，那么在放大观察的时候，你将不会看到任何笔触现象，因为冠部和亭部的大面积镀膜技术与腰部镀膜技术是不同的。因此，首先要用碳化物划针检测这些地方。

如何使用碳化物划针

使用碳化物划针检测钻石不需要任何培训，因为它操作简单，方便快捷。以下是使用碳化物划针检测钻石的方法：

1. 必须确保你测试的宝石是钻石而不是钻石仿制品，例如立方氧化锆。

2. 所使用的划针必须是碳化物划针。根据你测试的材质不同，有不同类型的“划针”可用。确保你所使用的划针是碳化物划针而不是不锈钢划针，才可以刻画用于改善钻石的镀膜。

3. 在使用带有固定针头的碳化物划针测试时，要特别小心操作以免跌落碳化物划针针头；划针针头非常坚硬，但它也十分脆弱，如果不小心跌落，会对针头造成损害。如果使用的碳化物划针是带有“可更换针头”的划针，其针头通常储存在可以保护它的箭杆中。移除针头后需按照要求插入箭杆中并保存。

4. 以一种稳牢的方式持握钻石或首饰，然后使用碳化物划针平稳有力地在一个刻面上刻画。从亭部刻面刻画开始。

（1）检查刻画的刻面。看看你刚才刻画的刻面上是否有划痕，如果有划痕，那么这粒钻石就是镀膜钻石。

（2）如果亭部没有划痕，重复这个步骤在台面刻画。如果台面出现划痕，则这粒钻石就是镀膜钻石。

5. 如果测试的钻石是彩色钻石，亭部或台面没有出现划痕表明这粒钻石不是镀膜钻石。

这表明钻石的颜色不是表面镀膜产生的，但其颜色可能是经过一种更稳定的处理方法（例如辐照）处理产生的结果。这时使用碳化物划针检测将不能确认该钻石的颜色是否为天然形成的。为了确认其颜色是否为天然色，需要在主要宝石检测实验室进行测试。

6. 使用碳化物划针检测一粒无色钻石的时候，如果在亭部或台面没有出现划痕，那么应借助显微镜检测该钻石的腰部区域，以寻找是否出现划痕。如果没有划痕，那么钻石是未经过镀膜处理的。

除钻石外，不要使用碳化物划针检测任何宝石。因为碳化物划针非常坚硬，可以刻画除钻石外的任何宝石。

第 16 章　合成钻石测试仪

图 16.1

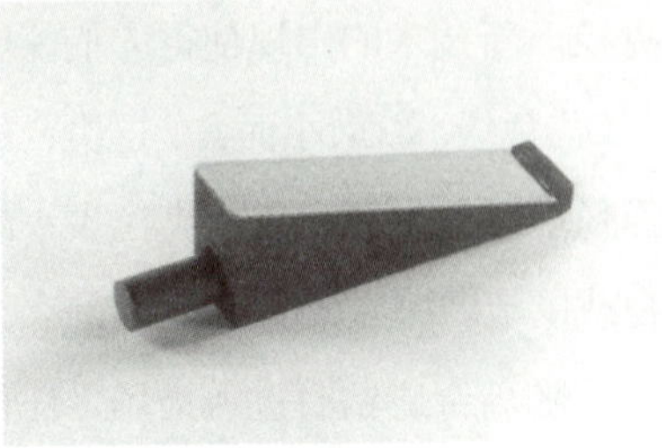

图 16.2

图 16.3

图片来源：H. 汉尼教授拍摄，瑞士宝石学研究所

合成钻石并不是新生事物，但是价格实惠且具有商业生产规模的宝石级合成钻石却是 20 世纪 90 年代前后才出现的。最早的合成钻石是由通用电气公司在 20 世纪 50 年代研究制造出来的，但当时在技术上还无法做到大批量生产。今天合成钻石生产技术已经发生了很

大变革，有大量的厂商积极加入宝石级合成钻石的生产。这类公司包括日本的住友电气公司、戴比尔斯研究实验室（DeBeers Research Laboratory），以及几家俄罗斯的实验室和通用电气公司等。

宝石级合成钻石（相对于已多年大批量生产的工业级合成钻石而言）对珠宝市场带来了比以往任何时候都要大的冲击，远远超过人们的预期。现有合成钻石不仅有不同深浅的黄色或微白，还有漂亮的蓝色和粉红色，以及一些无色或近乎无色的品种。出现近乎无色到无色的珠宝体现了合成技术的重大进步，甚至有可与 GIA 标准“E”色级相媲美的合成钻石出现，其净度达到 GIA 标准 VS 级，重量大小超过 0.75 克拉。新技术的出现使得人们能够生产出更多无色范围的钻石，包括“D”色级。就大小而言，这类合成钻石大多数较小（小于 0.5 克拉）。但目前已能够生产出 2 克拉大小的原石晶体，这样就可能生产出 1 克拉或以上的抛光成品钻石。

随着合成钻石进入市场，任何购买或销售钻石的人都必须学会区分天然的与合成的钻石。所有的合成钻石都可以通过采用常规宝石学测试方法进行鉴别，我们之前已经提到了一些使用放大镜、显微镜和紫外灯可以观察到的标志性特征。对无色和近乎无色的钻石（见第四部分第 12 章），进行Ⅰ型钻石和Ⅱ型钻石预先筛查，一般来说可以保证一粒无色钻石并非合成钻石，并可以提示人们哪些钻石需要提交到专业实验室接受进一步检测。然而，能够以快速便捷的方式找出这样的钻石，将会变得越来越重要。

戴比尔斯研究实验室已经生产出几种非常复杂的设备，包括钻石确认仪（DiamondSure）和钻石观察仪（DiamondView），其他实验室正在研究其他有助于合成钻石检测的设备。钻石确认仪和钻石观察仪这两种最新设备在使用时，首先使用的是钻石确认仪，然后再用钻石观察仪。钻石确认仪有一个专门设计的探头，以寻找我们使用分光镜在光谱中呈现出的 415nm 吸收带（正如我们前面所提到的，这种吸收带可以出现在 95% 的天然钻石中，但从来不会出现在合成钻石中）；钻石确认仪每分钟可以检查 10~15 粒钻石。如果钻石是天然的，会显示"通过"；如果不是天然的，会显示"进一步检测"。如果你需要进一步测试，可以使用钻石观察仪。钻石观察仪检测的是钻石的荧光，并由俄罗斯实验室、戴比尔斯、日本住友电气和通用电气生产的宝石得到检验。检验结果证实迄今为止它检测钻石的准确率是 100%，包括黄色、无色，甚至蓝色的合成钻石。

这些新仪器的价格还不明确，但很可能非常昂贵。尽管如此，对于那些必须经常筛查大量钻石的人来说，是很值得的投资。

磁性可能是合成钻石的指示标志

然而，对于大多数人来说，这些复杂的合成钻石探测器太过昂贵，且便携性不强，在大多数情况下不切实际，也非必需品。事实上，许多合成钻石（蓝色钻石除外）的一个显著特点——磁性——可以为我们提供一种非常快速简单，同时也是决定性的识别技术。这种可以被磁性很大的磁铁所吸引的特性，给我们提供了一种判断合成钻石的最可靠的测试方式。许多早期的合成钻石都有磁性，然而如今的情况已有所不同。尽管如此，只要一粒钻石有磁性，就可以立即判断为合成钻石。

然而这种钻石检测方式需要的磁铁不是常见的磁铁。如前面所述，它是一种钕铁硼磁体（被称为稀土磁铁），其磁力强度之大令人难以置信。因为磁性大，只需要一小块就足够了。例如哈内曼生产的合成钻石磁性棒（一根火柴大小的木棍，一端附有稀土磁铁）。**但需要注意的是，这些微小的磁铁可能对任何带有心脏起搏器或其他类似的救生装置的人造成严重的伤害。这样的人不应使用或者靠近这些磁块。另外，这些磁块也不能靠近计算机设备或磁盘。**

要使用这种稀土磁铁，需要将钻石亭部朝下放置在一个光滑的面上，比如光滑的杂志封面（不要台面朝下）。只需握住磁铁，放在钻石附近从大约30度角的方向观察。如果钻石被吸引到磁铁上，它就是合成的。在某些情况下，实际上钻石会跳到磁铁上！在其他情况下，如果钻石磁性不那么强，它也许不会跳到磁铁上，但也许你可以用磁力棒拉动钻石在光滑的面上移动。

这种方法只适用于“宝石级别”钻石，即净度在I3以上的钻石。一些杂质多的工业级别天然钻石也可能被吸引到磁铁上，这是因为杂质本身可能是磁性的。

检查镶嵌钻石的磁性

检验未镶嵌钻石是否具有磁性很容易，但往往要检测的钻石都是镶嵌的。镶嵌钻石的检测难度会更大，但不是不可测。如果镶嵌的钻石具有强磁性，把磁铁靠近钻石，并使用磁铁“拉动”珠宝在光滑的面上移动。只要出现这样的结果，就可以得出该钻石具有强磁性，是合成钻石的结论。另一种方法是把珠宝放在一小块直径大约为 2 英寸的薄泡沫塑料上，把这块泡沫塑料像小船一样放到一小盆水中（水深需要足够支撑这块泡沫塑料在水上漂浮），接下来使用磁铁。如果你能够使用磁铁拉动泡沫塑料小船在水中移动，就可知该钻石有磁性，是合成钻石。

只要钻石可以被磁铁吸引（工业级别的钻石除外）就可以肯定钻石是合成的。然而一些新的合成钻石品种可能不具有磁性，这意味着如果你检查的钻石对磁铁没有反应，这时得到的结论不确定，一定要经过进一步检测才能得出任何结论。如果一颗钻石对磁铁没有反应，那么，必须使用放大镜、显微镜、光谱仪和紫外灯（见前面章节有关这些设备的介绍，以及这些设备检测天然和合成钻石时得到的不同检测结果）进行检测，以确保结果可靠。如果仍有疑问，将钻石交由珠宝实验室进行检测确认。

尽管近年来生产的大部分合成钻石都没有磁性，对于钻石进行磁性检测仍是一种有价值并且实用的测试，因为这种方式很可靠。只要钻石对磁铁产生反应，它就一定是合成钻石。

图 16.4　长波 / 短波紫外灯和“稀土磁性棒”——快速方便检测一些无色合成钻石的工具。

第五部分

古董珠宝首饰与祖传珠宝首饰

第 17 章　古董珠宝首饰与祖传珠宝首饰——珠宝鉴定技术的真正考验

越来越多的珠宝爱好者开始关注古董和祖传珠宝。它已经成为许多珠宝公司又一个新的重要利润中心，也越来越多地受到珠宝收藏家的青睐。为了得到独特的藏品，零售商和宝石爱好者往往不远万里，一掷千金。

最近在佳士得和苏富比拍卖行，有一些打破纪录的销售确实反映了这种趋势。我们也注意到越来越多的零售商开始涉足古董和祖传珠宝，在国际珠宝展览会、古董展览和跳蚤市场中，也有更多的古董和祖传珠宝参展。

我们同样热衷于古董珠宝和属于某一时代的珠宝。但是，当我们检测很多这样的珠宝时，我们经常会惊叹于前辈的精湛技艺——不仅体现在设计上，还体现在他们能够成功隐藏珠宝真实身份的技能。

古董和祖传珠宝的检测成为珠宝检测技术的真正考验。当你惊讶于美丽的黄金或白金托上竟然镶嵌着仿制珠宝，或是在合成宝石技术出现之前的珠宝上竟然发现合成宝石时，永远不要因为是祖传珠宝，或者因为珠宝来源于亲人、朋友，就认为珠宝的身份无须怀疑。以后你会看到，通常情况下并非如此。

在本章中，我们将讨论一些在古董和祖传珠宝上经常可以看到的仿制和加工技术。在鉴别古老珠宝中的宝石时，任何人都要特别留意。

优化技术

染色

染色是用于提升宝石品相的最古老的优化技术之一。它一直以来都为人们所用，特别是用于被称为玉髓（石英的一种）的一种不太昂贵的宝石。其他经常发生染色的宝石包括翡翠、欧泊、珊瑚、青金石，略微少见的染色宝石是低品质星光红宝石、星光蓝宝石和祖母绿。

下面是古董首饰上常见的发生染色的宝石（有些宝石的染色已有数百年的历史；有些是年代较短的宝石，出现在古董珠宝上是为了取代丢失或损坏的宝石）。

玉髓 经常被染色来仿制黑色缟玛瑙、条纹玛瑙、红玉髓和绿玉髓（常被误认为翡翠）。染色玉髓多见于古董珠宝中。

翡翠（硬玉） 经常被染色以改善其颜色，使它可以类似帝王绿翡翠的美丽祖母绿色。它也可能被染成绿色以外的其他颜色。

珊瑚和青金石 经常被染色来加深颜色或形成更为均匀的颜色。

碧玉 经常被染成蓝色来仿制青金石，作为青金石出售。

染黑法

染黑法是一种改变颜色的技术。具体方法是：通过糖酸化学反应产生碳来染黑颜色。该技术主要用于欧泊（蛋白石），通过染黑让它看起来更像是珍贵的黑欧泊。这种技术也被用于仿制“黑色缟玛瑙”的玉髓。可以使用放大镜或显微镜来检测通过染黑法形成的黑蛋白石。这是因为通过放大可以暴露光滑表面上的细密孔隙。但是对于黑色缟玛瑙来说，无法检测出是否经过这种处理。

烟熏法

烟熏法这种染色技术只用于欧泊。用棕色的纸包住欧泊，然后将其烧焦。纸烧焦后的灰烬在欧泊上形成很薄的暗褐色涂层，这种染色法可以增强其火彩（处理后的欧泊更具光彩）。然而，这种很薄的涂层很快就会磨损。通常很容易识别这种欧泊，因为它们具有一种不常见的欧泊的棕色外观。如果你所检测的欧泊经过烟熏法处理，只需通过浸湿欧泊，观察其火彩就可以鉴别。经烟熏法处理过的欧泊在被浸湿时其火彩会很快消失，一旦变干马上会重现火彩。天然欧泊在干、湿两种状态下都会呈现出相同的光彩。

浸蜡

浸蜡是一种用于改善低品质星光红宝石外观的处理方法，有时也用于星光蓝宝石。这种方法是用有色蜡状物质摩擦宝石来隐藏其表面的裂隙和瑕疵，并且改善其颜色。

使用放大镜或显微镜可以检测宝石是否经过浸蜡处理。

箔衬底和钻石首饰

箔衬底是源于古时的巧妙的处理技巧之一，即使在今天仍然如此。它经常用于包镶宝石（即无法看到宝石背面）。这种方法是将一块有色金属箔置于珠宝托上，可用于透明凸面宝石和刻面宝石。箔衬底可以增加宝石亮度，改善或改变宝石颜色。

早期的钻石首饰有时带有箔衬底，以此来增强宝石的光彩。在人们开始使用钻石切割机来完善珠宝之前，钻石往往缺乏我们今天所看到的光彩。珠宝商就通过在珠宝托上添加箔衬底来让钻石看起来更具光彩。银箔衬底还可以用来掩盖钻石的黄色，使钻石看起来更洁白。

这类珠宝上的宝石是天然宝石，使用箔衬底只是为了提升宝石外观和吸引力。一些早期的古董珠宝上镶嵌的钻石价值往往不高，当然我们知道如果不把这些钻石从珠宝托上取下，事实上无法正确评估其价值。然而，在大多数情况下，我们并不建议将其从珠宝托上取下，因为这会损坏珠宝托，从而降低其作为一件艺术品的价值。在决定将宝石从珠宝托上取下之前，一定要深思熟虑。

箔衬底并不仅限于提升真钻石的外形，它更常用于（如今在新首饰上有时也会用到）创造有吸引力的仿制品。当箔被置于玻璃或其他低价值宝石（如无色蓝宝石、黄玉）之后，就会构成非常精巧的仿钻石。

几年前，一个年轻女人给我们带来一枚从祖母那里继承的钻石戒指。事实证明这不过是一件典型的使用箔衬底的钻石首饰。当她打开包裹着钻戒的手帕，她提到一件事情，当她清理钻戒时，珠宝上的两粒钻石中的一粒曾从托上脱落。她在珠宝托里看到了她描述为“很小的镜子般”的薄片。她感到非常奇怪，但它并不像大多数人认为的那样奇怪。

当我们看到这枚钻戒时，马上就理解了为什么她认为这是一个非常棒的传家宝。戒指很漂亮，设计经典。上边镶嵌了两粒“钻石”，都有约 1 克拉重。珠宝托是做工精细的铂金。但是镶嵌的宝石事实上是一块玻璃。“镜子般的薄片”是一些银箔。箔就像一面镜子一样将来自玻璃的光反射到观察者的眼睛里，让玻璃看起来光彩夺目，足够通过所有的钻石鉴定!

箔夹层——箔衬底最高技术

有时会有一种独特的使用箔衬底的方式——在箔片上加上真钻台面和底尖。使用箔衬底最巧妙的造假做法就是在箔片上加上真正的钻石顶部和底部——中间部分只有箔衬底。这就是所谓的“箔夹层”。这是一种非常巧妙的技术，可以让人产生一种错觉，使钻石看起来比实际要大。

图 17.1

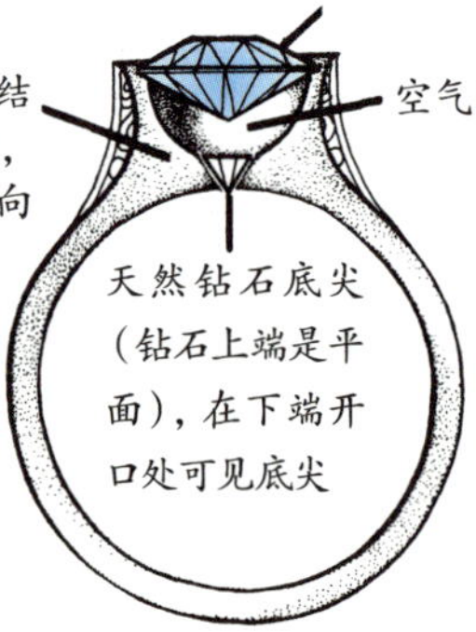

图 17.2

有两种类型的箔夹层。第一种类型的箔夹层技术中，戒指的顶部镶嵌一粒小的真钻，被设置在戒环的顶部。钻石的安放处是一个宽的类似盒状的斜边结构，起于钻石的腰部，按照钻石的外部轮廓向钻石的亭部延伸，最后是一个小小的开口，从这个开口处可以看到钻石的底尖。这粒钻石的顶部是真钻，底尖也是真钻。但是顶部和底尖之间除了贴在珠宝托上的箔衬底外，什么都没有，是空的！

箔夹层钻戒。正如你可以看到的横截面图，一粒小的钻石被镶嵌在顶部，另一粒小钻石被镶嵌在底部，中间只有空气。有时也会沿着戒托内部贴上箔片。这种造假方法很巧妙，让钻石看起来很大。

第二种类型的箔夹层通常在使用玫瑰切工的钻石上可见，目的也是使宝石显得比实际的情况更大、更重。这种方法是通过在封闭珠宝托上压制一个完美对称的刻面图形来实现的。背面涂有银镀金。钻石被安装在顶部——在钻石和压制在底部的刻面图形之间只有空气。

我们最近检测了一件含有 8 粒玫瑰切工钻石的古董珠宝。记住它们有不同类型的玫瑰切工——有的为平底（单玫瑰切工）；有的是底部切割得像顶部的形态（双玫瑰切工）。当我们从顶部看这件古董时，所有的钻石看起来都是很漂亮、很大的双玫瑰切工宝石。然而，事实并非如此。其显示的深度——底部——不过是压在戒托底部的镀金箔片带来的视错觉。

很容易用放大镜检测出这种箔夹层。第一个线索是珠宝是完全封闭的。在用放大镜观察底部刻面和顶部刻面时，你会看到一些很奇怪的东西。你会注意到所有底部刻面都是完美对称的，而顶部刻面却或多或少是不对称的。之所以会有这种情况发生，是因为底部刻面并不是真正的刻面，而是用精密机械冲压而成的镀金箔片。这就解释了为什么它们看起来是如此的完美统一。然而，顶部刻面做得很粗糙（不值得使用完美切工来切割这种级别的钻石）。在我们检测的这件古董珠宝上，我们看到，这 8 粒玫瑰切工的钻石所有底部刻面都是完美对称的，而其顶部刻面却是不对称的。通常情况下，这类珠宝顶部刻面是不对称的，底部刻面却是完美对称的。

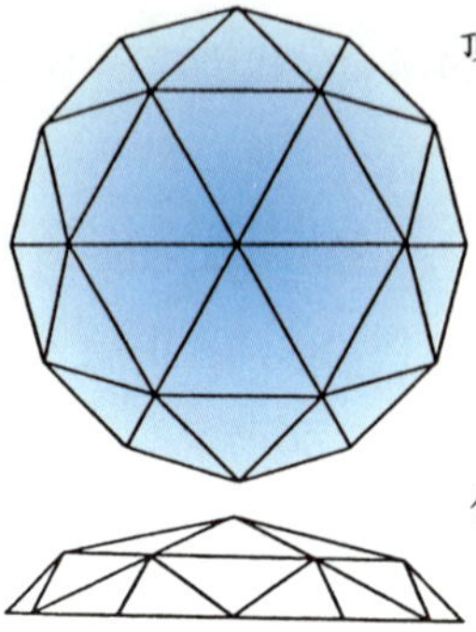

图 17.3　完全玫瑰切割

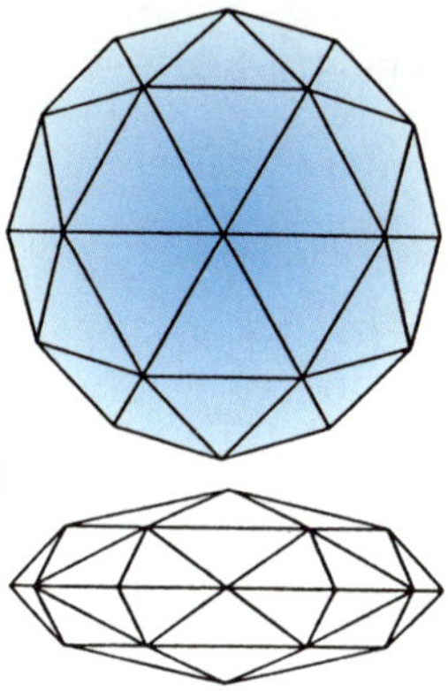
图 17.4　双玫瑰切割

箔衬底和彩色宝石

箔衬底的使用并不局限于钻石首饰，过去还常被用在彩色宝石上（这种情况现在也有发生）。实际上我们看到彩色宝石使用箔衬底要比钻石使用箔衬底更多。它们的作用是相同的，即增强光彩，改善颜色，制造巧妙的仿制品。

有时箔的使用（金箔和银箔都很常见）只是为了增强宝石的光彩，让宝石看起来更为夺目，或者在某些情况下，让那些在珠宝托上看起来颜色较暗的宝石变得更亮。但往往彩色宝石首饰使用的箔本身也是彩色的。彩色箔片可以让彩宝的颜色更深，而且对于无色宝石来说，使用彩色箔片可以让它具有任何想要的颜色。在古董首饰中，人们可以找到使用彩色箔片的珠宝，彩色箔片可以使颜色较浅的宝石加深颜色；而无色宝石可以通过使用彩色箔片变成彩色。

几年前我们从纽约拍卖品展馆中购买了一条古董项链（见彩页部分），这条项链的说明是用粗体写着“22K 黄金托帕石古董项链”。其详细描述说明用小字号书写，这条项链所属年代大约是 1810 年，上面镶嵌有“粉红色托帕石”。

在检测宝石的时候，我们发现它符合天然托帕石的所有特征。而且也很明显（马上你就会理解），宝石是箔衬底的。但尚不明确答案的问题是，托帕石真正的颜色是什么？当然，不取下宝石就没有办法去回答这个问题，然而在这种情况下这是不可能的。我们买下了这条项链，当时我们的出价考虑了黄金、珍珠的价值和工艺，当然也考虑了这些箔衬底托帕石的价值。

购买项链后，我们取下了其中的一颗宝石。宝石确实是托帕石，

图 17.5　一条箔衬底镶嵌“粉红色”托帕石项链。

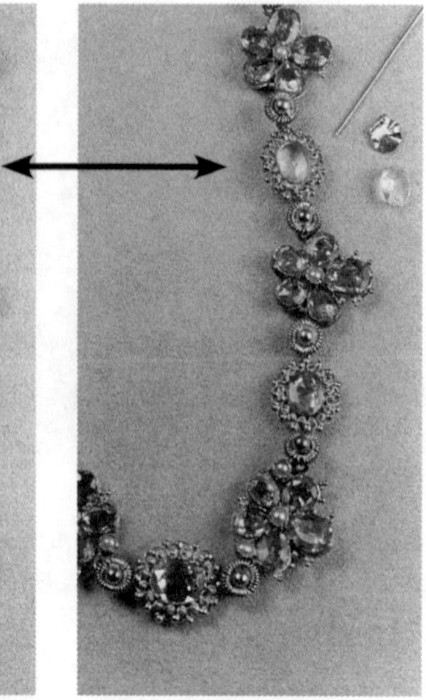

图 17.6　注意旁边被移除的粉红色箔衬底与无色托帕石。

但并不是罕见的“粉红色”托帕石。它们不过是普通的、价格低廉的无色托帕石。之所以呈现粉红色，是因为每一颗宝石后部都放置了粉红色箔衬底。

事情并非总是如此。我们确实看到过漂亮的封闭托上镶嵌的是颜色漂亮的粉色托帕石（或是其他的宝石），它们确实是天然色。封闭托上的金色反射有时会提高宝石亮度，但通常珠宝托只是反映了所属年代人们的审美风格。

图 17.7 注意项链的背部被包镶了——黄金完全隐藏了宝石自身的背部。也可以看到左边镶嵌宝石背部的黄金光滑而完整，但另一个镶嵌宝石背部的黄金有一个V形裂隙。这个裂隙令空气进入，从而氧化衬底使它改变颜色。

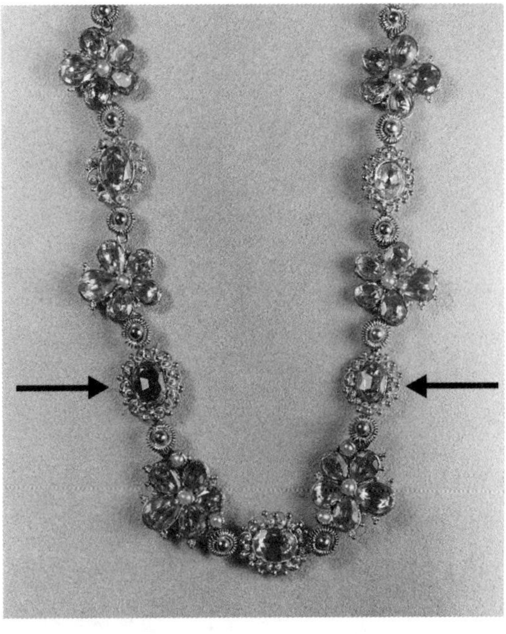

图 17.8 注意项链中左边箭头所指宝石的颜色与其他宝石的颜色完全不同，它是由氧化所致。

箔衬底宝石检测方法

通常只需一双善于观察的眼睛。第一条线索是珠宝托后部是封闭的。虽然并非所有的珠宝托后部封闭的珠宝首饰都会镶嵌假冒宝石，但是大多数情况确实如此。所以对于珠宝托后部封闭的珠宝首饰都要格外小心。

轻轻地来回倾斜首饰，同时仔细查看宝石后部。使用直接的强光，比如光导纤维灯或手电筒，通常很容易发现金属箔反射的光线——它看起来与宝石的自然反射不同。还有，如果首饰中使用了彩色箔，可以观察到箔本身之间颜色的细微差别。如果出于某些原因箔片接触空气，有可能会发生氧化（如在后部或者支撑宝石的斜面上有一些毛细裂隙）。通常通过放大镜，人们马上就可以发现箔片，以及反射率的差异和颜色不一致。然而，有时也需要使用显微镜。

一旦你确定首饰确实使用了箔衬底，必须使用其他检测手段来判断宝石是天然宝石还是玻璃，如果是天然宝石，它是否确实是人们认为的珠宝品种，还是属于其他宝石家族。最后，你必须确定其颜色是否经过箔衬底才得以提升。如果不小心损坏宝石托无法取下宝石，问题可能就出现了。这种情况下二色镜很有帮助（见第三部分第 6 章）。以我们前文提到的那条粉色托帕石项链为例，通过使用二色镜，我们可以立即知道它不是粉红色托帕石。在用二色镜检测时，粉色托帕石会显示出两种明显不同的粉色，而无色托帕石只会显示一种。

用二色镜观察到的颜色深度也对我们有所帮助。例如，如果首饰上“祖母绿”是用苍白的祖母绿和深绿色的箔衬底加在一起形成的，其二色性——在二色镜窗口中看到的颜色会很弱。然而，真正的深绿色祖母绿会有一种强烈的二色性——在二色镜中看到的颜色会更深。使用二色镜观察到的颜色深浅程度反映了所观察的宝石的颜色深度。因此，如果宝石看起来颜色很深，但从二色镜中观察到的颜色很弱，你应该立刻产生怀疑。

任何对购买和出售古董和祖传珠宝有兴趣的人，都不能仅仅依靠宝石外表和简单的表面检测就得出结论，否则将为之付出无法承担的代价。

复合宝石——二层石与三层石

在合成宝石材质出现之前，复合宝石使用非常广泛。简单地说，所谓的复合宝石正如其名，就是由超过一个以上的部分粘在一起形成的宝石。如果复合宝石是由两个部分粘在一起形成的宝石，我们称之为二层石；而由三个部分粘在一起形成的宝石就是三层石。

但是这种宝石的专业术语却因地域不同而有所差异。在欧洲苏代型复合宝石被称为二层石，而在美国被称为三层石。复合宝石的历史可以追溯到很久以前。自罗马时代就有二层石，在维多利亚时期得到广泛使用（直到大约 1900 年）。即使今天仍有人制造和销售二层石。因此，检测者不仅要检测古董珠宝中是否有二层石，还需要检测新珠宝中是否有二层石。

要警惕如今有一种新的复合珠宝被作为天然红宝石（见第五部分第 18 章）广泛销售——即使是诚实可靠的珠宝商也可能因为判断失误而出售这种宝石。这类珠宝也可能出现在古董首饰上，切割方式为“旧

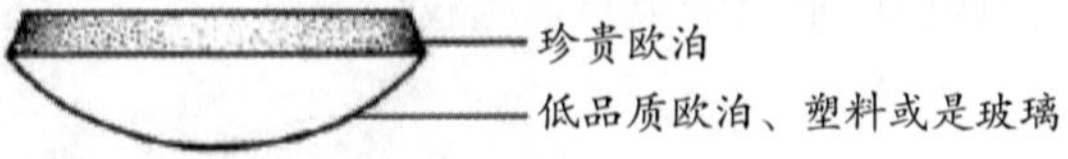

图 17.9 欧泊二层石

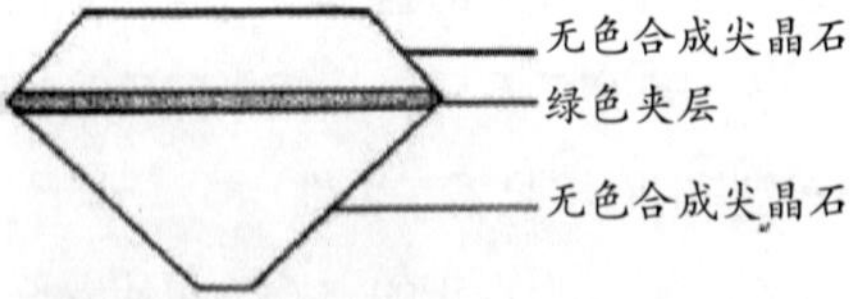

图 17.10 苏代型

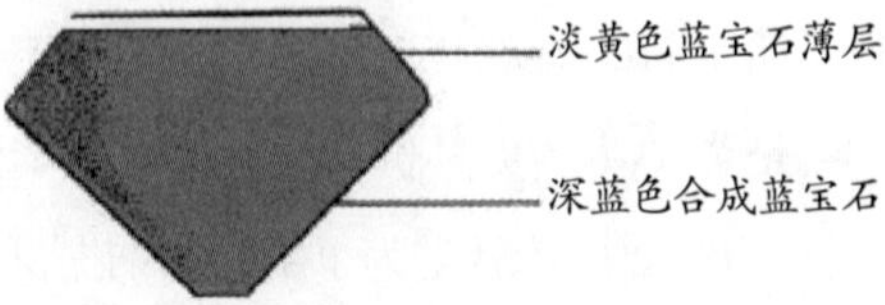

图 17.11 蓝宝石二层石

复合宝石（也被称为拼接宝石）

式风格”，非常容易迷惑人。GIA 实验室和其他实验室曾见过这样的复合宝石被镶嵌在高品质的、做工精良的古董珠宝上，这些珠宝的持有者将它们送到实验室想得到“红宝石”的鉴定结果。其中一个周围甚至群镶有非常漂亮的稀有天然珍珠！

两年前，我们在外交使团中遇到了一位年轻人，他声称可以通过从自己的国家进口一些有名的宝石来得到一些额外收入。他说自己在一个海蓝宝石采矿区有朋友，这位朋友送了他一船非常好的海蓝宝石。他把这些海蓝宝石带到当地一位珠宝商那里，因为其价格实在是太有吸引力，这位珠宝商把这些宝石拿到我们这里来检测。结果证明都是复合宝石。

这些“海蓝宝石”就是用蓝色的胶水把无色石英石台面与无色石英底粘在一起。很容易判断它们并非海蓝宝石，因为它们不表现海蓝宝石独特的二色性（见第三部分第 6 章）。使用二色镜检查可以让我们马上得知有问题——这些宝石不具备二色性。

二层石和三层石并不能被称为真正的宝石（即使它们的不同组成部分确实是真正的宝石）。人们生产二层石和三层石一般是出于三个原因：一是为了提升劣质宝石的外观，二是为了把小的宝石拼接在一起形成更大的宝石，三是为了仿制更具价值的其他宝石。比如对于欧泊来说，二层石或三层石的背面拼接就是为了给小欧泊提供一种支撑，没有这样的支撑，宝石易破碎。

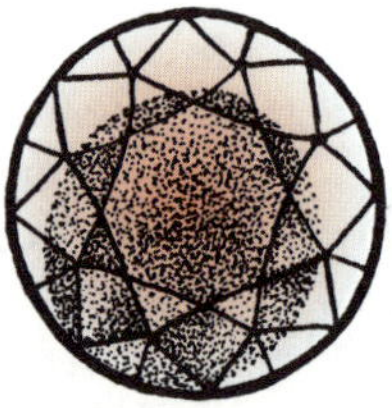

图 17.12

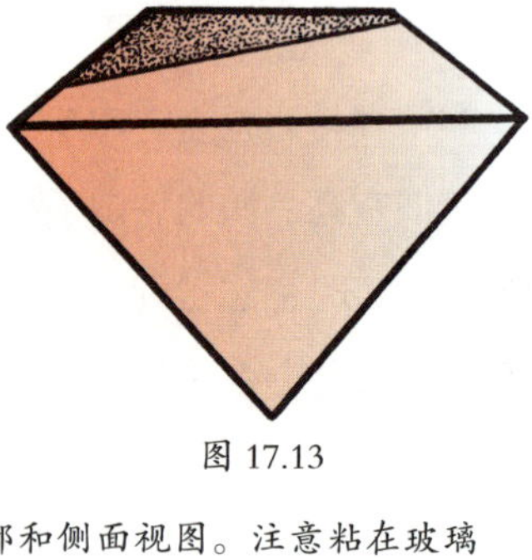

图 17.13

石榴石顶二层石的顶部和侧面视图。注意粘在玻璃上的石榴石在大小和形状上并不一致。

复合宝石种类

复合宝石有很多种，我们将在这里讨论一些常见的类型。

二层石 最常见的复合宝石类型。在古董珠宝上，最常见的二层石是石榴石顶二层石，它们常被称为假垫层宝石。石榴石顶二层石含有一个很薄的红色石榴石顶层，被粘在玻璃上。只要材质组合正确，人们可以使用这种方法生产出任何宝石的仿品，甚至包括钻石。

石榴石过去常被用作二层石的顶部，这是因为石榴石具有很好的光泽性，良好的耐久性，并且容易获得。当与玻璃熔合在一起后宝石不会开裂，也许最重要的一点是（这一点对于任何不熟悉二层石的人来说都难以置信），即使是使用红色石榴石，其天然的红色都不影响最终产品的颜色。比如，当人们看到石榴石顶玻璃“蓝宝石”时，根本不会找到任何红色的痕迹。

石榴石顶玻璃二层石可以仿造托帕石、蓝宝石、祖母绿、红宝石和紫晶，在合成宝石还没出现的年代广泛运用于当时的首饰上(焰熔法，第一种制造合成材质的商业方法，1902 年公布）。二层石在维多利亚时代和一些更早时期的首饰上广泛使用。

另一种类型的二层石是取一种类似宝石的材质，通常是无色的，将两块这样的材质用一种适当颜色的胶质粘或熔合在一起。例如，用红色、绿色或者蓝色的胶质将一块无色合成尖晶石的顶部和底部从中间（腰部）粘在一起，就会做成高品质的“红宝石”“祖母绿”或“蓝宝石”。

真二层石 还有一些二层石会被称为真二层石，这是因为它们是由两块天然宝石制成的。蓝宝石二层石就是真二层石，由两块真正的蓝宝石构成。但采用的宝石片通常是廉价的材质，普通的浅黄色蓝宝石。其顶部和底部用蓝色胶水粘在一起，制成一种“蓝宝石”。

另一种类型的二层石工艺更为巧妙，特别难以检测。这种类型的二层石是将一块薄的、真正的浅黄色或棕黄色的蓝宝石顶部粘到一块合成的蓝色蓝宝石或合成的红宝石底部上，结果成为一块非常精美的真正的蓝宝石或红宝石。

这些二层石甚至可能会骗过一位优秀宝石学家的眼睛，因为三种不同的检测方式都表明宝石是真的，而事实并非如此。一般来说，使用放大镜、二色镜、折射仪就可以提供足够的信息让你了解宝石的身份，但是对于这一类的二层石而言，这些还不够。更重要的是，如果你只进行了这些测试，那么你得到的信息可能会导致得出错误的结论，即该二层石为天然宝石。原因是二色镜和折射仪会给出表明它是蓝宝石的读数。但是一个好的宝石学家需要明白这些工具不能区分天然蓝宝石与合成蓝宝石，所以下一步需要进行放大镜检测。而使用放大镜时，可以轻易被其天然淡黄色蓝宝石顶部中的包裹体所误导。在真正的天然淡黄色蓝宝石中看到的包裹体往往会告诉你宝石是天然的，而非合成的，而这种二层石的顶部是天然的。所以，在这种情况下，在二层石上看到的包裹体也会导致一个结论，即整块石头是真的——真正的高品质蓝宝石。

如果你可以从腰部观察宝石，可能会看到宝石的顶部和底部之间存在颜色差异。如果宝石的镶嵌方式让你无法这样观察宝石，分光镜可以立刻告诉你有问题，显微镜下也可以显示其腰带的特征信号。如

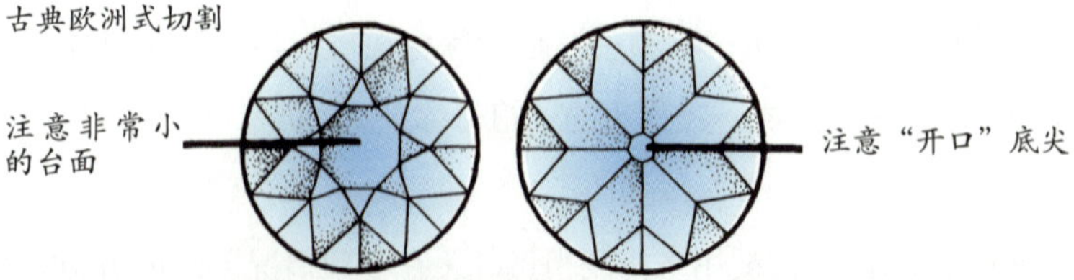

图 17.14 冠部（顶部） 图 17.15 亭部（底部）

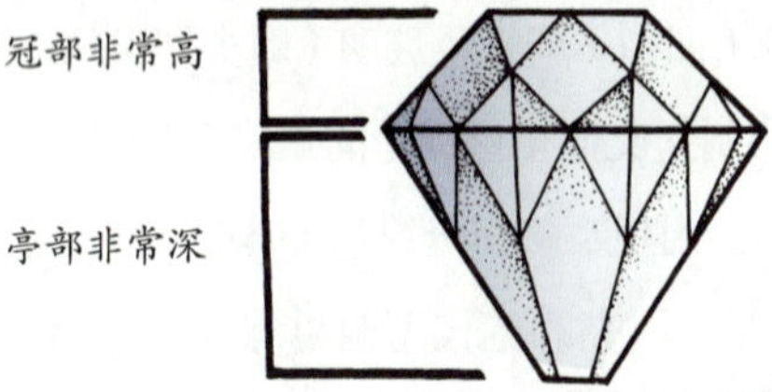

图 17.16 可从顶部看到“开口”底尖

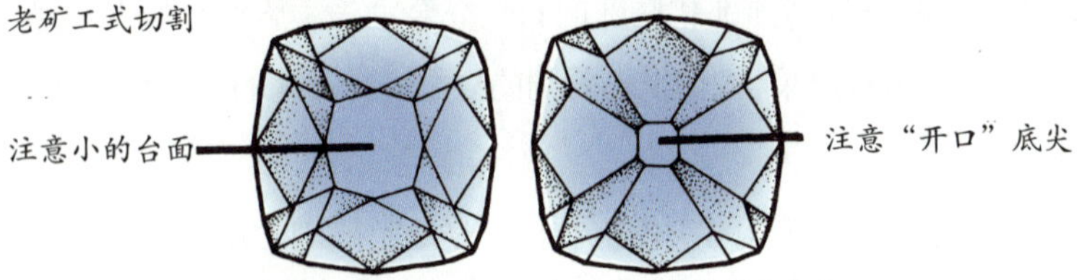

图 17.17 冠部（顶部） 图 17.18 亭部（底部）

古典欧洲式切割与老矿工式切割

两者的侧面轮廓很相似。老矿工式切割比古典欧洲式切割冠部更高，亭部更深，而且通常呈坐垫形。

果将其浸入二碘甲烷，你会立即发现这是二层石，因为其顶部的宝石似乎完全消失在液体里。

我们可能还会遇到真祖母绿二层石和真红宝石二层石（虽然红宝石二层石看上去不具有足够的欺骗性）。做法是将两片淡色或无色的绿柱石（仿制祖母绿翡翠）或刚玉（仿制红宝石）用适当的彩色胶粘在一起。我们曾见过用一颗颜色过暗的绿色祖母绿与一颗淡色或无色的绿柱石粘在一起形成一颗更大的“祖母绿”。

苏代型二层石 常被用来仿制祖母绿（在少数情况下，也仿制其他宝石）。它是由两块无色的石头（比如石英，如今常常是合成无色尖晶石），与一层绿色的彩色明胶（旧型）或绿色玻璃（新类型）粘在一起。有缺陷的石头有时被用来模仿制作类似祖母绿上的缺陷，也会用到无色合成尖晶石，尖晶石上的裂隙会出现类似祖母绿包裹体的效果。

我在讲课时会用到一枚非常漂亮的苏代型祖母绿戒指。每次人们第一眼看到这枚戒指都会惊叹不已。然后当我们把它浸入二碘甲烷中后，所有人在看到其顶部和底部的石头完全消失（毕竟它们真的是无色的）时都会目瞪口呆，人们能够看到的只是一个很薄的暗绿色胶面（出现在腰部）！

有时也会用到真正的淡色宝石，但是颜色层的使用会明显提升其颜色。例如，使用深绿色玻璃或者彩色明胶将淡绿色绿柱石的冠部和亭部粘在一起，会做成一颗很大的高品质深绿色祖母绿，极具欺骗性。

钻石二层石 要注意的是，虽然钻石二层石并不多见，但是确实存在。钻石二层石主要是将两粒钻石粘在一起打造更大的钻石。有时，钻石的冠部是一个重新切割的“老矿工式切割”或“古典欧洲式切割”宝石，粘到由另一粒钻石形成的亭部；有时也会见到某些钻石二层石是由真钻石冠部粘到其他如合成蓝宝石、合成尖晶石等材质上形成。你可能还会遇到带有真钻石冠部，真钻石底尖的二层石，就像我们前面讨论过的箔衬底技艺，中间除了金属箔外没有其他东西。

欧泊二层石和三层石 这类二层石通常是由一薄层的真欧泊顶部，粘到一层低品质欧泊或者其他物质上形成。

最常见的欧泊二层石是珍贵的黑欧泊仿品。这类二层石通常是用黑色胶质将半透明或透明的顶部粘到廉价欧泊或其他材质底部上形成，该底部起到支撑作用。这些“黑欧泊”二层石的顶部很少使用真正的黑欧泊，尽管确实像黑欧泊。

欧泊二层石也可以通过将高品质欧泊粘到一大颗较差品质的欧泊上来创造一个更大的整体外观。如果可以从腰部观察宝石，可以看到这些二层石两部分黏合处的黑线（通常是黑色胶质）。

在欧泊市场中经常也会遇到三层石，已经基本取代了欧泊二层石。欧泊三层石与欧泊二层石很类似，只有一点不同，即在二层石上放置一块无色的石英顶（作为第三部分）以此来增加亮度，同时给易碎的二层石增添一层保护，让其不会破裂。

翡翠三层石 有时会遇到翡翠三层石，这类三层石是用一种类似薄荷酱的绿色胶质将三片普通白色翡翠粘在一起。通常是由一个镂空的戒面安装在另一个戒面上形成，其中间充填一层绿色胶质，让整颗宝石呈现出绿色。这往往非常难以检测，但是用分光镜看到的光谱异常可以立即告诉你，你所检测的并非天然绿色翡翠。

复合星光蓝宝石 这是一种很巧妙的灰蓝色星光蓝宝仿制品。这类宝石上面是星光玫瑰石英，中间是底面有镜子的蓝色玻璃，下面是染色蓝玉髓。一些复合星光蓝宝石是通过在星光玫瑰石英的下端“溅射”类似镜子的物质来形成的。

我们这里谈到的二层石和三层石都是最常见的类型。任何宝石都可以通过二层石或者三层石的工艺得以仿制。复合宝石可以形成紫晶、托帕石，甚至石榴石仿品。要特别注意这类宝石的检测，尤其是古董珠宝，永远不要忘记它们今天仍然存在。

检测二层石

有时制作工艺精良的二层石和三层石很难检测，但大部分可以通过一些简单测试快速地检测出来，对于那些可以很容易检查腰部和亭部的宝石更是如此。

使用放大镜检测：

1. 从顶部检查（欧泊和钻石）。当检查欧泊时，首先用放大镜从顶部检查，寻找任何小的标志性气泡。用便携式放大镜或更高倍数的放大镜仔细观察欧泊二层石和三层石，经常会发现小气泡，这证明宝石是由多个部分粘在一起形成的（二层石或三层石里边的气泡是两层中间胶质中的扁平气泡，比普通气泡看起来更像扁盘）。检查欧泊时要特别仔细，这一点非常重要。欧泊二层石和三层石经常是包镶的，这样无法检测它的腰部，也无法观察腰部两个部分黏合处是否有线。当欧泊采用包镶时，要特别注意它是否有可能是复合宝石。

对于黑欧泊而言，还要从它的背部来检查宝石。真正的黑欧泊背部通常是黑色或灰黑色，而黑欧泊二层石或三层石的情况并非如此。

使用放大镜检查钻石时，用强光从宝石顶部照射，通常会暴露其为钻石二层石。正如我们前面提到的，钻石二层石可能是两粒真钻石粘在一起形成的（真二层石）——一粒做冠部，一粒做亭部——从而形成一颗更大的钻石。这样的钻石很容易检测。用放大镜检查，以小角度斜角观察台面，慢慢地来回倾斜。如果钻石是二层石，你会看到台面在两个部分黏合处平面上的反射。正常的钻石从来不会表现出这种反射。

2. 从侧面检查（彩色宝石）。首先，用强光从上面照射宝石冠部的侧面，仔细观察宝石。在石榴石顶二层石上你可以看到石榴石和玻璃黏合处反射率的不同。石榴石部分比玻璃部分更有光泽。通过练习，你可以很容易发现两者之间的差异。这样你就能够在任何石榴石顶二层石上观察到这种现象。注意：石榴石顶部很少构成整颗宝石的冠部。

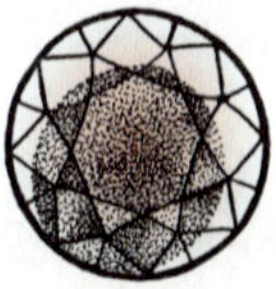

图 17.19

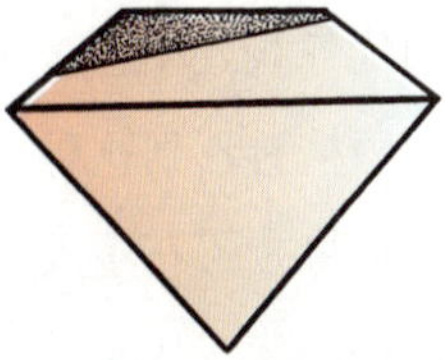

图 17.20

石榴石顶二层石的顶部和侧面视图。注意熔合到玻璃上的石榴石大小形状不一。

图 17.21 使用反射光检查石榴石顶二层石。注意石榴石和玻璃粘合处（见箭头处）反光度的差异。这源于两种材质反射率（它们反射光线的方式）的不同。

它通常是不规则的，包括台面和冠部顶部的一部分。因此，为了检测这种指示性的标志对比，你必须旋转宝石，让光永远保持照在倾斜面，这样可以确保你能够找到玻璃和石榴石的黏合处。

3. 从腰部检查。如果宝石腰部是可见的，仔细检查一下腰部，你会找到宝石几部分熔合在一起的地方。如果你无法检查腰部，从顶部检查宝石，查看是否有标志性的盘状包裹体（扁平气泡都处于二层石不同部分发生黏合的地方，因而在一个平面上）。

使用液体检测：

这是检测许多二层石或三层石的简单有效的方式。使用小镊子将宝石或珠宝浸入外用酒精中。一旦浸入液体中，许多二层石会出现一种奇怪的现象——你可以看到两个或三个不同的部分。其中的一个或多个部分甚至可能会消失（因为它们实际上是无色的）。你实际上可以看到几个部分熔合或是粘在一起的分界线。注意：在石榴石顶二层石上不会观察到这种现象。如果使用酒精看不到这种现象，你可以尝试使用碘化亚甲基（二碘甲烷）。通常将二层石浸入二碘甲烷中，更容易看到上述现象。我们经常使用这种液体，从来没有不良反应，但

图 17.22 有些复合宝石浸入液体时（比如酒精或二碘甲烷），我们可以看到两个或三个不同的部分。对于苏代型祖母绿来说，其顶部和底部看似消失了，只有腰部的一个绿色平面可见（浸液法无法检测石榴石顶二层石）。

注意不要将宝石放置于液体中过长时间。该化学物质可能会影响胶质，减弱黏性，并改变宝石的外观。

使用二色镜检测：

由于大多数彩色宝石都具有二色性，因此使用二色镜有可能将二层石或三层石与它们试图仿制的宝石区分开来。这种检测方法对于石榴石顶二层石或者假二层石很有效，但是对于真二层石或真三层石（正如我们前面讲过，带有浅黄色真蓝宝石顶部和合成蓝宝石底部的蓝宝石二层石）来说其结果未必是结论性的。

通过使用二色镜，人们通常可以在几秒钟内知晓宝石是不是真的祖母绿宝石。如果看起来是祖母绿宝石，但事实上却是假二层石，则使用二色镜观察就看不到祖母绿正常应该表现出的颜色。例如，苏代型祖母绿是使用一层绿色玻璃或彩色明胶，将白色合成尖晶石与无色石英顶部和底部粘在一起，它就不会显示出祖母绿应该显示的二色性。如果确实是祖母绿，那么在二色镜的一个窗口中就会看到绿色，而在另一个窗口中会看到蓝绿色或是黄绿色。而对于二层石，观察者通过二色镜只能看到绿色，不可能看到第二种颜色。二色镜可能无法告诉你所观察的确为二层石，但可以告诉你并非祖母绿。

如果你使用二色镜观察宝石只能得到一种颜色，而你要检查的宝石应该显示两种颜色，那么这颗宝石一定是其他的材质。在这种情况下，就需要使用其他检测方式来了解这颗宝石的真实身份。

这里需要特别提醒：只有当使用二色镜观察宝石无法看到应看到的颜色，这时才可以给你准确信号，即宝石不具有看起来的身份，反之不成立。如果你通过二色镜确实看到了应该看到的颜色，这种情况

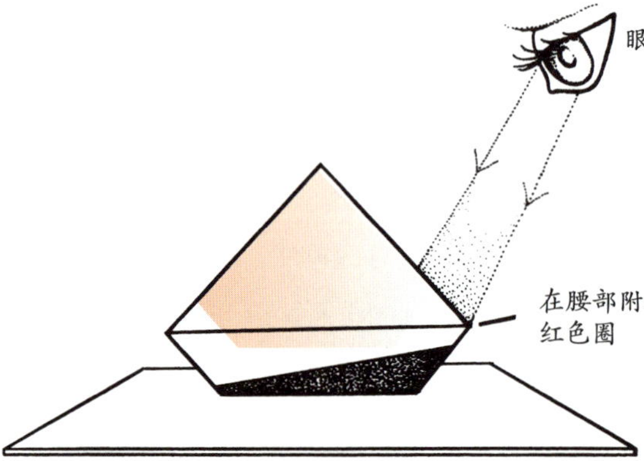

图 17.23 在白色背景下检测石榴石顶二层石

下你所检测的仍然有可能是二层石——真二层石。这种情况下，就需要使用其他检测方法来获得准确答案。

放置于白色平面上检测：

这是检测未镶嵌宝石的一种简单的方法。使用这种方法，如果石榴石顶玻璃二层石所仿制的宝石是除红色外的其他任何颜色，使用白色背景就可以让我们得知它是石榴石顶二层石。把宝石台面向下置于一张白纸上或是任何白色的背景上。把宝石台面向下放在白色陶瓷表面几滴水上的效果特别好，只要是放在任何白色背景上都是可以的。直接向下观察宝石。如果这是石榴石顶二层石，你会在其腰部看到一个红色的圈。这个圈的颜色可能会很淡，也许会很明显，但只要你检测的是二层石，这个红圈一定存在。请记住，这个测试只对于非红色的宝石可靠、有效。

使用分光镜检测：

吸收光谱异常可以提供一个直接信号，告诉我们宝石不是它看起来的身份。正如翡翠三层石的例子，用在绿色胶质中的染料会导致不恰当的光谱图的出现。对于镶嵌宝石来说，分光镜检验是一种快速和有效的方法。

不完全可能会导致错误

如果你只依靠包裹体、折射率或者二色性就想要准确判断宝石的身份，可能无法检测出某些类型的二层石，了解这一点非常重要。这些测试可能会误导你得出错误的结论。

例如，对于我们前文提到的蓝宝石二层石来说，由于这种二层石是由真正的淡黄色蓝宝石顶部与深蓝色合成蓝宝石底部粘在一起形成的，用上面提到的检测方式会让你得出这是真正的蓝宝石的结论。因为顶部是真正的蓝宝石（黄色蓝宝石不会有任何影响），你会看到典型的蓝宝石包裹体；因为底部是深蓝色（合成宝石也不会有任何影响），这样你会得到正确的蓝宝石二色性。此外，由于有黄色蓝宝石顶部，你也会得到正确的蓝宝石折射率读数。

当其他测试方式表明宝石是真宝石时，一定要记得用便携式放大镜或更高倍数放大镜检测宝石，寻找是否有不同部分熔合或粘在一起时形成的直线或者气泡，以及复合珠宝不同部分之间反射率的差异。

只要稍加练习，你就可以学会迅速地发现许多二层石或三层石。然而，如同所有的宝石鉴定，如果你可以花一点时间与宝石学家就复合宝石进行专门的交流，会更容易掌握。如果你所在区域有学校提供宝石学课程，可以安排一个或两个小时到那里专门学习了解复合宝石。如果无法找到任何人为你提供帮助，请写信给我们，我们会很乐意介绍可能会帮助到你的人。

无处不在的宝石仿品和合成宝石

我们已经讨论过几个世纪以来许多用于改变或提升宝石颜色，以及仿制不同宝石的技术，例如箔衬底、箔夹层、复合宝石，现在我们来讨论在购买古董和祖传珠宝时需要注意的仿制宝石和合成宝石。

很少有人意识到人类仿制珍贵和美丽的宝石的历史有多么久。目前已知最早的仿制品之一是绿松石。由于其美丽的外表和神奇的魔力，埃及人十分珍爱这种宝石。在7000多年前，他们成功地制作出一种被称为彩陶的绿松石色的陶瓷材质，用这些材质来做珠子、护身符项链、吊坠和戒指。还制作出漂亮的玻璃制品，例如在古埃及国王图特王坟墓中发现的漂亮蓝玻璃宝石。

在美丽的中世纪阿登十字架上曾发现非常精妙的中世纪的蓝宝石仿品。一个镶满宝石的木十字架，长73厘米，宽45厘米，陈列于德国纽伦堡的日耳曼国家博物馆，上面镶有红色石榴石、水晶、绿玻璃和无数的“蓝宝石”。经过宝石学家检测（使用二色镜、查尔斯滤色镜、紫外灯，在某些情况下还使用了折射仪），人们发现镶有的15颗大“蓝宝石”——其实是石英鹅卵石浸在蓝色玻璃里熔合形成的！

玻璃被用来做宝石仿品已有几千年的历史了。大多数人都知道这种假冒品的存在，以及合成材质的使用。但是很少有人会在检测古董珠宝时考虑合成宝石的可能，尤其是很古老的珠宝首饰，而且很少有人意识到很多的古董珠宝上原来的宝石已经损坏或是丢失，已被人们用合成宝石替代了。仅仅因为它们是旧的东西就认为是真品，这可能会为之付出昂贵的代价。

仿制品与合成宝石的不同之处

对我们来说，作为专业术语，“仿制”和“仿造”的意思是相同的，可以互换使用。然而，“合成”却有着不同的、特定的意义。这些专业术语往往令人困惑，所以在开始之前，首先，我们来解释它们的含义分别是什么。

仿制宝石是由人造的。重要的是要明白“仿制品”在自然界中没有对应物。举例来说，类似绿色钇铝石榴石的亮绿色宝石可能呈现祖母绿颜色，看起来很像祖母绿，但并不具备任何真正祖母绿所具备的物理性质，它也不具备任何大自然中其他绿色宝石所具有的物理性质。它不是为了复制天然宝石而生产的。钇铝石榴石是一种仿制品或者仿造品。玻璃也是仿制品。仿制品很容易与同色的真宝石区分开来，这是因为其具有非常不同的物理特性。通常，颜色是它们与真宝石唯一的共同点。人眼就可以区分仿制品和真宝石——或是太亮，或是不够亮，等等。一些简单的测试方法（通常只需要放大镜）就可以快速区分仿制品和真宝石。

然而，虽然合成宝石也是人造的，却是通过使用科学手段去复制天然产生的宝石，因此，它几乎具有与所仿制的宝石相同的物理和化学特性。如果没有仔细检查，合成宝石很容易与真宝石相混淆。查塔姆祖母绿就是合成宝石——它们复制自然界中发现的一种物质，基本上具有与之相同的物理和化学特性。卡山红宝石是一种人工合成的红宝石，非常像天然红宝石，刚刚出现的时候很多人都把它当作天然红宝石。

20 世纪初合成宝石已经开始商业化生产——合成红宝石是在 1905 年开始商业生产（虽然更早的时候已经有这种合成红宝石），合成蓝色尖晶石出现于 1908 年（1925 年后大量出现），合成蓝宝石出现于 1911 年。

事实上，很多 20 世纪早期的珠宝上都含有小颗粒的合成宝石，用来使其他真宝石增色，让其更为突出。我有一条非常漂亮的天然珍珠手链，镶有真钻和合成蓝宝石。蓝宝石是很小的、规则切割的宝石，它们的主要作用是提供颜色。鉴于它们的小尺寸，事实上，它们是合成宝石而非真宝石，但这并不会影响其整体价值。尽管如此，知道它们是合成的很重要。如果我出售这条手链，而没有当即指出蓝宝石不是真宝石，等客户发现了这一事实，我的可信度和声誉就会严重受损。

古董珠宝和祖传珠宝上的合成宝石

我们还必须警惕的是，合成宝石也可能出现在合成宝石技术出现很久以前的珠宝首饰上——珠宝上的宝石因丢失而被替换成合成宝石。

仔细检查任何看起来不错的宝石都不为过。人们不能仅仅因为珠宝首饰年代久远，其所属的家族声誉良好，工艺精湛注重细节，或者用以突出主石的钻石品质很好就做出相应的假设。在瑞士日内瓦的温莎公爵夫人的珠宝拍卖会上，有一串属于公爵夫人的珍珠。在目录中这些珍珠被称作真正的养殖珍珠。事实上它们是假的！这件事的一个严重错误就是有人认为珍珠的主人是温莎公爵夫人，它们只可能是真的。毕竟，谁能想象公爵夫人会戴一串假珍珠！因此，不要做出类似的假设（拍卖行在投标开始前就犯下了这个错误）。

在20世纪初，一些合成红宝石、合成祖母绿和合成蓝宝石被用在华丽的钻石镶嵌的珠宝上。也有一些18世纪至19世纪的首饰上镶有合成主石，有的甚至为了突出主石还用到复合首饰年代的古董切割的钻石。尽管在珠宝所属年代还没有合成宝石，但也要随时注意原石有可能已经被替换（原来的宝石受损和丢失，然后用价值较低的宝石来替代原石）。

近几十年来合成宝石领域取得了巨大的进展。合成祖母绿在20世纪30年代进入人们的视野，40年代出现星彩红宝石。在20世纪70年代，合成绿松石进入市场，还有合成紫晶、合成紫翠玉和合成欧泊也被生产出来。在20世纪80年代，我们发现出现了合成翡翠。看似不可能的事情发生了——已经出现了宝石级人造钻石。

检测合成宝石

合成宝石提供了一种人们可以负担的天然宝石替代品。然而，它们也给今天的珠宝商和珠宝爱好者带来了很多问题，因为很难区分合成宝石与真正的宝石。我们在前面的章节中已讨论过，因此在这里我们将做一些补充性的说明。

今天的合成宝石给宝石鉴定带来了真正的挑战。一些用10倍放大镜看起来似乎完美无瑕的宝石，需要更高倍数的放大镜——有时高达

60倍或更高——才可以看到表明是合成宝石的内含物。有些合成宝石具有可见内含物，而这种内含物是为了模仿通常在天然宝石中看到的内含物。所以我们建议仔细检查任何看起来具有优良品质的宝石。

1. 用显微镜检查。大多数宝石爱好者都知道完美无瑕的宝石级祖母绿、蓝宝石或红宝石都是非常罕见的，这样的宝石最有可能是合成的。但是当一颗宝石中含有典型的包裹体，人们通常会放松警惕。然而，现在合成宝石中发现的包裹体已经发展到可以更好模拟天然宝石的程度。用显微镜（至少60倍放大）仔细检查对任何看起来天然的宝石都是不可或缺的。

2. 用分光镜检查。诸如焰熔法合成蓝宝石的旧型合成宝石也给人们提出了问题：人们可以加热这样的宝石来消除标志性迹象。焰熔法合成蓝宝石经热处理可以成功地去除其中的曲纹（曲线）和颜色分区。因此在检测具有很好颜色——不太暗，也不太淡——的蓝色蓝宝石时，非常有必要再用分光镜加以检测（见第四部分第10章）。如果宝石是旧型合成宝石，在光谱图中的450nm处不会看到吸收带。深蓝色合成材质可能会在光谱图中的450nm处显示一条弱吸收带，而非常浅的天然蓝宝石可能无法显示。

3. 用偏光镜检查。当前市场上有大量的合成紫晶，大部分是作为合成宝石出售的，但也有一些是作为真紫晶出售的。因此，对于一些看起来品质很好的、特别干净的深紫色紫晶来说，使用偏光镜仔细检查是必不可少的（见第四部分第11章）。

4. 用天平检测。合成青金石对很多人来说令人惊奇。青金石也应检测，而且有一种使用天平的简易检测方法。将整件珠宝或者镶嵌的宝石称重，记录准确的重量。将它浸在清水中约2分钟。拿出来，仔细擦拭干净。再称一次。如果宝石变重，那它就是合成的。合成青金石是多孔的，容易吸收水。真正的青金石却没有这一现象发生。

绿松石的说明

绿宝石是一种需要特别关注的宝石。人们必须保持警惕的是，有许多材质看起来像绿松石——天然绿松石、合成绿松石、再造绿松石、仿制绿松石。在整个市场中，我们可以看到大量的绿松石仿制品。精细天然绿松石是很难获得的。然而，市场上有大量的再造绿松石，常被称为天然绿松石，其实它们并不是。此外，再造绿松石也不应与合成绿松石相混淆。再造绿松石不是合成的。再造绿松石是用绿松石粉（通过粉碎品质较差的真绿松石来获得）制成的产品，将其与黏合剂（塑料）混在一起形成固体块。这是任何购买绿松石的人必须加以防范的。

今天的合成宝石

合成宝石的制造商已经走了很长的路。他们现在的产品非常漂亮。事实上，这些合成宝石看起来相当不错，但很容易被误认为是真宝石。

宝石学家也走过了漫长的道路，学习如何识别真正的宝石，并将其与合成宝石和仿制宝石区分开。尽管如此，要想准确鉴定一些宝石，仍然需要经过一些不能被大众所掌握的精密测试设备的检测。红外光谱给未来带来了很大的希望，也给那些想要在技术上不断超越、不断努力完善合成技术的珠宝仿制者带来了希望。GIA 目前正在用红外分光镜做实验，相信这一设备可以提供快速区分合成宝石和天然宝石的手段。

宝石合成是一个动态的世界。20世纪以来，许多合成宝石不断出现，并得以完善，不断地出现新的突破。接下来的几十年里，不断地紧跟发展趋势可能成为珠宝商和宝石爱好者的终极挑战。

在古董珠宝和特定时代的珠宝上使用裂隙充填处理方法

裂隙充填是用来提升钻石外形的最新处理方法之一，已有几十年的历史。然而，使用这种处理方法钻石的首饰可能会有几百年的历史！

要提醒的是在检查旧首饰上的钻石时要非常小心，以确保没有裂隙充填钻石（见第三部分第4章）。我们已经在著名珠宝机构，甚至是著名的拍卖行的古董戒指和其他首饰上见到这样的裂隙充填钻石，首饰在出售时并未说明含有这样的钻石。我们不仅在古董首饰、漂亮的时代珠宝上见过这些钻石，还在当铺和跳蚤市场上见过这样的钻石。人们可以从旧首饰上取下旧宝石，充填其中的裂隙，然后重新装回首饰上。也可以把“新”宝石安装在“旧”的或者“古董”宝石托上。一个拥有破裂钻石的人想要充填其中的裂隙，这无可厚非。但如果是购买者，就一定要注意所购买的钻石是否经过裂隙充填处理；而如果是钻石销售者，也必须了解正在销售的钻石是否经过裂隙充填处理，这样就可以告知潜在买家有这样的处理发生。

最后要提醒的是：只要涉及古董珠宝，永远不要放松警惕。

在古董珠宝和祖传珠宝上用合成碳硅石代替钻石

正如我们前面提到电子钻石测试仪时所说，目前已经在无数的古董珠宝和祖传珠宝上发现了合成碳硅石，它们被误认为是钻石。世界各地的宝石实验室已经多次报告了这样的案例，并警示人们千万不能认为任何古董珠宝和旧宝石托上的钻石都是真钻。还要记住标准电子钻石测试仪只测试导热系数，将会在检测合成碳硅石时把其当作“钻石”；如果用电子钻石测试仪，确保这是一种双重测试仪，既测试导热性又测试导电性。

关于古董珠宝和祖传珠宝的最后说明——享受

我们希望上面的讨论不会让你胆怯并能够给你正确指引和知识，降低不经意间买到错误东西的可能性。我们希望这里的信息能让你对所看到的、购买的和销售的东西更有信心。毫无疑问，你会遇到很多我们在这里讨论的技术。我们认为它们会增加购买的趣味性，那会是非常有趣的经历。我们希望你认可享受它们的关键是认识和欣赏你所拥有的。

表 17.1 合成宝石和人造仿宝石

颜色	大批量供应时间	生长或合成方法	注释与鉴定特征
合成宝石			
无色宝石			
钻石	20 世纪 90 年代（确切日期难以确定）	助熔剂生长法	1. 所有的合成钻石都可以用常规宝石学测试进行区分。 2. 大多数合成钻石略带有色调（近无色），但也有无色钻石被生产出来。 3. 呈现独特的分区现象。 4. 不同于天然钻石，许多合成钻石都具有磁性。磁性是合成钻石的指示性特征。 5. 大多数发荧光，并表现出非常独特的荧光图案。 6. 可能出现“沙漏”或“停止标志”的指示性结晶。 7. 也有类似无色钻石特征的丰富黄色调合成钻石被生产出来。
蓝宝石	1910 年	维尔纳叶法	1. 由于蓝宝石是无色的，所以观察不到弧形生长纹或着色现象。 2. 短波紫外灯下，合成无色蓝宝石具有鉴定特征：暗淡的深蓝色荧光。
尖晶石	1910 年	维尔纳叶法	1. 合成无色尖晶石可以很容易地被短波紫外灯鉴定出来，它具有强蓝白荧光。长波紫外灯下呈惰性。也可以被偏光镜检测时出现的异常双折射鉴定出来。
金红石	1948 年	维尔纳叶法	1. 具有太多的“反火”或色散（比钻石的色散值高 7 倍多）。 2. 柔软——可以被石英类宝石（紫晶等）刻画，其摩氏硬度为 6~6.5。 3. 如果切割错误会呈现云状外观（是由其高双折射率产生的很强的双重性引起的——双折射率为 0.287）。 4. 切割很浅但没有“漏”光现象，这是由合成金红石非常高的折射率（2.616~2.903）引起的。

续表

颜色	大批量供应时间	生长或合成方法	注释与鉴定特征
★立方氧化锆（CZ）	1973 年（1976 年商业上应用）	凝壳炉	1. 具有比钻石更高的“反火”或色散值——其色散值是 0.060，钻石的色散值是 0.044。 2. 具有更高的密度。与 1 克拉大小的圆形切割钻石相比较，同样大小的立方氧化锆的重量大约为 1.75 克拉。 3. 立方氧化锆的摩氏硬度大约为 8.5，可以很容易地被碳化物划针刻画。 4. 长、短波紫外线下都呈强橙色或黄色荧光，但短波紫外线下的荧光更强，这与许多宝石的发光特性相反。 5. 用钻石测试探头、探针或反射计测试时，呈阴性反应。 6. 腰围看起来具有比钻石略微要多的“玻璃光泽”。 7. 可读性测试。当未镶嵌的立方氧化锆台面朝下放置在一个很细的钢笔画线或黑色印刷线上时，你可以透过立方氧化锆以一个微小的角度从上面观察到下面的一些黑线或印刷线。但是以这种方法观察一粒切割好的钻石时，你无法看到下面的印刷线或黑色钢笔画线。
碳硅石	20 世纪 90 年代	助熔剂生长法	1. 合成碳化硅因具有很强的双折射率，因而当从台面向内部观察时，可以看到后刻面的重影现象。 2. 具有比钻石更高的色散值，呈现更多的“反火”。 3. 在白色平坦背景下观察时，可以看到灰色调或绿色调的投射物。 4. 内部可以呈现钻石中从来不会出现的细长白色针状包裹体。

★我们把立方氧化锆列为合成宝石是因为在自然界中它仅以包裹体的形式出现。然而，我们认为立方氧化锆是仿品，是因为它可以模仿钻石，其特征却与钻石具有显著差异。

续表

颜色	大批量供应时间	生长或合成方法	注释与鉴定特征
蓝色宝石			
蓝宝石	1911 年	维尔纳叶焰熔法	1. 可见弧形生长线（弧形生长纹）与颜色分区（色带）。 2. 内部可见小的球形或梨形气泡。 3. 合成蓝色蓝宝石在短波紫外灯下，通常呈现蓝绿色或暗绿色荧光。 4. 热处理可以消除合成蓝色蓝宝石中的弧形生长纹与颜色分区特征，因此检测时，需借助分光镜测试其光谱特征（见第四部分第 10 章）。 5. 天然蓝色蓝宝石与合成蓝色蓝宝石在使用二色镜检测时没有区别。
尖晶石	1908 年（1925 年之后才被广泛使用）	维尔纳叶焰熔法	1. 查尔斯滤色镜配合白炽灯照明很容易鉴别合成蓝色尖晶石，因为它会呈现红色着色反应。 2. 偏光镜正交偏光检测时，可以看到合成蓝色尖晶石具有异常双折射现象。 3. 纺锤状气泡包裹体。 4. 大多数合成蓝色尖晶石在长波紫外线下发红色荧光，在短波紫外线下发橙色、红色或蓝白色荧光。
绿松石	1972 年	仿制方法未披露（吉尔森）	1. 长、短波紫外线下呈暗淡的弱蓝色荧光。 2. 显微镜下检测时，在一个白色的基质中似乎有小角晶体碎片出现。 3. 借助放大镜，有时可以看到均匀分布的、小的白色“棉花泡芙”。 4. 合成绿松石的颜色可能均匀分布，或呈蛛网状矩阵排列。
青金石	20 世纪 70 年代中期	仿制方法未披露（吉尔森）	1. 一台精细的天平便能将合成青金石识别出来。方法是：在天平上仔细称量青金石首饰或裸石并记下其重量，然后在清水中浸泡约 2 分钟，仔细地擦干后再次称量。如果该青金石是合成青金石则会变得更重，因为合成青金石多孔且容易吸收水。 2. 当使用强光笔式手电筒检测时，你会注意到真正的天然青金石略为半透明，但是吉尔森合成青金石则不透明。 3. 吉尔森合成青金石可能有也可能没有黄铁矿包裹体。

续表

颜色	大批量供应时间	生长或合成方法	注释与鉴定特征
绿色宝石			
祖母绿	1934 年	助熔剂生长法（I. G. 法尔本）	1. 很少被生产出来。 2. 纤细面纱状包裹体。
	1935 年	助熔剂生长法（查塔姆）	1. 纤细或面纱状羽纹包裹体，液体充填。 2. 硅铍石晶体包裹体。 3. 气泡。 4. 铂晶体片，通常呈三角形，但也可以是六边形。 5. 查尔斯滤色镜配合白炽灯照明检测时，呈现强红色反应。 6. 长波紫外线下呈红色荧光。 7. 合成祖母绿滤色镜下呈粉红色反应。
	20 世纪 60 年代初期	助熔剂生长法（吉尔森）	1. 面纱状包裹体。 2. 查尔斯滤色镜下呈强红色反应。 3. 长波紫外线下呈红色荧光。 4. 吉尔森合成祖母绿（N 型）没有荧光，但在吸收光谱 4270 埃（427nm）处有吸收带。 5. 合成祖母绿滤色镜下呈粉红色反应。
	1961— 1970 年	水热法（林德）由加利福尼亚州和新泽西州的真空企业公司生产（政府许可的联合碳化物公司）	1. 所有又长又薄的晶体都指向同一个方向。许多这种晶体上加盖有一个小球，被称为钉头状包裹体。 2. 真空公司生产的一些低级别的合成祖母绿中有束状包裹体出现。 3. 长波紫外线下呈强红色荧光。
	1960 年	水热法（莱切雷特纳）	1. 一刻面形绿柱石（海蓝宝石、祖母绿等）上有一层水热法生长沉淀的合成祖母绿。借助放大镜，很容易看到刻面表面上有一系列纵横交错的细渔网状裂隙出现。根据绿柱石镀膜类型的不同，这种合成祖母绿的密度也略有不同。

续表

颜色	大批量供应时间	生长或合成方法	注释与鉴定特征
	1986 年	水热法（拜伦）	1. 有在林德合成祖母绿中可见的钉头状包裹体出现。 2. 两相包裹体。 3. 金片包裹体。 4. 幽灵线——前一瞬间可见，下一瞬间消失的平行线。 5. 小的白色斑点。 6. 查尔斯滤色镜下呈红色反应。 7. 紫外灯下呈惰性（合成祖母绿的异常反应）。 8. 就像吉尔森合成祖母绿（N 型，Ⅱ型）那样，吸收光谱 4270 埃（427nm）处有吸收带。
	1984 年	助熔剂生长法（圣子，日本）	1. 紫外线下呈绿色荧光。 2. 内部有看起来像线一样的细薄平行包裹体。 3. 合理“清除”内部包裹体。
尖晶石	1925 年	维尔纳叶法	1. 颜色为碧玺绿。 2. 偏光镜下合成尖晶石总是呈现异常双折射现象。 3. 合成尖晶石不会呈现二色性。 4. 无色合成尖晶石可以用来制作有色祖母绿二层石：二层石的顶部和底部都是无色合成尖晶石，这两部分是由绿色胶粘在一起的（见第四部分第 16 章）。
翡翠	1984 年	高压釜（通用电气公司生产制造）	1. 这个时候生产合成的翡翠（包括绿色和紫色的翡翠）还没用于商业用途。 2. 这种合成翡翠的硬度比天然翡翠的硬度（6.5~7）略高，硬度为 7.5 ~ 8。 3. 合成翡翠似乎有更多的粒状结构，颜色分布呈斑点状或参差不齐状。 4. 合成翡翠的荧光、折射率和相对密度与天然翡翠的相似。 5. 分光镜在区分天然翡翠与合成翡翠时非常有用——天然翡翠在吸收光谱的 437nm 处有吸收线，但合成翡翠没有。 6. 日本精工舍有限公司在 1985 年获得了生产合成翡翠的专利。谁知道合成翡翠的前景将是怎样呢?

续表

颜色	大批量供应时间	生长或合成方法	注释与鉴定特征
蓝宝石	1910 年	维尔纳叶法	1. 可以见到与合成蓝色蓝宝石中相同的包裹体。 2. 查尔斯滤色镜下呈红色反应（天然绿色蓝宝石在查尔斯滤色镜下为暗色）。
红色宝石			
红宝石 *	1905 年商业上应用	维尔纳叶焰熔法	1. 弧形生长纹，弯曲色带。 2. 小的球形、梨形或蝌蚪形气泡。 3. 纺锤形气泡（一串具有腊肠状外观的气泡）。 4. 黑色小点（合成红宝石生产过程中没有被熔化或吸收的多余氧化铬）。这种黑色小点通常在老式合成红宝石中可以见到。 5. 长波紫外线下呈强红色荧光。缅甸红宝石也呈强红色荧光，但弱于合成红宝石的荧光。
	1920 年以后	切克劳斯基（Czochralski）提拉法能够生产很大的合成红宝石晶体	1. 非常干净，可以出现一个薄弱分层或平行的色带。 2. 像维尔纳叶焰熔法合成红宝石那样，在长波紫外线下呈强红色荧光。
	20 世纪 60 年代中期	助熔剂生长法或扩散法	1. 小的不规则形、拉长形气泡。 2. 内部网状或面纱状包裹体中的微滴已被充填。天然红宝石中也可以见到类似的微滴，但未被充填。查塔姆合成红宝石中的网孔往往呈六角形。 3. 在一些卡尚合成红宝石中，你能看到不规则形状的助熔剂残留物。 4. 一些卡尚合成红宝石中，有似下雨一样的浑浊包裹体出现。这些浑浊的包裹体呈微弱的浅色直线状，贯穿整个宝石——这会使你认为自己可能正在看对面刻面的边缘。 5. 助熔剂生长的卡尚合成红宝石在紫外灯下不会呈现像维尔纳叶法合成红宝石那样的强红色荧光。 6. 查塔姆合成红宝石可能含有小的、通常为三角形的铂金片。 7. 在一些拉莫拉合成红宝石中，你可以看到近乎直线的平行生长带，当你稍微倾斜晃动宝石的时候，这种生长带将会消失。 8. 拉莫拉合成红宝石在短波紫外灯下呈蓝色调荧光，有时也可呈微黄色荧光。

续表

颜色	大批量供应时间	生长或合成方法	注释与鉴定特征
星光红宝石	1947 年	维尔纳叶焰熔法	1. 星光非常完美，6 射星光完全一致。 2. 林德型合成星光红宝石通常在其凸面背面上呈蚀刻不良的“L”形。 3. 许多欧洲生长的合成红宝石更加透明。如果仔细检查它们，你会发现有弧形生长纹或色带存在。 4. 从某种程度上来说，天然星光红宝石，在弧面琢型的背面也会可见六角交叉影线。这种影线在合成星光红宝石中不会观察到。 5. 一些欧洲生长的合成红宝石，在其弧面琢型的背面会呈现很好的同心圆形。
★ 合成红宝石早在 1885 年就已经生产出来（日内瓦），但直到 1900 年后才真正商用。			
红色尖晶石	20 世纪 30 年代	维尔纳叶焰熔法	1. 合成红色尖晶石的折射率略高于天然红色尖晶石的折射率。然而，最近一些新的合成红色尖晶石的折射率与天然红色尖晶石的折射率非常相近。 2. 在偏光镜正交偏交检测下，这些合成红色尖晶石呈异常双折射现象。 3. 天然红色尖晶石与合成红色尖晶石在长波紫外线下都呈强红色荧光。合成红色尖晶石的荧光虽然略弱于天然红色尖晶石的，但也有与之相同的红色。 4. 红宝石具有很好的二色性，但红色尖晶石和红色玻璃没有。 5. 在放大观察下，天然红色尖晶石内部通常会看到八面体形晶体包裹体，但在合成红色尖晶石中不会看到。 6. 合成红色尖晶石中通常会有内部裂隙出现(尤其在早期的合成尖晶石中)。
紫色宝石			
紫晶	1975 年	水热高压釜	1. 漂亮的深紫色，非常干净的合成紫晶非常多。 2. 通过使用偏光镜仔细检测，合成紫晶可以被鉴定出来（见第四部分第 11 章）。在合成紫晶中，不会看到 99% 的天然紫晶中都会出现的双晶线。

续表

颜色	大批量供应时间	生长或合成方法	注释与鉴定特征
变色宝石类型			
变石	1973 年	助熔剂生长法（加利福尼亚州创造性的晶体）	1. 相互连接隧道形的面纱状图案（愈合裂隙类型）。 2. 绳索状排列的小气泡。 3. 小的褐色六边形片晶。 4. 助熔剂型包裹体。 5. 六边形或三角形的铂晶体。 6. 长、短波紫外灯下呈强红色荧光。
合成尖晶石（变石品种）		维尔纳叶法	1. 不具有二色性。尖晶石是单折射宝石，变石是三折射率宝石。 2. 非常好的变色现象：可从绿色变为红色。 3. 气泡。 4. 天然变石中不见异常双折射现象。 5. 折射率为 1.73。
合成刚玉（变石品种）		维尔纳叶法	1. 折射率为 1.762~1.770。 2. 长、短波紫外灯下呈强红色荧光。 3. 有些合成变色刚玉在长、短波紫外灯下呈橙色荧光。 4. 灰绿色至紫色的变色。 5. 使用二色镜检测时，合成变色刚玉呈两种颜色，而天然或合成变石会出现三种颜色。依据原产地不同，天然变石的三色性略有不同。

备注：合成蓝宝石与合成尖晶石，在实验和科学研究中已经生产合成出很多颜色的品种。我们没有列出它们，是因为大多数在贸易中不常出现。

续表

颜色	大批量供应时间	生长或合成方法	注释与鉴定特征
假冒与仿宝石（仿宝石没有对应的天然宝石——合成宝石是天然宝石的复制品）			
无色宝石			
钛酸锶	1955 年	维尔纳叶法	1. 非常高的“反火”或色散值——比钻石色散值 4 倍还要高。 2. 非常高的密度（5.13），大约为钻石密度（3.52）的 1.5 倍。 3. 非常软（摩氏硬度为 5.5~6.5），且易变。 4. 紫外灯下没有荧光。 5. 为了使这种宝石更耐久、色散值减少，它被制作成二层石：二层石的底部是钛酸锶，冠部是合成尖晶石或尖晶石。 6. 被当作锶钛石等出售。
钇铝榴石（YAG）	1969 年	切克劳斯基提拉法	1. 钇铝榴石的色散值较低（0.028），约为钻石的一半。 2. 摩氏硬度较高，约为 8.25。 3. 以“钆榴石”（Diamonair）和“仿钻”（Diamonique）商品名出售。 4. 与钛酸锶一样，其折射率在普通的折射仪上测试不出来。 5. 有些钇铝榴石在长、短波紫外灯下都呈橙色荧光，长波下的荧光弱于短波；有些在长波紫外灯下有弱粉色荧光；有些在长、短波紫外灯下都没有荧光。 6. 由于钇铝榴石的折射率很低，当进行可读性测试的时候，你可以容易地读取它后面的字迹。 7. 扭曲的水滴状包裹体，黑色方块状或三角形晶体。
钆镓榴石（GGG）	1975 年	切克劳斯基提拉法	1. 色散值几乎与钻石相同。 2. 相对密度（7.02）几乎是钻石的两倍。 3. 钆镓榴石的硬度（摩氏硬度为 7，与水晶宝石的硬度相同）比钻石的硬度低得多，但耐久性高。 4. 暴露在紫外线或日光下，钆镓榴石的颜色将会由无色变为褐色，且暴露的时间越长，褐色越浓。 5. 长、短波紫外灯下都呈橙色或黄色荧光，且长波下的荧光弱于短波下的荧光。

续表

颜色	大批量供应时间	生长或合成方法	注释与鉴定特征
黄色－橙色宝石			
硅酸镧镓	20 世纪 90 年代	切克劳斯基提拉法及其他方法	1. 硅酸镧镓仿宝石被误认为是数种宝石，但是其较高的折射率有别于蓝宝石与尖晶石。 2. 双折射和二色性（偏光镜和二色镜测试所得）可将硅酸镧镓与合成立方氧化锆、钇铝榴石、钆镓榴石或艳彩色钻石区分开来。 3. 台式分光镜能将硅酸镧镓与锆石区分开，其他方法测试锆石可能会得出错误的结论。
绿色宝石			
钇铝榴石	1969 年	切克劳斯基提拉法	1. 一些钇铝榴石在紫外灯下呈强红色荧光，在查尔斯滤色镜下呈红色反应。由镨元素致色钇铝榴石在紫外灯或查尔斯滤色镜下的发光非常微弱。 2. 看起来像祖母绿，但是内部非常干净。 3. 折射仪可以测试祖母绿的折射率，但是不可以测试钇铝榴石的折射率。
蓝色宝石			
人造青金石	1954 年	德国	1. 人造青金石是由粗磨碎合成蓝色尖晶石经加热（但不熔化）成固体而制成的。有时添加了黄金碎斑。 2. 查尔斯滤色镜可对其进行鉴定（人造青金石将呈现红色反应，但天然青金石则不会）。 3. 1954 年以来，人造青金石一直不是很多。
合成刚玉仿坦桑石	20 世纪 90 年代中期	维尔纳叶法	1. 掺入了坦桑石的成分，但确实不像坦桑石。 2. 二色性（坦桑石是三色性宝石）。 3. 具有维尔纳叶法合成宝石的典型内部包裹体。

续表

颜色	大批量供应时间	生长或合成方法	注释与鉴定特征
紫色 / 紫罗兰			
钇铝榴石	1995 年	切克劳斯基提拉法	1. 凭外观很难将它与天然坦桑石区分开来，但是借助标准宝石学测试方法可以很容易地辨别。 2. 单折射宝石；高折射率（1.833）。 3. 最与众不同的特征是其独特的荧光特性：长波紫外灯下呈弱到中等强度的橙色荧光，短波紫外灯下呈浓橙色荧光（其发光特性即使使用低强度、便携式紫外灯都可以观察到，但是这种便携式紫外灯必须具有长波紫外与短波紫外功能）。
多色宝石			
仿欧泊	1972 年	方法保密（吉尔森）	1. 颜色补丁仅在边界内出现，没有与相邻颜色补丁相“混合”。 2. 10 倍放大镜检测表明，仿欧泊的表面呈类似蛇皮状、鸡笼状、蜂巢状或细皱纹状的图案。 3. 浸在三氯甲烷中，仿欧泊会显影出一个无色或清晰的包裹层，这个包裹层有几毫米厚，围绕整个仿欧泊。当将其从三氯甲烷中拿出时，清晰的包裹层就消失了。测试时要确保你不会吸入太多的三氯甲烷！ 4. 吉尔森公司也停止生产仿欧泊，并转交给日本的公司。
仿欧泊	1977 年	具有控制沉淀的玻璃（J. L. 斯洛克姆）	1. 当使用 10 倍放大镜检测时，可以很容易地将它鉴定为仿宝石。虽然在斯洛克姆仿欧泊中有许多颜色配置，但是没有一种像天然欧泊。 2. 仿欧泊的密度（2.40~2.50）高于天然欧泊的密度（1.25~2.23）。 3. 仿欧泊的折射率（1.49~1.50）高于天然欧泊的折射率（约为 1.45）。 4. 摩氏硬度约为 6。

续表

颜色	大批量供应时间	生长或合成方法	注释与鉴定特征
仿欧泊	1983 年	方法复杂（日本）	1. 看起来非常逼真的塑料仿制品。 2. 相对密度低——1.18~1.20。 3. 折射较高——1.48~1.53。 4. 硬度非常低，大约为 2.5。 5. 你可以用一把锋利的小刀切割它。 6. 镶嵌在戒指中，仿欧泊可以通过模仿具有白色基质的珍贵天然欧泊来误导你。
新型的铅玻璃复合宝石（低品质的刚玉中通体被灌入了铅玻璃）			
红宝石与蓝宝石（所有颜色）	21 世纪中期		1. 表面龟裂纹。 2. 周围或透射宝石时晃动强手电筒（笔式手电筒）时，可以看到蓝色闪光。 3. 圆形气泡。 4. 黄色水池状凹坑可以在这些复合宝石中看到，它们其实是黄色着色的铅玻璃。

钇铝榴石、钆镓榴石及立方氧化锆能够生产合成出许多颜色如蓝色、黄色、红色等，虽然一些颜色不常见。最近一颗俄罗斯合成蓝色蓝宝石经检测，得出结果却是蓝色立方氧化锆。这些宝石没有一颗具有二色性，也不能用普通折射仪读出其折射率。荧光和包裹体可以帮助鉴定这些“宝石”。

玻璃可以制成许多颜色品种来模仿许多宝石，但是其刻面边缘通常不锋利。折射率值在 1.50~1.60 之间的单折射宝石通常为玻璃，隐晶质石英（例如玉髓）、琥珀和一些非常罕见的宝石除外 。玻璃仿宝石不会表现出任何二色性。它们试图模仿的宝石通常在使用折射仪检测时都具有两个折射率值。

第 18 章　一种新型的复合宝石仿制品

正如在第五部分第 17 章中讨论的，复合宝石的历史非常悠久。其标准定义正如其名称所言：它是由两种或多种宝石材质组合而成的一种宝石。在历史上，复合宝石是通过将两层或三层的宝石材质粘在一起而制成的，由两层宝石材质制成的宝石被称为二层石；由三层宝石材质制成的则被称为三层石。制成该类宝石的各层宝石材质可能是天然的，也可能是人造的，还有可能是天然与人造材质混合而成的。

复合宝石与其他类型的人造宝石相比更具欺骗性。正如你在第五部分第 17 章所学到的，复合宝石为了仿制某种宝石，如果其某一部分是这种宝石的天然而非仿制材质（被称为真二层石或三层石），这种复合宝石就会误导人们。在过去，我们见过很多的“真”祖母绿二层石，这种复合宝石具有颜色很浅的真祖母绿顶部和底部，两者中间加入一些深绿色层，使得这种复合宝石看起来像一颗更大、更精致的非常昂贵的祖母绿。此外，对于这类“真”二层石，某些宝石学测试也会显示其是真正的祖母绿。尽管如此，不管是天然复合宝石，部分天然复合宝石，还是完全人造复合宝石，只要把复合宝石当作真石出售就是欺骗性销售行为。

现在我们见到一种新型的复合材质宝石，是用一种全新的工艺制成的，其构成部分不是分层的，也没有形成熔合或粘在一起的“平面”。这些新型的复合宝石是用一种完全不同的方法粘在一起的。像前面所讨论的“真”二层石一样，这种复合石含有天然宝石成分。如果检测者不了解这种复合石或者不了解该如何检测某些标志性特征，通常很难检测出这种复合宝石。

最初的时候，这种问题只发生在红宝石上。我们从珠宝匠师那里听到一些珠宝商在制作、修理珠宝首饰，或是重新切割、镶嵌宝石时发现这些有问题的“红宝石”，它们完全不同于一般的经过处理的红宝石；珠宝商在这些“红宝石”上使用常用工艺，意外地发现它们很容易受损，而且这种损坏往往是不可挽回的。一位珠宝商甚至描述过一件可怕的事情：在他使用常规的焊接工艺时惊奇地发现“红宝石”变成溶液；另一位珠宝商描述了一颗“红宝石”被浸在“珠宝商的泡菜坛子”里进行最后清洗时竟然完全损坏了。如今，越来越多的珠宝商经历过如此现象：当他们将“红宝石”从清洁溶剂中取出，却发现“红宝石”上有无数的白色蚀线，完全毁掉了宝石的美观（我们将一颗“红宝石”浸在仅达到柠檬汁酸性的溶液中，也能观察到这种现象的发生）。

一种新型的复合宝石蒙蔽首饰行业

宝石学社区了解到这些“红宝石”并不是经过一些新的和更极端的处理的“红宝石”。相反，他们发现这些“红宝石”是完全不同的宝石材质，即一种新型的复合材质。正如我们前面提到的，复合材质是将两种或多种材质组合在一起制成的产品——这种“红宝石”当然也是这种情况——不同的是它们是将两种不同的材质（非常低质的刚玉和铅玻璃）混在一起。

对这些宝石进行的宝石学检查发现大量前所未有的玻璃——一种具有高折射率的铅玻璃——一种从来没有在宝石上使用过的材质。简而言之，两种物理性质完全不同的材料混在一起，如果不了解该如何检测某些标志性特征，它们很难被区别。

研究表明，铅玻璃是这种混合产品必不可少的一个组成部分，如果不损坏整颗“宝石”就无法去掉其中的铅玻璃成分。此外，这种“红宝石”的属性也变得不同于普通红宝石，因为与铅玻璃相关的属性也存在，而且不可分割。这是这种复合宝石与经处理的红宝石之间的两个根本差异。

如果不含有铅玻璃，这种宝石无法具有红宝石的颜色和透明度。但正因为铅玻璃的存在，其物理性质也发生了改变，由此产生的“红宝石”缺乏真正红宝石应该具有的特性。这两种完全不同的材质相结合，其结果是一种既不是红宝石又不是玻璃的产品，而是一种新型的复合材质，兼具两者的性质，两者共同存在。

为了更好地理解这种复合材质，了解红宝石的魅力以及其处理方法的历史是非常重要的。只有这样，你才能明白为什么区分经处理红宝石和这种新的复合材质需要这么长的时间，为什么市场上有这么多这样的“红宝石”以高价出售却没有人发现其真实身份，以及在佩戴或处理这样的宝石时要极其小心谨慎。

红宝石处理历史简介

红宝石是刚玉这个宝石家族中最有价值的品种，也是世界各地最受追捧的宝石品种之一。其价格范围变动很大，从每克拉几百美元的低质经处理商业级的红宝石到每克拉超过 8 万美元的最高品质，最珍贵的超过 5 克拉的红宝石，更为罕见的天然（未处理）宝石级红宝石价值会更高。

红宝石在天然宝石中硬度排名第二（只有钻石硬度超过红宝石），也是较结实的宝石品种之一——不易开裂、剥落或破碎；它可以接受极端高温和极端低温的考验，并能承受极高的压力。

为了改善红宝石的外观——还有蓝宝石和其他宝石——常见的做法是使用一种或多种处理技术，一些处理方法的使用已经有超过 50 年的历史，已为红宝石界所接受。红宝石的价值取决于处理方法的类型和程度。就红宝石而言，可接受的处理方法包括使用热处理以提高颜色和透明度，还有使用充填物（油或普通的“二氧化硅”玻璃）以减少内部裂隙或者降低反射率。大部分红宝石和蓝宝石都经过加热处理，在低端珠宝市场中，裂隙充填处理也很常见。有些红宝石同时经过加热和充填处理。

20 世纪 70 年代左右，一种更极端的处理方法进入宝石市场，这种处理方法采用极端高温和硼砂表面涂层，该涂层熔化后会在表面裂隙处留下少量玻璃残留。有些以这种方法处理的宝石还会用玻璃或油充填，以减少更大的内部裂隙的可见度。这是一种极端的处理方法，经过这种方法处理的红宝石售价会远远低于其他方法处理的宝石，尽管如此，它们还是被认定为“经处理”的红宝石。

最新的类似红宝石的产品——“新型复合材质”——在 21 世纪前 10 年的中期开始进入市场。这与以前见过的任何宝石材质都有很大的不同，但在其刚刚出现的时候没有人意识到这一点。此外，即使有人在检测这些复合材质时发现玻璃的迹象，他们也会立即认为这不过是那些经极端的方法处理的较为低廉的红宝石。人们误认为这种宝石是一种已经在市场中存在多年的材质，即经“严重处理”后，带有玻璃充填的廉价红宝石材质。因此，这些宝石的身份鉴定出现了错误。然而，没多久人们就意识到这些宝石材质确实有着显著的不同。

这种新的处理方法与一种新的低品质刚玉的发现直接相关（如前面所提到的，当这种刚玉呈现透明的红色时，我们会认为它是“红宝石”，这种品种非常罕见）。这种特殊材质是一种新的、两步工艺的理想选择。刚玉与其他很容易用化学方法滤除的矿物和“杂质”混在一起，但是在化学滤除后会出现多孔的结构，这是因为原来的杂质被滤去后形成了蜂窝表面。所以第一步是化学滤除，第二步是充填这些蜂窝结构和其他开口。理想的充填材质是有色熔融铅玻璃，因为铅玻璃具有较高的折射率，让人无法分辨玻璃和红宝石。当玻璃冷却时，它就凝固了，结果就形成一种美丽、明亮的红色“红宝石”。

这种“红宝石”开始出现在世界各地的珠宝展上，售价为每克拉 1 美元到 4 美元。没有人质疑这到底是什么材质，因为它们非常廉价，被误认为采用了一种最新出现的“极端”红宝石处理方式。当有关新一代“玻璃充填”红宝石的学术论文出现的时候，大多数人认为这不过是老调重弹——毕竟红宝石玻璃充填处理方式已经有多年的历史了。大多数人还是很高兴能拥有这样一种有吸引力且负担得起的红宝石替代品。

因此，许多珠宝店购买了这种“经处理”的“红宝石”，然后再卖给客户，从来没有意识到购买的实际上是一种复合材质。有人把这种样品带去鉴定，检测到“玻璃”的存在时（如同在玻璃中经常看到小的圆形气泡），立即得出鉴定结论，即待检品是经过极端加热技术和玻璃充填的廉价“红宝石”，并据此将其定价为“每克拉不过几百美元”。但如果他们能够准确判断其品种归属，就会知道这不过是估价为每克拉只有几美元的材质！

很快人们就意识到对这种复合材质的错误鉴定，带来的不仅仅是价格问题，事实上情况要严重得多。不久人们就发现这些新的“经处理”“红宝石”与一般红宝石相比有明显不同。

铅玻璃的存在对这种“红宝石”的自然物理属性造成了严重的不利影响，这就是为什么它们不能被认为是“经处理”的红宝石，而被界定为人造品。

美国和世界各地越来越多的宝石专家和机构认同这些宝石是仿制品，很多人将其鉴定为“复合红宝石”或是其他类似于“玻璃－红宝石复合宝石”或“含玻璃红宝石/红宝石玻璃”等名称的身份。不管其名称是什么，它们被确定为人造宝石。而我们更倾向于称之为复合宝石，这个词最能描述它们的属性。尽管不同部分并非经熔合或是粘在一起的“平面”，它们确实是由两种不同材质制成的，人为地连接在一起，形成一个外观更精致、更为罕见的宝石。此外，“复合”这个专业术语已存在于宝石文献中，被理解为一种人造品。

不幸的是，珠宝商们仍然对这些新型宝石材质存在诸多的困惑，这使得人们在购买红宝石时面临一定的风险。许多购买这种宝石的珠宝商也不知道自己购买的宝石为何物，接下来就会在无意间歪曲所销售的东西，也不会告知购买者在佩戴和清洗的时候，以及在对配有这种宝石的珠宝使用任何工艺的时候，都要格外小心。此外，这也给珠宝匠带来了很大的风险，他们会被指控破坏宝石，而事实上错误不在珠宝匠，而在产品本身。

还有最重要的一点，因为它们容易剥落、破裂，会很容易从宝石托上脱落，结果往往佩戴者根本无法发现究竟何时何地丢失了宝石。如果幼儿在地上捡到并吞下，还会增加幼儿铅中毒的风险，胃酸会迅速溶解玻璃，并释放铅，虽然目前还没有相关报道。鉴于该宝石具有此特性,同时镶嵌这种石头的宝石托往往廉价,其爪部经常移动或断裂,导致石头掉下，这种事情发生的可能性很大。

铅玻璃的使用使它们更容易损坏，因为铅玻璃比其他类型的玻璃更软，更容易受到化学物质的破坏。此产品需要一种高折射率的玻璃，这就是要使用铅玻璃的原因；铅玻璃的折射率与红宝石几乎相同，因而人们往往无法看到两种物质的分界线。这也解释了为什么这种处理可以更有效地创造出优质红宝石的外观，以及折射仪会显示其身份是红宝石。

这些复合“红宝石”看起来非常棒，颜色鲜艳，就像是高品质红宝石，但它们不具有红宝石的硬度和耐久性，也不具有红宝石的价值，其大部分成分是一种完全不同的物质：铅玻璃。

尽管这是一种"新型"产品，但很有可能会出现在世界各地的古董首饰上。当这种宝石被镶嵌在一件非常精致的真正的"时期"首饰上——比如在GIA实验室检测的那件珠宝，其四周镶有精美钻石和罕见的高品质天然珍珠——会更具有欺骗性。没有人会怀疑，在这样一件精美的珠宝上，红色的主石不是真正的红宝石，而是其他东西……并且考虑到首饰的年代，会想当然认为这可能是"天然"红宝石！

复合红宝石：纠偏的几个事实

以下内容旨在帮助人们消除对于这些产品的困惑——无论其名称是什么，提供一些信息告诉人们这种宝石与红宝石或经处理红宝石的区别。在这里，我们将其称为复合红宝石。

1. 什么是复合红宝石?

复合红宝石的制造是通过使用化学方法滤除劣质刚玉中多余的矿物质和杂质，在滤除多余物质后形成的空隙中注入铅玻璃溶液。

2. 复合红宝石与天然红宝石和经处理红宝石的价值差异如何?

复合红宝石与天然红宝石和经处理红宝石相比要便宜，甚至比经过处理的红宝石便宜得多。

3. 复合红宝石中含有多少铅玻璃?

复合红宝石铅玻璃含量的百分比通常为15%甚至超过50%，但只要宝石中含有铅玻璃，不管其含量多少，都被认定为复合红宝石，即使铅玻璃含量极小也是如此。这是因为铅玻璃的折射率非常高——非常接近红宝石的折射率。这意味着当光穿过宝石时，人们往往无法看到两种物质的分界线。正因为如此，在铅玻璃制品中，人们无法清楚地看到裂隙，不能准确地评价石材的耐久性。难以确定任何裂隙的深度和宽度——确定其带来的危险性。即使是一个裂隙也有可能极其危险，使整颗宝石更脆，更易破碎，这取决于它的位置及其贯穿宝石的深度。

4. 铅玻璃会影响其颜色和净度?

由于铅玻璃是有色的，并且不能从宝石中滤除，因而无法准确地对宝石进行颜色分级。就净度而言，铅玻璃具有很高的折射率，几乎可以与刚玉的折射率相比，也造成无法对宝石进行颜色分级。

宝石的折射率反映光穿过不同的媒介，或者不同媒介间的方式——对复合红宝石而言，这里所说媒介指的就是红宝石和玻璃。不同物质的折射率差别越大，越容易看到重要的内部特征；而折射率越接近，就越难看到这些内部特征。如果两种物质的折射率基本相同，人们就无法分辨两种物质。这就是为什么在红宝石和蓝宝石里的其他类型的玻璃（通常是石英玻璃）是不同的，它们有较低的折射率，所以人们可以看到裂隙的位置并可以对宝石的净度准确分级。

铅玻璃的折射率与红宝石的折射率几乎完美匹配，这就解释了为什么这些铅玻璃制品看起来干净透亮——因为你看不到裂隙或者两种物质之间的分界面，也不可能确定裂隙的宽度和深度——它们的危险性。

5. 铅玻璃的存在会影响复合红宝石指示重量？复合红宝石与含玻璃的处理红宝石相比差异如何?

复合红宝石和复合蓝宝石的“权重”并不代表红宝石的重量，而是红宝石的重量加上玻璃含量的总重。更糟糕的是，铅玻璃重量大约是红宝石或蓝宝石重量的 1.5 倍。所以，在这些新的复合材质中红宝石或蓝宝石的实际重量都会低于其指示重量，它们的实际重量取决于铅玻璃含量的百分比，并且会明显低于指示重量。

相比之下，经处理红宝石含有普通玻璃，而且玻璃的含量很少，可能是由于在宝石表面增加硼砂保护涂层而进行高温热处理，硼砂熔化在表面裂隙处形成玻璃残留物，也可能是因为使用玻璃充填裂隙以此降低裂隙的可见度或反射率（被称为“裂隙充填”或者“内充填”红宝石）。

一般来说，经处理红宝石中的玻璃含量比为制作复合红宝石而在劣质刚玉中添加的铅玻璃含量要小得多。因此，经传统方法处理的红宝石中玻璃含量对宝石重量的影响即使有也很少。

6. 铅玻璃复合红宝石比天然红宝石或经处理红宝石更脆弱且易碎？

接触常见的家用物品和其他物品的表面不会对天然红宝石或经传统方法处理的红宝石构成威胁，但是对复合红宝石却会造成灾难性的后果。

如柠檬汁和其他在家庭、珠宝匠工作台上常见的溶液，可以快速对复合宝石造成不可弥补的损害。即使不小心将柠檬汁溅到复合红宝石上，如果不马上擦去就有可能蚀刻玻璃，宝石会变成一颗丑陋、令人不悦的石头，且无法修复。

铅玻璃比其他类型的玻璃更软，比刚玉更是软得多，所以这些复合红宝石更容易在与任何较硬表面接触时被划伤。铅玻璃让宝石看不到裂隙，但如果裂隙事实上已经到达宝石的表面，如果不小心受到撞倒，就会更容易被打破，刻面边缘也更易受到磨损，随即变钝且缺乏美感。

7. 复合红宝石的损伤是永久性的，不可弥补？

不同于天然红宝石或经常规技术处理的红宝石。对于天然红宝石或经传统方法处理的红宝石而言，珠宝修理或镶嵌这类操作在正常情况下不会磨损宝石。一旦有任何损伤，通常只需承受极小的重量或价值损失就能得到修复。

8. 这些复合材质中含有铅含量很高的玻璃。

下表中可以看到在玻璃中的铅含量本身会如何影响折射率——铅含量越高，折射率越高。这表明为了制造这种新型复合红蓝宝石所使用的玻璃中铅的比例很高，因为它的折射率甚至达到红宝石 / 蓝宝石的折射率，大约为 1.760~1.770（这可能造成尚未发现的健康风险）。

表 18.1 各种玻璃的折射率

熔融石英玻璃	1.459
高硅玻璃	1.474
燧石玻璃，29% 铅	1.569
燧石玻璃，55% 铅	1.669
燧石玻璃，71% 铅	1.805

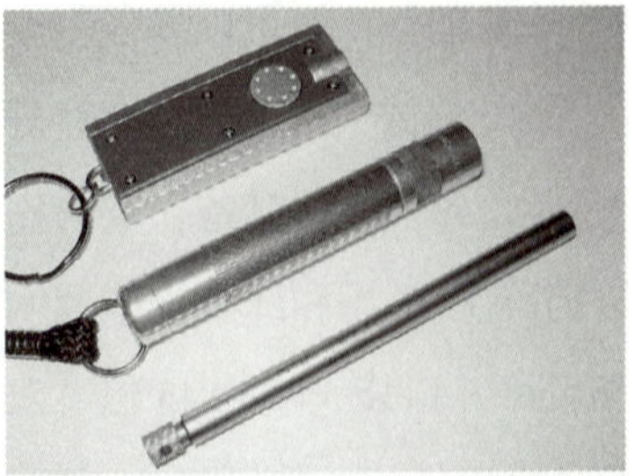

图 18.1

图 18.2

图 18.3

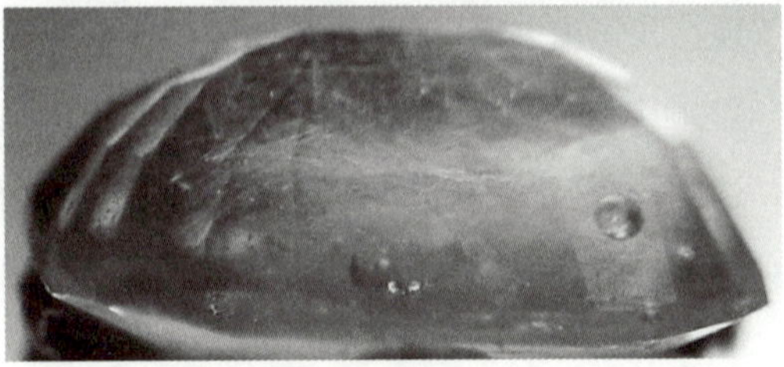

图 18.4

推荐使用价格低廉的强光照明光源，如迷你手电筒或其他强光照明光源。使用带有顶灯的放大镜或是类似发光灯的照明放大镜，比使用放大镜配上单独的强光更有效。单独使用放大镜不足以让你看到所有的警示性指征。

如何区分复合红宝石与经处理红宝石和天然红宝石

发现大部分含有铅玻璃的复合红宝石非常容易。这里所提供的信息和图片将给你展示铅玻璃注入的重要特征。我们还建议你参加实践性的研讨会，以此获得亲自观察这些特征的机会，增强发现这类特征的信心。

任何人购买红宝石时只需几种简单的基本工具，就可以发现复合红宝石：①一个小型的强光手电筒。②一个10倍放大镜。③一个良好的暗视场放大镜。对于那些有专业知识的人，如果能够具备在实验室舒适环境下检测宝石的条件，一架很好的带有暗视场和纤维光学照明的宝石学显微镜也会很有帮助。一架价格低廉、口袋大小的45倍“双目显微镜”，比如在互联网上可以购买到的售价从5美元到10美元不等的双目显微镜也是非常有用的，可以帮助你快速地看到其表面裂隙。现在我无论去哪里都会随身携带它！

整颗宝石需要被照亮，这是必不可少的。还需要在宝石上移动光源，这同样重要，还需要从顶部、侧面、底部分别照亮宝石，同时仔细观察。总之要把整颗宝石照亮！如图18.2至图18.4所示。

铅玻璃复合红宝石的三个基本特征

现在，你已做好准备来仔细检测复合红宝石，需要使用放大镜、笔式手电筒、暗视场放大镜，或配有光纤照明光源的显微镜来检测它的三个基本特征：

- 复合红宝石不规则表面特征——龟裂纹。比较图18.5（普通红宝石表面）、图18.6和图18.7，可以看到复合红宝石上的典型裂隙。
- 蓝色闪光效应（如图18.4所示的蓝色区域）。
- 气体气泡（如图18.3、图18.4、图18.11和图18.12所示的圆形气泡）。

这三个特征是大多数复合红宝石的典型特征。如果你没有带有合适照明光源的宝石学显微镜或是缺乏练习，你可能不容易在一颗宝石上同时观察到以上三个特征，但是只需一架放大镜再加上强光源，大部分铅玻璃合成宝石至少能显示出两个特征。

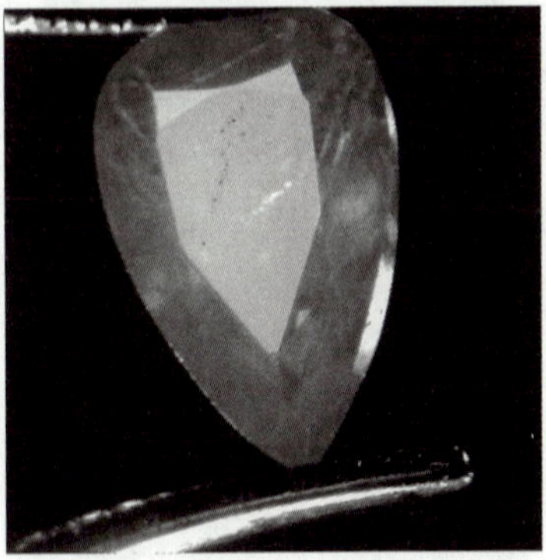

图 18.5　在反射光下看到的传统处理红宝石的台面。

不规则的表面特征（表面龟裂纹）

铅玻璃复合红宝石会显示许多这类“红宝石”具有的被充填裂隙造成的龟裂纹。在反射光下用放大镜观察其表面可以观察到这种龟裂纹（用光源照明宝石时其表面具有玻璃光泽——就像太阳光从水中反射我们看到的湖面的样子）。

如图 18.5 所示是一颗由传统方式处理过的正常红宝石的台面，你可能会看到一些微小的针尖“点”，也可能看到单线或双线（来源广受认可的加热技术造成的玻璃残留物），或者看到除使用加热技术外还使用了普通玻璃来充填缝隙（早期这种材质被称为“玻璃充填红宝石”）。在传统意义上，含有玻璃残留物或者玻璃充填裂隙的经处理的红宝石非常稳定，在新型铅玻璃红宝石出现之前，它们在商业定价的红宝石中占很大的比例。

图 18.6 和图 18.7 显示了在反射光下复合宝石特有的表面。请注意

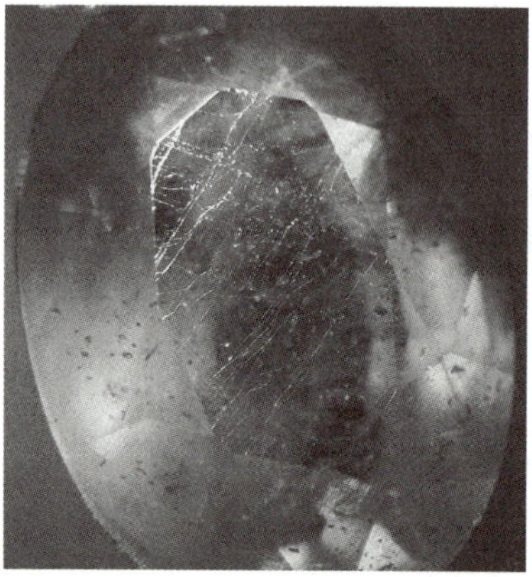

图 18.6 和图 18.7 复合红宝石上的细小裂隙。

其表面的细小裂隙——许多的线纵横交错：一些是浮在表面的裂隙，一些是经玻璃充填的小开口。

闪光效应

大部分复合宝石会显示蓝色闪光效应（如图 18.8 至图 18.10 所示），其外观与裂隙充填钻石很类似。而经传统方法处理的红宝石不会显示这种特征（见目录前宝石图片）。

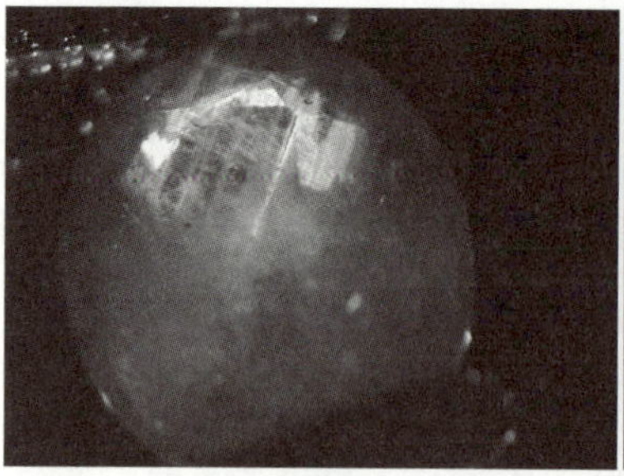

图 18.8

图 18.9

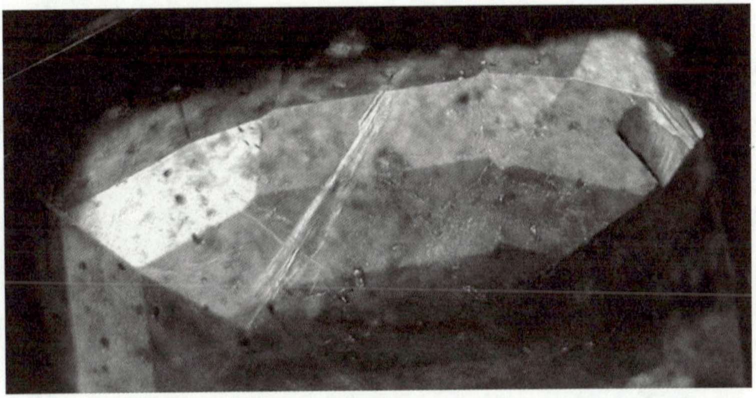

图 18.10

气体气泡

复合红宝石中铅玻璃含量太大会导致宝石中可见气体气泡，有时可见整个“空洞”（看起来像是宝石中的黄色斑点）。而经传统方法处理的红宝石不会显示这种特征（如图 18.11 和图 18.12 所示）。

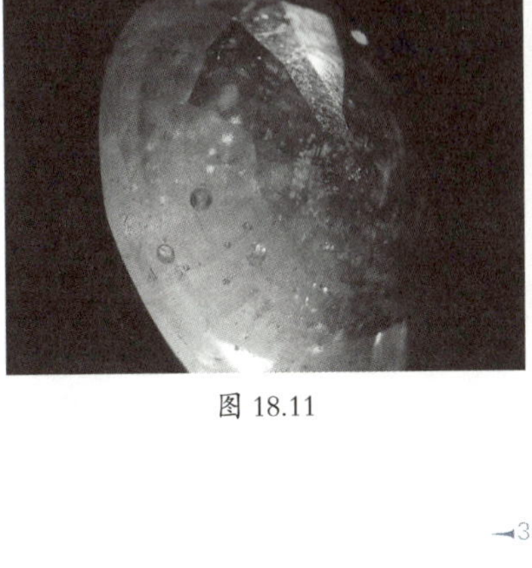

图 18.11

图 18.12

总之，要想熟练掌握鉴别这类复合红宝石的技能无须花太多的时间。现在人们开始使用同样的过程来制造复合蓝宝石。我们曾见过互联网上出售绿色和黄色的复合蓝宝石，是作为真正的经处理蓝宝石来出售的，没有任何提醒。这类蓝宝石与复合红宝石具有同样的标志性特征。

我们强烈建议参考由克雷格·林奇所著的《它真的是红宝石吗？》一书。可以从注册珠宝鉴定师协会网站获取，或者直接从作者那里获取（craig@ouellet-lynch.com）。这本书很简短，含有少量的文字和大量的显示复合宝石标志性特征的高品质彩色图片。其售价大约为18美元，是宝石爱好者和选购红宝石和蓝宝石时不可或缺的参考书。

附录

宝石属性汇总表

表1 常见透明宝石

红色和粉红色的宝石以及相似物质	
铁铝榴石	铁镁铝榴石
绿柱石（粉红色，被称为铯绿柱石；红色，被称为红色绿柱石或“红色祖母绿”）	尖晶石
金绿宝石（变石）	锂辉石（紫锂辉石）
刚玉（红宝石和粉色蓝宝石）	合成刚玉
钻石	合成尖晶石
玻璃	托帕石
塑料	碧玺
镁铝榴石	锆石
水晶（粉晶）	二层石
	三层石
	衬底宝石
褐色和橙色的宝石以及相似物质	
琥珀和压制琥珀	硼铝镁石
绿柱石	锰铝榴石（橘榴石）
金绿宝石	尖晶石
柯巴树脂（以及其他天然树脂）	合成刚玉
刚玉	合成金红石
钻石	合成尖晶石
玻璃	托帕石
钙铝榴石（桂榴石）	碧玺
欧泊（火欧泊）	锆石
塑料	二层石
水晶	三层石
玉髓（红玉髓和肉红玉髓）	

续表

黄色宝石以及相似物质	
琥珀	锂辉石
绿柱石	合成刚玉
金绿宝石	合成钻石
刚玉	合成金红石
钻石	合成尖晶石
玻璃	托帕石
钙铝榴石（桂榴石）	碧玺
欧泊	锆石
塑料	二层石
水晶（黄水晶）	三层石
锰铝榴石	衬底宝石
绿色宝石以及相似物质	
钙铁榴石（翠榴石）	尖晶石
绿柱石（祖母绿）	合成刚玉
金绿宝石（包括猫眼石和变石）	合成钻石
刚玉（绿色蓝宝石）	合成石榴石（钇铝榴石）
钻石	合成祖母绿
玻璃	合成尖晶石
钙铝榴石（沙弗莱石）	托帕石
橄榄石	碧玺
塑料	锆石
水晶	二层石
	三层石
蓝色宝石以及相似物质	
磷灰石	合成刚玉
绿柱石（海蓝宝石）	合成镁橄榄石
刚玉（蓝宝石）	合成金红石
钻石	合成尖晶石
玻璃	钇铝榴石
堇青石	锆石

续表

蓝色宝石以及相似物质	
塑料 水晶（染色） 欧泊 尖晶石 托帕石 碧玺（蓝碧玺）	黝帘石（坦桑石） 二层石 三层石 衬底宝石
紫色和紫罗兰色的宝石以及相似物质	
铁铝榴石 金绿宝石（变石） 刚玉（蓝宝石） 钻石 玻璃 塑料 镁铝榴石 水晶（紫晶） 铁镁铝榴石 尖晶石 锂辉石（紫锂辉石）	合成刚玉 合成镁橄榄石 合成尖晶石 托帕石 碧玺 钇铝榴石 锆石 黝帘石（坦桑石） 二层石
无色宝石以及相似物质	
绿柱石 刚玉（无色蓝宝石） 钻石 玻璃 钙铝榴石 欧泊 长石（月光石） 塑料 水晶（白水晶） 尖晶石	钛酸锶 合成刚玉 合成钻石 合成金红石 合成尖晶石 托帕石 碧玺 钇铝榴石 锆石（烟色锆石）

表 2 常见非透明宝石

黑色宝石以及相似物质	
钙铁榴石（黑榴石）	煤精
黑珊瑚	软玉
玉髓（黑玛瑙）	黑曜岩
刚玉（星光蓝宝石）	欧泊
透辉石（具有星光效应）	欧泊二层石
钻石	塑料
玻璃	硬锰矿
赤铁矿	碧玺
翡翠	
灰色宝石以及相似物质	
玉髓（玛瑙）	翡翠
刚玉（星光蓝宝石）	拉长石
赤铁矿	软玉
红铁矿	烧结合成刚玉
白色宝石以及相似物质	
汉白玉	翡翠
玉髓（玉髓、月长石）	软玉
珊瑚	条纹状大理岩
刚玉	欧泊
玻璃	欧泊二层石
钙铝榴石	长石（月光石）
	塑料
蓝色宝石以及相似物质	
刚玉	青金石
玉髓	方钠石
玻璃	绿松石

表3 常见宝石的硬度

钻石及合成钻石	10	白铁矿	6~6.5
碳化硅（合成碳化硅）	9.25	拉长石	6
刚玉及合成刚玉	9	锂磷铝石	6
金绿宝石	8.5	赤铁矿	5.5~6.5
钇铝榴石	8.25	蔷薇辉石	5.5~6.5
尖晶石及合成尖晶石	8	欧　泊	5~6.5
托帕石	8	透辉石	5~6
绿柱石及合成祖母绿	7.5~8	玻　璃	5~6
锆石（高型锆、中型锆）	7.5	钛酸锶	5~6
铁铝榴石	7.5	天青石	5~6
铁镁铝榴石	7~7.5	青金石	5~6
镁铝榴石	7~7.5	绿松石	5~6
锰铝榴石	7~7.5	方钠石	5~6
碧　玺	7~7.5	榍　石	5~5.5
红柱石	7~7.5	黑曜岩	5~5.5
堇青石	7~7.5	硬绿蛇纹石（蛇纹石）	5~5.5
钙铝榴石	7	磷灰石	5
水晶及合成水晶	7	透视石	5
玉　髓	6.5~7	菱锌矿	5
橄榄石	6.5~7	合成绿松石	5
翡　翠	6.5~7	合成欧泊	4.5
蓝锥矿	6~6.5	钙铁榴石（翠榴石）	6.5~7

续表

水铝石 ………………………… 6.5~7	菱锰矿 ……………………………3.5~4.5
符山石 ……………………………… 6.5	孔雀石 ……………………………3.5~4.5
方柱石 ……………………………… 6.5	蓝铜矿 …………………………… 3.5~4
柱晶石 ……………………………… 6.5	闪锌矿 …………………………… 3.5~4
锆石（低型锆）………………… 6.5	珊　瑚 …………………………… 3.5~4
锂辉石 ……………………………… 6~7	贝壳珍珠 ………………………… 3.5
硼铝镁石 ………………………… 6~7	方解石 ……………………………… 3
绿帘石 ……………………………… 6~7	黑珊瑚 ……………………………… 3
黝帘石 ……………………………… 6~7	珍　珠 ……………………………2.5~4.5
金红石及合成金红石 ……… 6~6.5	煤　精 …………………………… 2.5~4
钠长石－钠钙长石………… 6~6.5	蛇纹石 …………………………… 2~4
正长石 ………………………… 6~6.5	琥　珀 …………………………… 2~2.5
软　玉 ………………………… 6~6.5	柯巴树脂 ………………………… 2
黄铁矿 ………………………… 6~6.5	汉白玉 ……………………………… 2
萤　石 ……………………………… 4	滑　石 ……………………………1.5~2.5

表 4 宝石的相对密度表

锡　石 ·············· 6.95（±0.08）	柱晶石 ·············· 3.30（±0.05）
立方氧化锆 ········ 5.80（±0.20）	透辉石 ·············· 3.29（±0.03）
钛酸锶 ·············· 5.13（±0.02）	硅钙铁铀钍矿 ······················ 3.28
黄铁矿 ·············· 5.00（±0.10）	顽火辉石 ··········· 3.25（±0.02）
白铁矿 ·············· 4.85（±0.05）	萤　石 ·············· 3.18（±0.01）
硅酸镓镧（实验室合成）······ 4.65	磷灰石 ·············· 3.18（±0.02）
锆石（高型锆）··· 4.70（±0.03）	锂辉石 ·············· 3.18（±0.03）
锆石（中型锆）··· 4.32（±0.25）	合成碳硅石 ········ 3.17（±0.03）
锌尖晶石 ························ 4.55	红柱石 ·············· 3.17（±0.04）
钇铝榴石 ························ 4.55	蓝柱石 ·············· 3.10（±0.01）
菱锌矿 ·············· 4.30（±0.10）	天青石 ·············· 3.09（±0.05）
金红石及合成金红石 4.26（±0.02）	碧　玺 ······ 3.06（−0.05，+0.15）
锰铝榴石 ··········· 4.15（±0.03）	锂磷铝石 ························ 3.02
铁铝榴石 ··········· 4.05（±0.12）	赛黄晶 ·············· 3.00（±0.01）
闪锌矿 ·············· 4.05（±0.02）	软　玉 ·············· 2.95（±0.05）
镁锌尖晶石 ········ 4.01（±0.40）	硅铍石 ·············· 2.95（±0.01）
锆石（低型锆）··· 4.00（±0.07）	硅硼钙石 ························ 2.95
刚玉及合成刚玉 ··· 4.00（±0.03）	磷铝钠石 ························ 2.94
孔雀石 ······ 3.95（−0.70，+0.15）	绝榴石 ··························· 2.92
钙铁榴石 ··········· 3.84（±0.03）	葡萄石 ·············· 2.88（±0.06）
铁镁铝榴石 ········ 3.84（±0.10）	磷酸钠铍石 ········ 2.85（±0.02）

续表

蓝铜矿 …… 3.80（−0.50，+0.07）	海螺珍珠 …………………………… 2.85
镁铝榴石 … 3.78（−0.16，+0.09）	绿松石 …… 2.76（−0.45，+0.08）
金绿宝石 ………… 3.73（±0.02）	滑　石 ……………………………… 2.75
菱锰矿 ………………………… 3.70	蓝宝石（青金石） … 2.75（±0.25）
合成尖晶石　3.64（−0.12，+0.02）	绿柱石 …… 2.72（−0.05，+0.12）
蓝锥矿 …………… 3.64（±0.03）	拉长石 …………… 2.70（±0.05）
蓝晶石 …………… 3.62（±0.06）	方解石 ……………………………… 2.70
钙铝榴石 … 3.61（−0.27，+0.12）	方柱石 …………… 2.68（±0.06）
塔菲石 ………………………… 3.61	合成祖母绿(水热法) … 2.68(±0.02)
尖晶石 …… 3.60（−0.03，+0.30）	合成祖母绿（吉尔森法）
托帕石 …………… 3.53（±0.04）	………………………… 2.67（±0.02）
钻　石 …………… 3.52（±0.01）	合成祖母绿（助熔剂法） …… 2.66
榍　石 …………… 3.52（±0.02）	水晶及合成水晶 … 2.66（±0.01）
蔷薇辉石 ………… 3.50（±0.20）	合成绿松石 ……………………… 2.66
硼铝镁石 ……………………… 3.48	钠长石－钠钙长石 … 2.65(±0.02)
符山石 …………… 3.40（±0.10）	珊　瑚 …………… 2.65（±0.02）
绿帘石 …………… 3.40（±0.08）	

续表

水铝石 ………………………… 3.39	堇青石 …………… 2.61（±0.05）
橄榄石 …… 3.34（-0.03，+0.14）	玉　髓 …………… 2.60（±0.05）
翡　翠 …………… 3.34（±0.04）	蛇纹石 …………… 2.57（±0.06）
黝帘石（坦桑石）…… 3.30（±0.10）	正长石 …………… 2.56（±0.01）
透视石 ……………… 3.30（0.05）	微斜长石 ………… 2.56（±0.01）
黑曜岩 …………… 2.45（±0.10）	磷酸铝石 ………… 2.50（±0.08）
莫尔道玻陨石 …… 2.40（±0.04）	欧　泊 …… 2.15（-0.90，+0.07）
鱼眼石 …………… 2.40（±0.10）	合成欧泊 ………… 2.05（±0.03）
沸　石 …………… 2.35（±0.05）	珊瑚（黑色） ………………… 1.37
汉白玉 ………………………… 2.30	煤　精 …………… 1.32（±0.02）
玻　璃 ………………… 2.30～4.50	塑　料 …………… 1.30（±0.25）
方钠石 …………… 2.24（±0.05）	琥　珀 …………… 1.08（±0.02）
硅孔雀石 ………… 2.20（±0.10）	柯巴树脂 ……………………… 1.06

表 5 单折射宝石

宝石	折射率值
钻石	2.417
钛酸锶	2.409
闪锌矿	2.37
立方氧化锆	2.15（±0.03）
钙铁榴石	1.875 （±0.020）
钇铝榴石	1.833
锰铝榴石	1.81（±0.010）
锌尖晶石(蓝色/蓝绿色尖晶石）	1.80
铁铝榴石	1.79（±0.030）
铁镁铝榴石	1.76 （±0.010）
镁锌尖晶石 （蓝色尖晶石）	1.76 （±0.02）
人造树胶	1.61 （±0.06）
硅钙铁铀钍矿	1.597
琥珀	1.540
铯榴石	1.525
青金石	1.500
黑曜岩	1.500
方钠石	1.483 （±0.003）
玻璃（普通）	1.48~1.70
玻璃（极端）	1.44~1.77（大多数折射率值在 1.45~1.65）
莫尔道玻陨石	1.48
欧泊	1.45 （−0.080， +0.020）
合成欧泊	1.44
萤石	1.434

表 6 双折射宝石

宝石	低折射率值	高折射率值
合成碳硅石	2.65	2.69
金红石及合成金红石	2.616	2.903
锡石	1.997	2.093
锆石（高型锆）	1.925	1.984
白钨矿	1.918	1.934
硅酸镧镓	1.909	1.921
榍石	1.900（±0.018）	2.034（±0.020）
锆石（中型锆）	1.875（±0.045）	1.905（±0.075）
锆石（低型锆）	1.810（±0.030）	1.815（+0.030）
刚玉	1.762（−0.003，+0.007）	1.770（−0.003，+0.008）
合成刚玉	1.762	1.770
蓝锥矿	1.757	1.804
金绿宝石	1.746（±0.004）	1.755（±0.005）
蓝铜矿	1.73（±0.010）	1.84（±0.010）
蔷薇辉石	1.73	1.74
绿帘石	1.729（−0.015，+0.006）	1.768（−0.035，+0.012）
塔菲石	1.719	1.723
蓝晶石	1.716（±0.004）	1.731（±0.004）
符山石	1.713（±0.012）	1.718（±0.014）
水铝石（无色变种）	1.702	1.750
黝帘石（坦桑石）	1.691（±0.002）	1.704（±0.003）
斧石	1.678	1.688
透辉石	1.675（−0.010，+0.027）	1.701（−0.077，+0.029）
硼铝镁石	1.668（±0.003）	1.707（±0.003）
柱晶石	1.667（±0.002）	1.680（±0.003）
翡翠	1.66（±0.007）	1.68（±0.009）
孔雀石	1.66	1.91
锂辉石	1.660（±0.005）	1.676（±0.005）
顽火辉石	1.658（±0.005）	1.668（±0.005）

续表

宝石	低折射率值	高折射率值
透视石	1.655（±0.011）	1.708（±0.012）
橄榄石	1.654（±0.020）	1.690（±0.020）
蓝柱石	1.654（±0.004）	1.673（±0.004）
硅铍石	1.654（-0.003，+0.017）	1.670（-0.004，+0.026）
磷灰石	1.642（-0.012，+0.003）	1.646（-0.014，+0.005）
合成镁橄榄石	1.635（±0.002）	1.670（±0.001）
红柱石	1.634（±0.006）	1.643（±0.004）
赛黄晶	1.630（±0.003）	1.636（±0.003）
硅硼钙石	1.626	1.670
碧玺	1.624（±0.005）	1.644（±0.006）
菱锌矿	1.621	1.849
托帕石	1.619（±0.010）	1.627（±0.010）
天然粉红色	1.63	1.64
葡萄石	1.615	1.646
绿松石	1.61	1.65
天青石	1.612	1.643
磷铝锂石	1.612	1.636
软玉	1.606	1.632
磷铝钠石	1.602	1.621
菱锰矿	1.597	1.817
合成绿松石	1.59	1.60
绿柱石	1.577（±0.016）	1.583（±0.017）
合成祖母绿（新吉尔森法）	1.571	1.579
合成祖母绿（水热法）	1.568（±0.02）	1.573（±0.02）
合成祖母绿（助熔剂法）	1.561	1.564
磷酸铝石	1.56	1.59
蛇纹石	1.56（-0.07）	1.570（-0.07）
珊瑚，黑色（黑珊瑚）	1.56	1.57
拉长石与中长石	1.559（±0.01）	1.568（±0.01）
磷酸钠铍石	1.552	1.562

续表

宝石	低折射率值	高折射率值
寿山石（滑石）	1.55	1.60
方柱石	1.55	1.572
水晶及合成水晶	1.544（±0.000）	1.553（±0.000）
堇青石	1.542（−0.010，+0.002）	1.551（−0.011，+0.045）
滑石（海泡石）	1.54	1.590
玉髓	1.535	1.539
鱼眼石	1.535	1.537
钠长石—奥长石（月光石）	1.532（±0.007）	1.542（±0.006）
微斜长石（天河石）	1.522	1.530
正长石（月光石）	1.518	1.526
沸石	1.515	1.540
方解石	1.486	1.658
珊瑚	1.486	1.658

表 7 宝石的色散值表

下表表示宝石在红光和蓝紫光下的折射率差值

沸石……0.007	尖晶石……0.020
石英玻璃……0.010	透视石……0.022
磷酸钠铍石……0.010	铁铝榴石……0.024
蓝晶石……0.011	铁镁铝榴石……0.026
正长石……0.012	镁铝榴石……0.027
水晶……0.013	锰铝榴石……0.027
绿柱石……0.014	钙铝榴石……0.028
托帕石……0.014	绿帘石……0.030
硅铍石……0.015	锆石……0.038
金绿宝石……0.015	蓝锥矿……0.044
蓝柱石……0.016	钻石……0.044
赛黄晶……0.016	榍石……0.051
硅钙硼石……0.016	钙铁榴石（翠榴石）……0.057
方柱石……0.017	锡石……0.071

续表

碧玺…………………………0.017	合成碳硅石…………………0.090
锂辉石………………………0.017	闪锌矿………………………0.156
刚玉…………………………0.018	钛酸锶………………………0.109
柱晶石………………………0.019	合成金红石…………………0.280
符山石………………………0.019	
橄榄石………………………0.020	

表 8 宝石的双折射率值表

磷灰石……………… 0.002~0.006	碧玺……………… 0.018~0.020+
合成祖母绿（助熔剂法）… 0.003	蓝柱石……………………… 0.019
锆石（低型锆） … 大约为 0.005	磷铝钠石…………………… 0.019
绿柱石……………… 0.005~0.009	透辉石……………………… 0.026
红柱石……………… 0.008~0.013	橄榄石……………………… 0.036
刚玉…………………………0.008	绿帘石……………………… 0.039
托帕石……………… 0.008~0.010	硼铝镁石…………………… 0.039
黝帘石（坦桑石） ………… 0.008	合成碳硅石………………… 0.043
金绿宝石 ………………… 0.009	硅硼钙石…………………… 0.044
水晶…………………………0.009	蓝锥矿……………………… 0.047
磷酸钠铍石 ………………0.010	水铝石……………………… 0.048
顽火辉石 …………………0.010	透视石……………………… 0.053
柱晶石……………………… 0.013	锆石………………最高可达 0.059
蓝晶石……………………… 0.015	锡石………………………… 0.096
硅铍石……………………… 0.015	榍石………………………… 0.134
白钨矿……………………… 0.016	方解石……………………… 0.172
锂辉石……………………… 0.016	合成金红石………………… 0.287

实用术语

吸收光谱——由分光镜测试宝石得出类似彩虹状光谱图的一个术语，并以穿透宝石的光被宝石选择性吸收后产生的黑色线或条为特征。许多宝石在彩虹状光谱图上显示了其独有的特征谱图，并以此作为鉴定这种宝石的有用数据。

异常双折射——使用偏光镜观察等轴晶系或非晶质宝石时，看到一种类似扭动黑色线条的光学效应。它是由晶体生长过程中的应力造成的（见第四部分第 11 章）。

AGL——美国宝石实验室。总部位于纽约，专门从事彩色宝石检测与优化处理鉴定的实验室。AGL 还可以提供国际公认的彩色宝石鉴定报告。

非晶质——没有结晶属性物质（如玻璃、琥珀、欧泊）的一个术语。

非均质体——有双折射率的宝石的另一个术语。

古董珠宝——至少有 100 年历史的珠宝。

装饰艺术时期珠宝首饰——流行于 1920—1930 年间展示装饰风格的珠宝首饰。这种珠宝首饰起源于立体主义，以很强的几何设计为特征。

现代艺术珠宝首饰（复古）——大约从 1940 年兴起，以广泛使用玫瑰金镶嵌天然与合成红宝石为风格特征的一种珠宝首饰，是可负担得起的彩色宝石（如黄水晶和海蓝宝石），也是很受欢迎的宝石。这种风格以夸大和大胆为特征。

新艺术运动珠宝首饰——流行于19世纪90年代初至20世纪20年代间的一种风格的珠宝首饰。这种风格的珠宝首饰通常是由多种宝石与更常见的，不管内在价值高低的材质（如煤精）混合组成的。这种风格因大量使用上釉技术而千变万化。经常使用有趣形状的巴洛克珍珠。这种风格珠宝首饰的主题可从自然事物演化到异想天开的事物和神话故事。

星光效应——在强光下观察时，一些宝石（天然宝石与合成宝石）呈现的一种星光闪烁的效应。宝石所展现的星光效应可为4射星光，也可为6射星光。

风筝面——明亮式切割宝石中从腰棱倾斜向上至台面的刻面（类似风筝的形状）。

包镶——金属沿着宝石的腰棱包围镶嵌而不是用金属的尖爪抓住宝石的一种镶嵌方式。

双折射率——宝石双折射强度的测量值。获得的双折射值反映了宝石最高折射率值与最低折射率值之间的差异（见第三部分第8章）。

染黑法——利用糖酸化学反应把碳引入宝石并使其染黑的一种处理技术。大多数黑色缟玛瑙和一些黑欧泊是由这种技术产生的。

闪耀度——由宝石后刻面反射至人眼中的反射光产生的光的颜色强度或灵动，或是光的明亮程度。

气泡——类似气泡的一种类型的包裹体。气泡是鉴定宝石的重要线索（见第三部分第4章和第三部分第9章）。

体扩散——利用热处理与铍等化学添加剂，将近无色刚玉转变为蓝色蓝宝石、红宝石或彩色蓝宝石的一种优化处理技术。

克拉——测量宝石的一个重量单位（1 克拉 =0.2 克）。

弧面型切工——使宝石具有光滑、抛光、圆形或凸形表面的一种切工类型。这种切工类型缺乏能在大多数宝石（如钻石）中用来增强宝石闪耀的微小刻面。

C.G. 或 C.G.A.——认证宝石学家或认证宝石学家评估师，由美国宝石协会授予那些通过严格考试人员的非常受人尊敬的头衔。它是授予美国范围内宝石学家和宝石学家估价师的最著名头衔之一。

猫眼效应——在强光照射下，晃动观察一些宝石（如“猫眼金绿宝石”），在其表面产生类似“猫眼睛”的一种光学现象。

净度——指宝石没有包裹体等无瑕程度。有时也可用作“缺陷的等级”。

解理——沿着它可以使一些宝石分开的弱面，并留下相当光滑的分开表面而不是一个锯齿状边缘的表面（锯齿状边缘可在大多数裂隙或破碎表面中见到）。解理面沿着某些特定的方向出现，且一些宝石倾向于沿着这些解理面破裂。

背面封闭镶嵌——完全包住宝石背面的镶嵌类型，从这种镶嵌的背面观察宝石时，将不能看到宝石。这种镶嵌类型通常用于古董珠宝中以增加被镶嵌宝石的光彩。这种类型的镶嵌也具有欺骗性（见第四部分第 14 章）。

复合宝石——一种是将两部分或三部分熔合或粘在一起而产生的宝石（见第四部分第 14 章），另一种是通过化学方法将低品质宝石中的外来充填物或碎块清除后并用熔融的玻璃注入其中的宝石。注入的玻璃与宝石部分是不可分开的。新型的玻璃注入复合宝石可以很容易地被误认为一个单独的宝石（见第五部分第 18 章）。

冠部——刻面宝石的顶部，腰棱以上的部分。

隐晶质——一种由无数细小晶体组成的宝石。这种晶体非常小，以至于即使采用最大放大倍数的显微镜都不能观察到它（使用放大倍率更大、更精密的电子显微镜观察时，可以看到它们）。

等轴晶系——一种晶体系统，其中包含若干宝石结晶。具有这种晶系的宝石只有一个折射率，且从不同的方向检测这种宝石的时候，它们的属性都不会改变。

底尖——与刻面宝石腰棱平行的、位于亭部尖端的一个极小平面（由于太小，所以对大多数人来说，它看起来就像一个“点”）。

树枝状图案——一种有根状或树枝状的图案。

密度——指同体积的物质相对于同等体积水的重量，或者指等量的物质比等量的水重多少倍。“密度”这一术语通常用于液体,固体用“相对密度”表示。

景深——在放大器（如放大镜或显微镜）下观察时，物体可聚焦观察的有限距离或有限范围（见第三部分第 4 章和第三部分第 9 章）。

二色性——在使用二色镜检查时，由特定宝石产生的、肉眼可见的两种颜色或同种颜色两个色调的特性。具有这种特性的宝石被称为二色性宝石（见第三部分第 6 章）。

扩散——通过采用化学涂料和可控加热的方法而使蓝宝石或红宝石表面加色的处理程序（见前面“体扩散”内容）。

色散——透明宝石将白光分为光谱七种颜色的程度，并呈现出“反火”——从刻面宝石的内刻面反射光芒。钻石具有很高色散值，但合成金红石的色散值最高。

二层石——由两种材质熔合或粘在一起形成的宝石被称为二层石，由三种材质熔合或粘在一起形成的宝石被称为三层石。

重影——是指当使用放大镜从一些宝石的背面观察其内部刻面边缘时，看到一种类似“一个看成两个”的现象。当使用放大镜或显微镜从不同的方向观察某些特定宝石时，至少可以从一个方向看到宝石的后刻面边缘显示成双的现象，就像火车轨道一样。

双折射——在大多数宝石中可以发现的一个属性：单束光线进入宝石后被分成两束射线（见第三部分第 6 章和第三部分第 8 章）。

祖母绿滤色镜——查尔斯滤色镜的另一个名字，最初用于分离真正的天然祖母绿与相似品。

刻面——切割宝石表面的一个抛光平面。

刻面切工——由许多不同的抛光小刻面以不同的角度彼此结合形成某种几何图形的一种切工类型。这种切工类型通常用于透明宝石的切割，目的是使进入宝石的光线可以呈现最大的光芒和反火。刻面切工是一种艺术形式，这种艺术形式只有在 20 世纪后才得到充分发展。

花式——指彩色钻石的艳丽程度，也指不寻常的切工或切工类型。在天然彩色钻石中，花式是指艳彩色钻石；在钻石切工中，花式是指那些特殊的或不常见的切工或琢形。

F.G.A.——英国宝石协会会员，是由英国宝石协会授予通过其考试的人的称号。英国宝石协会会员是世界范围内公认的宝石学家称号。

反火——宝石中可见彩虹色的种类与强度。另一个用来表示反火的词是“色散”。

荧光——在一些钻石和彩色宝石中发现的一种属性。这些宝石在正常光照下呈现一种颜色，在辐射（紫外灯产生的辐射）下会呈现另一种颜色。由于荧光作用，在某些光照下，一些钻石的颜色会显得比实际的颜色更白。一颗宝石是否会发出荧光，以及发出荧光的特定颜色，可以为钻石和彩色宝石鉴定提供重要的线索（见第三部分第 7 章）。

荧光灯——玻璃管内部荧光粉产生的一种光（这些玻璃管是指荧光灯中的玻璃管）。

衬底——在珠宝和镶嵌层之间夹金属箔的技术。衬底用于透明刻面宝石和弧面宝石，目的是增加宝石的光亮度，改善或改变宝石的颜色（见第四部分第 14 章）。

G.G.——研究宝石学家，是由美国宝石学院授予那些通过该学院承办的相关考试人员的最高头衔。研究宝石学家是国际公认的宝石学头衔。

GIA——美国宝石学院，是个提供宝石学及相关领域教育课程的组织，也是宝石检测实验室（纽约和卡尔斯巴德），可对钻石、彩色宝石及珍珠出具鉴定证书。

腰棱——形成宝石周长的边缘，也是宝石顶部与底部的相交点（边界）——宝石的“分界线”。腰部通常是宝石镶嵌时臂爪固定宝石的区域。

HPHT——高温高压法，通常用于将浅色调钻石转变成无色钻石、近无色钻石和艳彩色钻石，或者用于将艳彩色钻石的颜色增强或变得更纯净。高温高压法也是生产合成钻石的一种方法。

浸没式显微镜——使用显微镜检测浸没在液体（通常具有高折射率）中的宝石。这种显微镜往往使人更容易看到宝石的包裹体、色带、条纹、双晶线等宝石内部的其他现象。

白炽灯——普通灯泡的光（见第二部分第 3 章）。

人造宝石——是指如玻璃或塑料之类的材质。其外观类似真正的天然宝石，但是不具有天然宝石的化学、物理或晶体结构，它们试图模仿天然宝石。

包裹体——是指包含在宝石内部的东西，即任何被封闭在宝石内部的异物。被封闭的东西可是气体、液体或固体。包裹体可以为宝石鉴定提供重要的鉴定线索（见第三部分第 4 章和第三部分第 9 章）。

惰性——指在检验程序下没有丝毫变化的宝石。如使用查尔斯滤色镜检测宝石时，它的颜色没有发生变化，即惰性；又如使用紫外灯检测宝石时，没有呈现任何颜色变化，即惰性。

彩虹色——光线照射到宝石的裂隙时（当裂隙断裂表面时，彩虹色尤其明显），通常出现的一种类似彩虹的现象。

辐照——为改变或改善宝石的颜色，利用原子粒子轰击宝石或将其暴露在放射性辐射源中。

各向同性——非晶质材质（欧泊、琥珀、玻璃、塑料）和具有等轴晶系的宝石。这些宝石材质具有单折射率，且在任何方向都表现出相同的光学特性。

光泽——宝石表面反射光的强度与质量。由于不同的宝石族的物理特性不同，相应的光泽也发生不同的变化。光泽可以被描述为金刚光泽（就像在钻石中见到的明亮光泽一样）、玻璃光泽（亮晶晶像玻璃一样的光泽）、树脂光泽和珍珠光泽。大多数宝石具有玻璃光泽。

M.G.A.——主要宝石学家评估师，是授予美国评估师协会宝石学家评估师的最高头衔。这个头衔是颁发给那些通过宝石学家协会举办的非常严格考试的宝石学家评估师。主要宝石学家评估师是美国宝石学家评估师可获得的著名头衔之一。

单色光——是指仅产生可见光谱中一种颜色的光源。单色黄光通常用于宝石检测（见第二部分第3章）。

蜕晶质——是指某种宝石（如锆石）的内部结构因受到放射性辐照失去原来的晶体结构变成了非晶质。

摩氏硬度值——用于指示相对硬度1~10的范围值。其中硬度值1为最软的硬度（滑石），硬度值10为最硬的硬度（钻石）。

浸油——用于隐藏或封闭宝石裂隙的一种宝石改善技术。在某些情况下，浸油可以增强宝石的颜色。

古典欧洲式切割——形成于19世纪80年代的一种圆形明亮式切割。这种切割的特点是具有小的台面、高的冠部和大的（开放）底面。1919年以后，古典欧洲式切割被现代明亮式切割取代。

老矿工式切割——从玫瑰式切割演化而来的一种早期明亮式切割，可能形成于18世纪，一直持续到19世纪古典欧洲式切割形成。它可以是圆形或坐垫形琢型（圆形的，但有稍微方形或矩形的棱角）。相较于古典欧洲式切割，老矿工式切割通常具有更高的冠部、更大的底面以及较小的台面。

不透明——用于描述光线不能通过的宝石（如青金石和孔雀石）的一个术语；通过不透明的宝石观察时，你将看不到任何光线。

糊状物——广泛适用于所有玻璃仿宝石的一个术语。

亭部——宝石的底部，腰棱以下的部分。

磷光——一些宝石暴露在辐射下（如紫外线）会发光，关闭辐射后仍将继续发光一段时间的特性（见第三部分第7章）。

多色性——二色性和三色性的总称 （见第三部分第6章）。

多晶集合体——描述宝石是由许多微小晶体聚集组成的一个术语。翡翠就是多晶集合体的一个很好的例子。

反射光——光照射到抛光表面上后，被其反射回来的光称为反射光。高折射率宝石比低折射率宝石更容易产生强反射光。

折射——光线透射宝石的时候，传播方向发生了改变的现象。

折射率——光线透射宝石的时候，传播方向与入射方向的夹角（见第三部分第8章）。

原石——未切割的宝石材质。

光彩——由宝石内部的细微包裹体或晶体结构对光反射产生的一种类似光泽的效果。光泽是由宝石表面反射光线后产生的，而光彩则是由宝石内部物质反射光线后产生的。

丝状包裹体——在反射光照明下呈现丝绸般光泽的纤细交织针状晶体包裹体。

人造宝石——是指人工制造的宝石材质且自然界没有对应的天然宝石。

单折射——是指入射光以单一光线的形式进入宝石材质后，仍以单一光线的形式透射出来（见第三部分第8章）。

苏代型拼合石——是指由两块宝石材质熔合在一起形成的宝石。这两种宝石材质（如无色水晶或合成无色尖晶石）是被适当彩色胶粘在一起的。苏代型祖母绿二层石很多。

相对密度——见前面“密度”内容。

种属——描述宝石家族的一个术语。石英是芙蓉晶、紫晶、黄晶、烟晶、绿石英、东陵石、玉髓、碧玉等品种的总称。绿柱石是祖母绿、海蓝宝石、金绿柱石和铯绿柱石的总称。

合成宝石——是指具有与真正的天然宝石本质上相同的物理、化学和光学性质的一种人工制造的宝石，并试图模仿天然宝石。由于一些最新的合成宝石是极难与真正的天然宝石区分开的，因此，必须确认待检测宝石是真正的天然宝石而不是合成宝石。不要把合成宝石与“仿宝石”（人造宝石）混淆。仿宝石是指人造宝石，在外观上看起来很像天然宝石。但是，由于人造宝石的物理和化学性质与天然宝石完全不同，所以很容易与真正的天然宝石区分开来。

台面——刻面宝石顶部的大而平的水平刻面。台面是刻面宝石上最大的刻面。

透射光——光线从宝石的底部或侧面透射宝石。

半透明——透射光没有完全透射宝石材质，以至于透过宝石材质不能清楚地看到对面的东西。除一些半透明的宝石材质（如星红宝石、星光蓝宝石或珍贵的猫眼石）外，大多数半透明宝石材质仅适合制作弧面型宝石、珠子或雕刻品。

处理宝石——是指为了改善颜色或净度，而被染色、着色、加热和（或）辐照的宝石；也可指为了掩盖裂隙或改善颜色而对裂隙进行玻璃充填的宝石。

三色性——当使用二色镜观察时，某些宝石在两次观察时，呈现三种颜色或同种颜色三个色调的一种特性。具有这种特性的宝石被称为三色性宝石（见第三部分第 6 章）。

三层石——是指由三种类似宝石的材质拼合在一起形成的宝石。三层石是一种类似二层石的宝石，但它是由三种宝石材质组成的，而不是由两种宝石材质组成的（见第四部分第 14 章）。

品种——同一种属内不同类型不同颜色的宝石。见前面“种属”内容。

维尔纳叶法——第一个商业生产合成宝石方法的名称。从 1902 年开始，这种焰熔法被用于生产合成红宝石与合成尖晶石。

维多利亚时代珠宝首饰——大约在 1837—1901 年生产制造的珠宝首饰。

浸蜡——使用有色蜡状物质摩擦宝石、掩盖表面裂隙或瑕疵，进而达到改善宝石颜色目的的过程。

玻璃光泽——亮晶晶像玻璃外表一样的光泽。大多数宝石具有玻璃光泽。

颜色分区——用来描述颜色不均匀分布的一个术语。在这样的宝石中，颜色分区通常发生在平行面（区）中。这些颜色分区的平行面是由层状分布的颜色色区及与之平行的无色区构成的。当从宝石的顶部观察时，宝石可能呈现统一的颜色；但从宝石的侧面观察时，可以特别容易看到颜色分区（如果可能，在一个白色平面背景下观察颜色分区）。

宝石检测实验室与宝石学家（美国）

下面列举了一些能够提供国际公认报告的美国的宝石检测实验室。但是，在美国还有很多宝石检测实验室和宝石学家却无法在这里全部列举出来。

想要获取最新课程和被认证宝石学家评估师认可的宝石学家清单，请联系：

美国宝石协会（the American Gem Society，8881 W. Sahara Ave.，LasVegas，NV 89117 Tel. 866−805−6500 www.ags.org）。

想要获取主要宝石学家及评估师清单，请联系：

美国评估师协会（the American Society of Appraisers，11107 Sunset Hills Rd.，Ste. 310，Reston，VA 20190 Tel. 703−478−2228 www.appraisers.org）。

想要获取经注册珠宝鉴定师协会认可的宝石检测实验室，请联系：

注册珠宝鉴定师协会（the AGA，3315 Juanita St.，San Diego，CA92105 Tel. 619−501−5444 www.accreditedgemologists.org）。

美国宝石实验室 American Gemological Laboratory, Inc（AGL）

580 Fifth Ave., Ste. 706 New York, NY 10036

Tel.（212）704–0727　www.aglgemlab.com

宝石鉴定与保障实验室 Gem Certification and Assurance Lab（仅做钻石）

580 Fifth Ave, LL New York, NY 10036

Tel.（212）869–8985　www.gemfacts.com

美国宝石学院国际总部 Gemological Institute of America World Headquarters（GIA）

Robert Mouawad Campus

5345 Armada Dr. Carlsbad, CA 92008

Tel.（800）421–7250　www.gia.edu

Also at：

50 W. 47th St. New York, NY 10036

Tel.（800）421–7250　www.gia.edu

国际宝石检测实验室与宝石学家列表

以下部分内容来自国际彩色宝石协会会员。我们希望这些当地的宝石实验室与宝石学家可以帮助你进行宝石鉴定，或者在开发培养你自己的专业技能方面提供指导帮助。星号标注的宝石检测实验室是权威宝石或珠宝行业协会认可的宝石检测实验室。请注意，一些宝石检测实验室的联系信息可能会发生改变。本书中提供的信息是当前最新的信息。

Armenia（亚美尼亚）

Zang（赞格）
North Ave. 1, Ste.31 Yerevan 0001 Armenia
Tel.（374）10–568–229 E–mail：zang@cornet.am

Australia（澳大利亚）

Australian Gemmologist（澳大利亚宝石学家）
P.O. Box 6055 Mitchelton QLD 4053 Australia
Tel.（61）7–3355–5080

Bauer Gemmological Laboratories（鲍尔宝石实验室）
330 Little Collins St., Level 6, Ste. 309 Melbourne Victoria 3000 Australia
Tel.（61）3–9663–5548

Diamond Certification Laboratory of Australia（澳大利亚钻石认证实验室）
Ste. 1, Level 1, Piccadilly Tower 133 Castlereagh St. Sydney NSW 2000 Australia
Tel.（61）2–9261–2104 www.dcla.com.au

Gemmological Association of Australia–Queensland Division（澳大利亚宝石协会－昆士兰州分部）

P.O. Box 967 North Lakes QLD 4509 Australia

Tel.（61）7−3481−2875 www.gem.org.au

Gemmological Association of Australia−South Australia Division（澳大利亚宝石协会－南澳大利亚州分部）

P.O. Box 191 Adelaide SA 5001 Australia

Tel.（61）8−8227−1377 www.gem.org.au

Gemmological Association of Australia−Western Australia Division（澳大利亚宝石协会－西澳大利亚分部）

P.O. Box 431Claremont WA 6910 Australia

Tel.（61）8−9385−5489 www.gem.org.au

Gem Studies Laboratory（宝石研究实验室）

301 Pitt St. Sydney NSW 2000 Australia

Tel.（61）2−9264−8788 www.gsl.net.au

Austria（奥地利）

*Austrian Gemmological Association（Österreichische Gemmoligische Gesellschaft−OGEMG，奥地利宝石协会）

Goldschlagstrasse 10 A−1150 Vienna Austria

Tel.（43）1−231−2238 E−mail：office@gemmologie.at

Bahrain（巴林）

Gem and Pearl Testing Laboratory of Bahrain Ministry of Industry & Commerce（巴林宝石与珍珠检测实验室工业与商业部）

P.O. Box 5479, Manama Kingdom of Bahrain

Tel.（973）1757−4843 E−mail：metalgem@commerce.gov.bh

Belgium（比利时）

European Gemological Laboratory and College of Gemology（欧洲宝石实验室与宝石学院）

Hovinierstraat 55 Antwerp Belgium

Tel.（32）3−233−24−58 www.egl.co.za

HRD Institute of Gemmology（比利时钻石高阶层议会宝石学院）
Hoveniersstraat 22 BE−2018 Antwerp Belgium
Tel.（32）3−231−06−11 www.hrd.be

International Gemmological Institute（国际宝石学院，IGI）
Schupstraat 1 2018 Antwerp Belgium
Tel.（32）3−401−08−88 www.igiworldwide.com

Brazil（巴西）

Brazilian Association of Gemologists & Jewelry Appraisers（巴西宝石学家与珠宝评估师协会，ABGA）
Rua Visconde de Pirajá , 540, Ste. 211 Rio de Janeiro 22410−001 Brazil
Tel.（55）21−2540−0059 www.gemsconsult.com.br

Centro Gemologico da Bahia（巴伊亚宝石学中心）
Ladeira do Carmo, 37 Santo Antonio（Centro Historico）Salvador 40301−410 Brazil
Tel.（55）71−3326−1747 www.cgb.ba.gov.br

GEMLAB−IGC−USP（巴西圣保罗 USP 地质科学学院）
Rua do Lago 562 Instituto de Geociencias da USP Sao Paulo 01042−001 Brazil
Tel.（55）11−3091−3958 www.igc.usp.br

Gemological Laboratory of the Center for Mineral Technology（矿物技术中心宝石实验室，CETEM）
Ave. Pedro Calmon, 900, Cidade Universitária Rio de Janeiro 21941−908 Brazil
Tel.（55）21−3865−7222 www.cetem.gov.br

IBGM Gemological Laboratory（IBGM 宝石实验室）
SCN Centro Empresarial A, Conj. 1105 Brasilia, DF 70712−903 Brazil
Tel.（55）61−3326−3926 www.ibgm.com.br

Laboratório Gemológico AJORIO（AJORIO 宝石实验室）
Av. Graça Aranha 19 Gr. 404 Rio de Janeiro 20030−002 Brazil
Tel.（55）21−2220 8004 www.ajorio.com.br

Laboratório Gemológico Dr. Hécliton Santini Henriques
Ave. Paulista 688, 17th Fl. Belavista 01310-100 Brazil
Tel.（55）11-3016-5850 www.ajesp.com.br

Realgems-Laboratório Gemológico
Rua Visconde de Pirajá , 540, Ste. 210 Rio de Janeiro Brazil
Tel.（55）21-2239-4078 www.realgemslab.com.br

Bulgaria（保加利亚）
Laboratory of Gemology（宝石实验室）
New Bulgarian University（新保加利亚大学）
21 Montevideo St. 1618 Sofia Bulgaria
Tel.（359）2-811-0180 www.nbu.bg

Canada（加拿大）
Canadian Institute of Gemmology（加拿大宝石学院）
P.O. Box 57010 Vancouver, BC V5K 5G6 Canada
Tel.（604）530-8569 www.cigem.ca

Centre de Gemmologie GEMS, Inc.（GEMS 宝石学中心有限公司）
620 Rue Cathcart, Ste. 821 Montreal, QC H3B 1M1 Canada
Tel.（514）393-1600

European Gemological Laboratory（欧洲宝石实验室）
55 Queen St., Ste. 500 Toronto, ON M5C 1R6 Canada
Tel.（416）368-1200 www.eglcanada.ca

Also at：European Gemological Laboratory（欧洲宝石实验室）
United Kingdom Bldg. 736 Granville St., Ste. 456 Vancouver, BC V6C 1T2 Canada
Tel.（604）630-0464 www.eglcanada.ca

Gem Scan International, Inc.（宝石扫描公司）
27 Queen St. E., Ste. 406 Toronto, ON M5C 2M6 Canada
Tel.（416）868-6656 www.gemscan.com

★De Goutiere Jewellers, Ltd.（★珠宝商）
A. de Goutiere（CGA，认证宝石学家评估师）
2542 Estevan Ave. Victoria, BC V8R 2S7 Canada
Tel.（250）592−3224 www.degoutiere.com

★The Gold Shop（★黄金店）
Ian M. Henderson 伊恩·M. 亨德森（CGA 认证宝石学家评估师）
374 Ouellette Ave. #302 Windsor, ON N9A 6L7 Canada
Tel.（519）258−8541 www.thegoldshop.ca

★Harold Weinsten Ltd.
55 Queen St. E., Ste. 1301 Toronto, ON M5C 1R6 Canada
Tel.（416）366−6518 www.hwgem.com

Kinnear d'Esterre Jewellers（珠宝商）
Robern N. McAskil（CGA）Florence Kimberly（CGA 认证宝石学家评估师）
168 Princess St. Kingston, ON K7L 1B1 Canada
Tel.（613）546−2261

★Nash Jewellers（★纳什珠宝商）
John C. Nash（CGA 认证宝石学家评估师）
182 Dundas St. London, ON N6A 1G7 Canada
Tel.（519）672−7780 www.nashjewellers.com

Penner Fine Jewellers, Inc.（佩内法恩珠宝商有限公司）
Ernest Penner（CGA 认证宝石学家评估师）
10−436 Vansickle Rd. St. Catharines, ON L2S 0A4 Canada
Tel.（905）688−0579 www.pennerjewellers.com

China（中国）

Asian Gemmonlogical Institute and Laboratory Limited（亚洲宝石学院与鉴定所有限公司，AGIL）
中国香港九龙尖沙咀加拿芬道 18 号恒生尖沙咀大厦 7 楼 707−8 室
Tel.（852）2723−0429 www.agil.com.hk

BG Gemological Institute（北京高德珠宝鉴定研究所）
中国北京朝阳门外大街吉祥里 103 号中国工艺集团 503 室
Tel.（86）10-6551-2259

China Gems Laboratory Limited（中华珠宝鉴定中心有限公司，CGL）
中国香港新界沙田石门安耀街 2 号新都广场 15 楼
Tel.（852）2783-2793 www.chinagemslab.com

Hong Kong Gems Laboratory（ 香港宝石鉴定所）
中国香港九龙佐敦广东道 153 号玉器交易广场一楼 30-36 室
Tel.（852）2815-1880 www.hkgems.com.hk

Hong Kong Jade and Stone Laboratory Ltd.（香港玉石鉴定中心有限公司）
中国香港九龙弥敦道 229 号周生生大厦 1401-2 室
Tel.（852）2388-9688 www.jadeitelaboratory.com.hk

International Gemologial Institute（IGI）-Hong Kong（国际宝石学院 - 香港）
中国香港九龙红磡鹤园东街 1 号富恒工业大厦 7 楼 705 室
Tel.（852）2522-9880 www.igiworldwide.com

Hong Kong Jeweller's & Goldsmiths' Association（香港珠石玉器金银首饰业商会）
中国香港中环皇后大道 178-180 号香港珠宝大厦 13 楼
Tel.（852）2543-9633 www.hkjga.hk

National Gemstone Testing Centre（国家珠宝玉石质量检验中心，NGTC）
中国北京东城区北三环东路 36 号环球贸易中心 c 座 22 层
Tel.（86）10-5827-6333 www.ngtc.gov.cn/ngtc

Sincere Overseas Jewellery Ltd.（信业海外珠宝有限公司）
中国香港九龙红磡民裕街 36 号荣业工业大厦 1 楼 B2 室
Tel.（852）2356-1988

Valuation Services Ltd.（评估服务有限公司）
中国香港九龙红磡华民泰街 40 号 6 楼 7 室
电话：（852）2869−4350 ed@gemvaluation.com

Colombia（哥伦比亚）

CDTEC
Calle 13, #6−82 P−11 Bogota Colombia
Tel.（57）001−243−8871 www.gemlabcdtec.com

Centro Gemologico Colombianoa（哥伦比亚宝石学中心）
Av. Jimenez N 5−43 OF 113 Colombia
Tel.（57）001−248−4829 E−mail：colombiangemological@yahoo.com

Laboratorio de Certificacion de Gemas R.G.（R.G. 宝石认证实验室）
Av. Jimenez #5−43 Of.902 Bogota Colombia
Tel.（57）310−689−8392 E−mail：emerald_research@Yahoo.com

Czech Republic（捷克共和国）

General Directorate of Customs−Customs Technical Laboratories（捷克关税总局 – 海关技术实验室）
Budějovická 7 Prague 4, 14096 Czech Republic
Tel.（420）261−333−841 www.celnisprava.cz

England（英国）

*AnchorCert
P.O. Box 151 Newhall Street Birmingham B3 1SB United Kingdom
Tel.（44）087−1423−7922 www.anchorcert.co.uk

Department of Mineralogy British Museum，Natural History（大英博物馆矿物学系，自然史部门）
Cromwell Rd. London SW7 5BD England
Tel.（44）020−7942−5000 www.nhm.ac.uk

The Gemmological Association of Great Britain（英国宝石协会，Gem–A）
21 Ely Place London EC1N 6TD England
Tel.（44）020–7404–3334 www.gem–a.com

*Huddlestone Gemmological Consultants Ltd.（*赫德尔斯通宝石顾问有限公司）
Edney House, Lower Ground Fl. 46 Hatton Garden London EC1N 8EX England
Tel.（44）020–7404–5004

*Sunderland Polytechnic Gemmological Laboratory（*桑德兰理工宝石学实验室）
Dept. of Applied Geology Benedict Bldg., St. George's Way Stockton Rd. Sunderland SR2 7BW England
Tel.（44）91–567–9316

Finland（芬兰）

M&A Gemological Instruments（M&A 宝石学仪器）
Alhotie 14 04430 Järvenpää Finland
www.gemmoraman.com

France（法国）

*European Gemological Laboratory and College of Gemology（*欧洲宝石实验室与宝石大学）
9 Rue Buffault 75009 Paris France
Tel.（33）1–4016–1635 www.eglinternational.org

Laboratoire Francais De Gemmologie—CCIP（法国宝石实验室—CCIP，LFG）
30 rue Notre Dame des Victoires 75002 Paris France
Tel.（33）1–4026–2545 www.laboratoirefrancais–gemmologie.fr

Muséum National d'Histoire Naturelle–Minéralogie（法国国家自然历史博物馆）
36 Rue Geoffroy Saint Hilaire 75005 Paris France
Tel.（33）1–4079–5601 www.mnhn.fr

Germany（德国）

Bundesverband Edelstein−und Diamant Indusrie EV（德国宝石和钻石工业协会）
Haptstrasse 161 55743 Idar−Oberstein Germany
Tel.（49）6781−944240 www.bv−edelsteine−diamanten.de

Department of Gemstone Research Johannes Gutenberg University（约翰内斯大学宝石研究系）
Becherweg 21 D−55099 Mainz Germany
Tel.（49）6131−3924−365 www.uni−mainz.de

⋆Deutsche Gemmologische Gesellschaft （⋆德意志宝石协会）
German Gemmological Association（德国宝石协会）
Prof.−Schlossmacher−Str. 1 D−55743 Idar−Oberstein Germany
Tel.（49）6781−50840 www.dgemg.com

Deutsche Stiftung Edelsteinforschung（德意志宝石研究基金会，DSEF）
German Foundation for GemstoneResearch（德国宝石研究基金会）
Prof.−Schlossmacher Str. 1 D−55743 Idar−Oberstein Germany
Tel.（49）6781−50840 www.dsef.de

EPI−Institut für Edelsteinprüfung（EPI 宝石测试研究所）
Riesenwaldstr. 6 77797 Ohlsbach Germany
Tel.（49）7803−600−808 www.epigem.de

Elisabeth Strack Gemmologisches Institut Hamburg（汉堡伊丽莎白·斯特拉克宝石研究所）
Poststrasse 33 Business Center, 6th Fl. 20354 Hamburg Germany
Tel.（49）4035−2011 www.gemmologischesinstitut−Hamburg.de

⋆Stiftung Deutsches Diamant Institut（⋆德意志钻石研究基金会，SDDI）
Poststrasse 1 D−75172 Pforzheim Germany
Tel.（49）7231−32211 E−mail：ddi.diamant@t−online.de

India（印度）

Gem Identification Laboratory（宝石鉴定实验室）
S.C.O−105, 2nd Fl. Sector−35C, Chandigarh−160 022 Chandigarh, India
Tel.（91）172−260−0796

Gem Testing Laboratory（宝石检测实验室）
Rajasthan Chamber Bhawan Mirza Ismail Rd., 3rd Fl. Jaipur 302 003 India
Tel.（91）141−256−8029 www.gjepc.org

Gemological Institute of India（印度宝石学院）
29 Gurukul Chambers 187 - 189 Mumbadevi Rd. Mumbai 400 002
Tel.（91）22−2342−0039 www.giionline.com

Indian Diamond Institute（印度钻石学院）
Katargam, GIDC, P.O. Box 508 Sumul Dairy Rd.Surat 395 008 Gujarat, India
Tel.（91）26−1240−7847 www.diamondinstitute.net

Indian Institute of Gemology（印度宝石学院）
10980 East Park Rd. Karol Bagh New Delhi 110 005 India
Tel.（91）11−2352−0924 www.iig.firm.in

International Gemological Institute（IGI）−India（国际宝石学院 - 印度）
702, the Capital Bandra Kurla Complex Bandra E. Mumbai 400 051 India
Tel.（91）22−4035−2550 www.igiworldwide.com

Universal Gemological Laboratories（IGC）−India（通用宝石实验室 - 印度）
Sunville Bldg., Paper Mill Ln. Opp−Greens Restaurant Lamington Rd. Mumbai 400 004 India
Tel.（91）22−2388−2535 www.gci−gem.com

Israel（以色列）

EGC European Gemological（欧洲宝石学院有限公司）
Center Ltd. and College（EGL 铂金中心）
EGL Platinum Center 8 Shoham St. Ramat Gan 5251006 Israel
Tel.（972）3−612−1375 www.egl−platinum.com

European Gemological Laboratory（欧洲宝石实验室）
23 Tuval St. Diamond Exchange, Noam Bldg., Ste. 112 Ramat Gan 52522 Israel
Tel.（972）3−752−8428

IDI Gemological Laboratories（ IDI 宝石实验室）
Israel Diamond Institute（以色列钻石交易中心）
54 Betzalel St. Ramat Gan 52521 Israel
Tel.（972）3−751−7845

National Gemological Institute of Israel（ 以色列国家宝石学研究所）
52 Betzalel St. Ramat Gan 52521 Israel
Tel.（972）3−751−7845

Universal Gemological Laboratories（通用宝石实验室，GCI）
Diamond Exchange Maccabi Bldg., Ste. 1956 1 Jabotinsky St. Ramat Gan 52520 Israel
Tel.（972）3−751−4782 www.gci−gem.com

World Gemological Institute（世界宝石实验室）
21 Tuval St. Ramat Gan 52522 Israel
Tel.（877）944−5944

Italy（意大利）

Alberto Scarani (阿尔贝托· 斯卡拉尼)
Via di Santa Maria in Monticelli, 30 00186 Rome Italy
Tel.（39）0−6686−4946

ARCOGEM S.r.l.（ARCOGEM 有限责任公司）
Dipartimento Geomineralogico
Universit à degli Studi di Bari Via E. Orabona, 4 70125 Bari Italy
Tel.（39）080−544−2585 www.arcogem.it

Centro Analisi Gemmologiche（宝石分析中心）
Viale Vicenza, 4/D 15048 Valenza Italy
Tel.（39）0131−924−557 www.analisigemme.com

Gemological Education Certification Institute（宝石学教育认证协会）
Via delle Asole 2 20123 Milano
Tel.（39）02–8498–0022 www.geci-web.it

Istituto Analisi Gemmologiche（宝石分析研究所）
Via Sassi, 44 15048 Valenza Italy
Tel.（39）01–3194–6586 www.tuttogemmologia.it

Istituto Gemmologico Italiano（意大利宝石学院）
Piazza San Sepolcro, 1 20123 Milano Italy
Tel.（39）02–8050–4991 www.igi.it/istitutogemmologicoitaliano

Istituto Gemmologico Nazionale（国家宝石学院）
Via S. Sebastianello, 6（Piazza di Spagna）00187 Rome Italy
Tel.（39）06–678–3056 www.ignroma.it
*Laboratorio Scientifico
Professionale di Controllo di Diamanti, Pietre Preziose e Perle della Confedorafi Via Ugo Foscolo, 4 1–20121 Milano Italy

Masterstones Centre for Gemological Analysis（宝石分析比色石中心）
Via Reberto Allesandri, 6/A 00151 Rome Italy
Tel.（39）06–5327–3434 www.masterstones.eu

RAG Ricerche e Analisi Gemmologiche（RAG 宝石研究与分析）
Corso San Maurizio, 52 Torino Italy
Tel.（39）011–887–166 www.raglabgem.com

Japan（日本）

AGT Gem Laboratory（AGT 宝石实验室）
Okachimachi Cy Bldg., 2F 5–15–14 Ueno Taito–Ku, Tokyo 110–0005 Japan
Tel.（81）3–3834–6586

Central Gem Laboratory（中央宝石研究所）
Miyagi Bldg., 2F 5–15–14 Ueno Taito–Ku, Tokyo 110–0005 Japan
Tel.（81）3–3836–3131 www.cgl.co.jp

CIBJO Institute of Japan（国际珠宝首饰联合会日本研究所，仅做钻石）
Tokyo–Bihokaikan 1–24 Akashi–Cho Chuo–Ku, Tokyo Japan
Tel.（81）3–543–3821

Diamond Grading Laboratory（钻石分级实验室）
4F, Amano Bldg. 5–18–7 Ueno Taito–Ku, Tokyo 110–0005 Japan
Tel.（81）3–3832–2432 www.agl.jp

Diamond Grading Laboratory（钻石分级实验室）
5–30–12 Imaike Chikusa–ku Aichi, Nagoya 464–0850 Japan
Tel.（81）052–732–0580 www.agl.jp

Diamond Grading Laboratory Co.,Ltd.（钻石分级实验室有限公司）
Ezebiru 4F, 3–3–10 Minami Senba Chuo–Ku, Osaka 542–0081 Japan
Tel.（81）6–6253–1436 www.agl.jp

Gemmological Association of All Japan（全日本宝石协会）
Daiwa Ueno Bldg., 8F 5–25–11 Ueno Taito–Ku, Tokyo 110–0005 Japan
Tel.（81）3–3835–2466 www.gaaj–zenhokyo.co.jp

International Gemological Institute（IGI）–Japan UT Bldg.（国际宝石学院 – 日本）
2–21–13 Higashi Ueno Taito–Ku, Tokyo 110–0005 Japan
Tel.（81）3–5807–2958 www.igiworldwide.com

Japan Gem Testing Center（日本宝石检测中心）
Nisshin Bldg., 5th Fl. 4–29–13 Taito Taito–Ku, Tokyo 110–0016 Japan
Tel.（81）3–3836–1388 E–mail：gtc@alpha.ocn.ne.jp
Also at：1–9–24 Higashi Shinsaibashi Chuo–Ku, Osaka 542–0083 Japan
Tel：（81）6–6251–1571

Japan Technical Gem Laboratory（日本技术宝石实验室）
2F, Hanabusa Bldg., 2–3–5 Soto Kanda, Chiyoda–Ku Tokyo 101–0021 Japan
Tel.（81）3–3834–5491

Kokuhoren（科库霍伦）
2F, Sanko Higashi Shinsaibashi Bldg. 1–8–27 Higashi Shinsaibashi Chuo–Ku, Osaka 542–0083 Japan
Tel.（81）6–6252–8818

Kenya（肯尼亚）

Mr. P. Dougan（P. Dougan 先生）
P.O. Box 14173 Nairobi Kenya

Mines & Geology Department（矿山与地质部）
Mandini House, Machakos Rd. P.O. Box 30009–00100 Nairobi Kenya
Tel.（254）20–553–034 E–mail：cmg@mining.go.ke

Ruby Center of Kenya, Ltd.（ 肯尼亚红宝石中心有限公司）
P.O. Box 47928, Fedha Tower 5, 2nd Fl. Muindu Mbingu St. Nairobi Kenya

Liechtenstein（列支敦士登）
GGTL Laboratories（GGTL 实验室）
Gnetsch, 42 FL–9496 Balzers Principality of Liechtenstein
Tel.（423）262–24–64 www.ggtl–lab.org

Lithuania（立陶宛）

A. Kleismantas Laboratory of Gemstones（A. 克莱斯曼塔斯宝石实验室）
"Du Safyrai" Kurpiu St., 13 Kaunas 44287 Lithuania
Tel.（370）37–227–780

Madagascar（马达加斯加）

Institut de Gemmologie de Madagascar（马达加斯加宝石学院，IGM）
Rte. d'Andraisoro Ampandrianomby Antananarivo 101 Madagascar
Tel.（261）20–22–591–37 www.igm.mg

Myanmar（缅甸）

F.G.A. Gem Trading and Testing Laboratory（F.G.A. 宝石培训与检测实验室）
71 West C Block Bogyoke Aung San Market Yangon
Tel.（95）9–504–2186

GGA–Genuine Gem Associates Co., Ltd.（真正宝石协会有限公司，GGA）
474 - 476 Mahabandoola St. Yangon
Tel.（95）1–254–410

Macle Gem Trade Laboratory（马克莱宝石贸易实验室）
98, 99 Level 3, FMI Center, Level 1 380 Bogyoke Aung San Rd. Yangon
Tel.（95）1–240–400/246–788/240–376 ext. 1398
E–mail：macgems@baganmail.net.mm

Mandalay Gem Association Trading Co., Ltd.（曼德勒宝石协会贸易有限公司）
91A, 77th St, Btn. 26th & 27th St. Mandalay
Tel.（95）02–31–248

New Aurora Gem Testing Laboratory（新奥罗拉宝石检测实验室）
Co U Myo Chit and Daw Myint Myint Than（Linn Family Jewelry）Zay Thit Mogok
Tel.（95）9–697–0477

Stalwart Gem Lab（斯托瓦特宝石实验室）
FMI Center, Rm. 33/34, Level 1 380 Bogyoke Aung San Rd. Pabedan Tsp. Yangon
Tel.（95）1–240–400

Summit Gemological Laboratory（萨米特宝石实验室）
No. 23, Face Wing, 1st Fl. Bogyoke Aung San Market Yangon
Tel.（95）1–253–508

The Netherlands（荷兰）

Nederlands Edelsteen Laboratorium（ 荷兰宝石实验室，仅做宝石）
Dutch Precious Stone Laboratory

P.O. Box 9517 2300 RA Leiden
Tel.（31）071−568−7596 www.naturalis.nl

★Stichting Nederlands Diamant Institut（★荷兰钻石研究会基金会，仅做钻石）
Van de Spiegelstraat 3 Postbus 29818 NL−2502LV's−Gravenhage Netherlands
Tel.（31）070−469−607

Pakistan（巴基斯坦）

Al−Ahsan Jewellers & Gemologist（阿赫桑珠宝商与宝石专家）
55 Shopping Mall, Regent Plaza Sharah−e−Faisal, Karachi 75530 Pakistan
Tel.（92）21−5631311 E−mail：al−ahsan@cyber.net.pk

National Center of Excellence in Geology（卓越地质国家中心）
University of Peshawar（白沙瓦大学）
Peshawar 25120 Khyber Pakhtunkhawa, Pakistan
Tel.（92）91−9216427 www.nceg.upesh.edu.pk

Gems Collection（宝石收藏）
No. 4, Block F, School Rd., Super Market Sector F−6 Islamabad 44000 Pakistan
Tel.（92）51−2820453 E−mail：gemscollection@gmail.com

Sagar Gems & Jewelers（萨加尔宝石和珠宝）
Shop 10, Al Habib Arcade Block 7, Clifton Karachi Pakistan
Tel.（92）21−35863465 www.sagarjeweler.com

Portugal（葡萄牙）

LABGEM−Rui Galopim de Carvalho Gem Consulting（LABGEM−瑞·卡瓦略宝石咨询公司）
Apart. 2026, Colares 2706−909 Sintra Portugal
Tel.（351）21−924−2468 www.labgem.org

Russia（俄罗斯）

Expert Department of Gokran Financial Ministry（戈克兰财政部专家局）
1812 St., 14 121170 Moscow Russia
Tel.（7）495−148−46−67 E−mail：expg.okhr@rinet.ru

Gemological Center GEMEXIM Ltd.（GEMEXIM 宝石中心有限公司）
Miclukho−Maklaya St., 23 117997 Moscow Russia
Tel.（7）495−280−04−38 www.gigia.ru

Moscow University Main Bldg.,A−429（莫斯科大学主楼 A−429）
Gemological Center Testing Lab Department of Geology 宝石学中心检测实验室地质系
Leninskie Gory GSP−1 119991 Moscow Russia
Tel.（7）495−939−49−73 www.gemology.ru

Moscow Gemmological Certification Center（莫斯科宝石认证中心）
Malaya Bronnaya St., 18 103104 Moscow Russia
Tel.（7）495−650−72−53 www.assaygem.ru

Smolensk Gemmological Certification Center（斯摩棱斯克宝石认证中心）
Shkadova St., 2 214031 Smolensk Russia
Tel.（7）481−231−69−00 www.smolgem.ru

Yakutian Gemmological Certification Center（雅库特马宝石认证中心）
Assay Chamber Oktiabrskaya St., 30 677027 Yakutsk Russia
Tel.（ 7）411−235−38−35 www.assay.ru

Singapore（新加坡）

Far East Gem Institute（远东宝石学院）
12 Arumugam Rd. #04−02 Lion Industrial Bldg. B Singapore 409958
Tel.（65）6745−8542 www.gem.com.sg

Nan Yang Gemological Institute（南洋珠宝学院）
14 Scotts Rd. #03−80, Far East Plaza Singapore 228213
Tel.（65）6333−6238 www.ngi.com.sg

South Africa（南非）

European Gemological Laboratory（欧洲宝石协会）
225 Main St. SA Diamond Ctr., Ste. 410, 4th Fl. Johannesburg 2001 South Africa
Tel.（27）11−334−4527 www.egl.co.za

★Gem Education Center（★宝石教育中心）
20 Drome Rd. Lombardy South Africa
Tel.（27）11−346−1657 E−mail：gec@mweb.co.za

Independent Coloured Stone Laboratory（独立彩色宝石实验室）
P.O. Box 177 Pinegowrie Johannesburg 2123 South Africa
Tel.（27）11−787−3326 E−mail：icamp@global.co.za

Jewellery Council of South Africa（南洋珠宝委员会，JCSA）
The Hamlet 27 Ridge Rd. Parktown, 7764 South Africa
Tel.（27）11−484−5528 www.jewellery.org.za

South Korea（韩国）

EGL Korea（欧洲宝石学院－韩国）
701, 7th Fl., Shanho Bldg. 28 Jongro 3GA, Jongro−gu, Seoul Republic of Korea
Tel.（82）2−747−6978 www.egl−labs.com

The First Gem Laboratory（第一宝石实验室）
37−7 Jongro 3GA Jongro−gu, Seoul 110−390 Republic of Korea
Tel.（82）2−3672−7592 www.firstgem.co.kr

Gemmological Association of All Korea（全韩国宝石协会）
244−39 Hooam−dong Youngsan−ku Seoul 140 Republic of Korea
Tel.（82）2−754−5075/0642

Hanmi Gemological Institute Laboratory（韩美宝石学院实验室，HGI）
3F, 35−1, Sam Sam Bldg. Bongik−dong Jongro−gu Seoul 110−390 Republic of Korea
Tel.（82）2−3672−2803 www.hanmilab.co.kr

Mirae Gem Laboratory Co., Ltd.（未来宝石实验室有限公司）
8F, Jewelry Department Store, 23 Bongik−dong, Jongro−gu Seoul 110−390 Republic of Korea
Tel.（82）2−766−3331 www.gem.or.kr

Virgin Gemological Laboratory（维尔京宝石实验室）
#501 Sanho B/D, 28 Jongro 3GA Jongro-gu, Seoul 110-390 Republic of Korea
Tel.（82）2-743-7100 www.virgindia.co.kr

Spain（西班牙）

Gemacyt Laboratorio Gemológico（Gemacyt 宝石实验室）
C. Siena, 15. 1 28027 Madrid Spain
Tel.（34）91-700-0935 www.gemacyt-lab.com

★Instituto Gemologico Español（★西班牙宝石学院）
C. Alenza, 1 28003 Madrid Spain
Tel.（34）914-414-300 www.ige.org

Laboratorio Gemologico Gemior S.L.（杰米奥有限公司宝石实验室）
Av. Baron De Carcer 48-6M 46001 Valencia Spain
Tel.（34）963-517-311

Laboratorio Gemológico MLLOPIS（米洛皮斯宝石实验室）
Burriana, 42, 6, PTA 12-46005 Valencia Spain
Tel.（34）96-374-9078 www.mllopis.com

Laboratorio Oficial（官方实验室）
Viladomat, 89 - 95, E-3 08015 Barcelona Spain
Tel.（34）93-292-4712 E-mail：as.gemmologia@sefes.es

Sri Lanka（斯里兰卡）

Gemmologist Association of Sri Lanka（斯里兰卡宝石学家协会）
275/76 Stanley Wijesundara Mawatha Colombo 7 Sri Lanka
Tel.（94）11-2-590944 www.gemmology.lk

Lakshani Gem Testing Laboratory（拉克沙尼宝石检测中心）
52A, Galle Rd. Colombo 3 Sri Lanka
Tel.（94）11-2-337443

National Gem and Jewellery Authority（国家宝石与珠宝权威）
No. 25, Galle Face Terrace Colombo 3 Sri Lanka
Tel.（94）11–2–390658 www.srilankagemautho.com

Petrological Laboratory（岩石学实验室）
Geological Survey Dept.（地质调查部）
569 Epitamulla Rd. Pitakotte Sri Lanka
Tel.（94）11–2–886289

Sheriff Abdul Rahuman（阿卜杜勒 · 拉赫曼警长）
95A, Chatham St.Colombo 1 Sri Lanka
Tel.（94）11–2–502759 E–mail：sheriff@qtex.com

University of Moratuwa Gemmology Laboratory/Dept. of Earth Resources（ 莫勒图沃大学宝石实验室地球资源系）
Katubedda Campus Moratuwa Sri Lanka
Tel.（94）11–2–650353 www.ere.mrt.ac.lk

Sweden（瑞典）

Rolf Krieger Ltd.（罗尔夫克里格尔有限公司）
S–141/46 Huddinge Sweden

Swedish Institute for Gem Testing（瑞典宝石检测学院）
Alsatravagen 120 S–12736 Skarholmen Sweden

Switzerland（瑞士）

*Gemgrading（宝石分析）
Rue Albert–Gos 4 1206 Geneva Switzerland
Tel.（41）22–346–6061

Gemmologie Laboratoire Services（ 宝石实验室服务）
Rue de Bourg 3 CH–1002 LausanneM Switzerland
Tel.（41）32–721–4172 www.gls–gemmologie.ch

GGTL Laboratories（GGTL 实验室）
Rte. des Jeunes 4B 1227 Les Acacias Geneva Switzerland
Tel.（41）22−731−5880 www.gemtechlab.ch

GRS Gemresearch Swisslab AG（GRS 宝石研究瑞士实验室股份公司）
P.O. Box 3628 6002 Lucerne Switzerland
Tel.（41）41−210−3131 www.gemresearch.ch

★Gübelin Gem Lab Ltd.（★古柏林宝石实验室有限公司）
Maihofstrasse 102 6006 Lucerne Switzerland
Tel.（41）41−429−1717 www.gubelingemlab.com

★Swiss Gemmological Institute（★瑞士宝石学研究所，SSEF）
Falknerstrasse 9 CH−4001 Basel Switzerland
Tel.（41）61−262−0640 www.ssef.ch

Thailand（泰国）

★Asian Institute of Gemological Sciences（★亚洲宝石学院）
919/1 Silom Rd. Jewelry Trade Center, 2nd Fl., Unit. 214 Bangrak, Bangkok 10500 Thailand
Tel.（66）2−267−4325 www.aigsthailand.com

Emil Gem Laboratory−Japan（埃米尔宝石实验室 − 日本）
4F4 4th Fl., BIS Bldg. 119 Mahesak Rd.MBangkok 10500 Thailand
Tel.（66）2−234−8872 www.emil.co.th

Gem and Jewelry Institute of Thailand（泰国宝石学院）
140/1 - 3, 5 Tower Bldg. Silom Rd., Sungawong Bangrak, Bangkok 10500 Thailand
Tel.（66）2−634−4999 www.git.or.th

GRS（Thailand）Co., Ltd.（GRS [泰国] 有限公司）
Unit 501 - 506, Silom 9 Bldg. Soi 19, Silom Bangrak, Bangkok 10500 Thailand
Tel.（66）2−237−5898 www.gemresearch.ch

International Gemological Institute（国际宝石学院）
BGI Bldg., 9 Soi Charoen Krung 36 New Rd. Bangkok 10500 Thailand
Tel.（66）2−630−6728 www.igiworldwide.com

United Arab Emirates（阿拉伯联合酋长国）
Dubai Central Laboratory−Dubai Gemstone Laboratory（迪拜中心实验室－迪拜宝石实验室）
Dubai Municipality P.O. Box 67 Dubai United Arab Emirates
Tel.（971）4−302−7007 www.dcl.ae

Dubai Gem Certification Convention Tower（迪拜宝石认证公约）
World Trade Center Complex 7th Fl., # 702 P.O. Box 48800 Dubai United Arab Emirates
Tel.（971）4−329−2499 E−mail：laurent.grenier@dmcc.ae

International Gemological Institute（IGI）−Dubai（国际宝石研究－迪拜）
Office Unit 27 A, B, C, & G,
Almas Tower, Plot LT−2 Jumeriah Lake Towers Dubai United Arab Emirates
Tel.（971）4−450−8027 www.igiworldwide.com

Zimbabwe（津巴布韦）

Gem Education Centre of Zimbabwe（津巴布韦宝石教育中心）
Faye March Jewelers 1st Fl., Travel Plaza 29 Mazowe St. Harare 707580 Zimbabwe
Tel.（263）4−707−922 E−mail：fayemarch@zol.co.zw

国际宝石协会列表

Australia（澳大利亚）

Gemmological Association of Australia–Queensland Division（澳大利亚宝石协会－昆士兰州分部）
P.O. Box 967 North Lakes QLD 4509 Australia
Tel.（61）7–3481–2857 www.gem.org.au

Gemmological Association of Australia–South Australia Division（澳大利亚宝石协会－南澳大利亚州分部）
P.O. Box 191 Adelaide SA 5001 Australia
Tel.（61）8–8227–1377 www.gem.org.au

Australian Gem Industry Association（澳大利亚宝石行业协会）
31 Market St. Sydney NSW 2000 Australia
Tel.（02）92–67–13–10

Austria（奥地利）

Bundesgremium Des Handels Mit Juwelen
Karl M. Heldwein P.O. Box 440 A–1045 Vienna Austria

Brazil（巴西）

razilian Gemological and Mineralogical Association（巴西宝石学和矿物学协会）
Rue Barao de Itapetininga Galeria California No.255,12 Andar Conj. 1213/1214 Sao Paolo 01042–001 Brazil
Tel.（55）11–3231–0916 www.abgm.com.br

Ajorio–Sindicato National
Do. Com. Atacadista de Pedras reciosas

Av. Graça Aranha, 19−404 Group−Centro Rio de Janeiro 20030−002 Brazil
Tel.（55）21−2220−8004 www.sistemaajorio.com.br

Brazilian Association of Gemologists & Jewelry Appraisers（巴西宝石学家与珠宝评估师协会，ABGA）
Rua Visconde de Pirajá 540, Ste. 211 Rio de Janeiro 22410−001 Brazil
Tel.（55）21−2540−0059 www.gemsconsult.com.br

Centro Gemologico da Bahia（巴伊亚宝石学中心）
Ladeira do Carmo, 37 Santo Antonio（Centro Historico）Salvador 40301−410 Brazil
Tel.（55）71−3326−1747 www.cgb.ba.gov

GEMLAB−IGC−USP（巴西圣保罗 USP 地质科学学院）
Rua do Lago 562 Instituto de Geociencias da USP Sao Paulo 01042−001 Brazil
Tel.（55）11−3091−3958 www.usp.br

Gemological Laboratory of the Center for Mineral Technology（矿物技术中心宝石实验室，CETEM）
Ministry of Science, Technology and Innovation Ave. Pedro Calmon, 900, Cidade Universitária Rio de Janeiro 21941−908 Brazil
Tel.（55）21−3865−7222 www.cetem.gov.br

IBGM Gemological Laboratory（IBGM 宝石实验室）
SCN Centro Empresarial A, Conj. 1105 Brasilia, DF 70712−903 Brazil
Tel.（55）61−3326−3926 www.ibgm.com.br

Laboratório Gemológico AJORIO（AJORIO 宝石实验室）
Av. Graça Aranha 19 Gr. 404 Rio de Janeiro 20030−002 Brazil
Tel.（55）21−2220−8004 www.ajorio.com.br

Laboratório Gemológico Dr. Hécliton Santini Henriques
Ave. Paulista, 688, 17th Fl. Belavista 01310−100 Brazil
Tel.（55）11−3016−5850 www.ajesp.com.br

Sistema Sindijoias Ajomig
Goitacazes St., 10th Fl. Ste. 1003 Centro, Belo Horizonte, 30190–050 Brazil
Tel.（55）31–3214–3545 www.sindijoiasmg.com.br

Realgems–Laboratório Gemológico（Realgems 宝石实验室）
Rua Visconde de Pirajá 540, Ste. 210 Rio de Janeiro Brazil
Tel.（55）21–2239–4078 www.realgemslab.com.br

Canada（加拿大）

Association Professionelle des Gemmologists du Quebec（魁北克省专业宝石学家协会）
6079 Boul. Monk Montreal, QC H4E 3H5 Canada
Tel.（514）766–7327

Canadian Gemmological Association（加拿大宝石协会）
55 Queen St. E, Lower Concourse, Ste. 105 Toronto, ON M5C 1R6 Canada
Tel.（647）466–2436 www.canadiangemmological.com

Canadian Jewellers Association（加拿大珠宝商协会）
27 Queen St. E., Ste. 600 Toronto, ON M5C 2M6 Canada
Tel.（416）368–7616 www.canadianjewellers.com

China（中国）

Gems & Jewelry Trade Association of China（中国珠宝玉石首饰行业协会，GAC）
中国北京北三环东路 36 号环球贸易中心 C 座 22 层 2201–2216 室
Tel.（86）10–5827–6076 www.jewellery.org.cn

The Gemmological Association of Hong Kong（香港宝石学协会，GAHK）
中国香港九龙尖沙咀 97711 邮箱
Tel.（852）2366–6006 www.gahk.org

International Colored Gemstone（国际彩色宝石协会，ICG）
中国香港九龙尖沙咀广东道 30 号新港中心二座 17 楼 1777 室
Tel.（852）5520–6609 www.gemstone.org

National Gemstone Testing Centre（国家珠宝玉石质量检验检测中心，NGTC）
中国北京东城区北三环东路 36 号环球贸易中心 c 座 22 层
Tel.（86）10–5827–6333 www.ngtc.gov.cn/ngtc

England（英国）

De Beers UK Ltd.（戴比尔斯英国公司）
17 Charthouse St. London EC1N 6RA England
Tel.（44）20–7404–4444 www.debeersgroup.com

The Gemmological Association of Great Britain（英国宝石协会，Gem–A）
21 Ely Place London EC1N 6TD England
Tel.（44）20–7407–3334 www.gem–a.com

Jewellery Information Centre（珠宝信息中心）
44 Fleet St. London ECA England

Finland（芬兰）

Gemmological Society of Finland（芬兰宝石协会）
P.O. Box 6287 Helsinki Finland

France（法国）

Association Francaise de Gemmologie（法国宝石协会）
7 Rue Cadet 75009 Paris France
Tel.（33）1–4246–7846 www.afgemmologie–lyon.fr

Claude Varnier（克劳德·瓦涅尔）
Service Public du Controle（公共服务 du Controle）
2 Place de la Bourse 75002 Paris France

French Diamond Association（法国钻石协会）
7 Rue du Chatesudun75009 Paris France

Syndicat des Maitres Artisans bijoutiers–joailliers
3 Rue Sainte–Elisabeth 75003 Paris France

Germany（德国）

Deutsche Gemmologische Gesellschaft（德意志宝石协会）
German Gemmological Association（德国宝石协会）
Prof.–Schlossmacher–Str. 1 D–55743 Idar–Oberstein Germany
Tel.（49）6781–50840 www.dgemg.com

Diamant–und Edelsteinbörse Idar–Oberstein EV
Hauptsrasse 161 55743 Idar–Oberstein Germany
Tel.（49）6781–94420 www.diamant–edelstein–boerse.de

India（印度）

The All India Jewellers Association（全印度珠宝商协会）
19 Connaught Pl. New Delhi India

Bangiya Swarna Silpi Samitee
82 Prem Chand Boral St. Kolkata 700 012 India
Tel.（91）33–2219–7878

Bombay Jewellers Association（孟买珠宝商协会）
308 Sheikh Memon St. Mumbai 400 002 India

The Cultured and Natural Pearl Association（天然与养殖珍珠协会）
1st Agiary Ln., Dhanji St. Mumbai 400 003 India

Gem and Jewellery Information Centre of India（印度宝石和珠宝信息中心）
A–95, Jana Colony Journal House Jaipur 302 004 Rajasthan India
Tel.（91）141–261–4398

Gold, Silver, Jewellery and Diamond Merchants Association（黄金、白银、珠宝与钻石招商协会）
1–3–65 Dhan Bazar Secunderabad Telangana 500 003 India
Tel.（91）40–2781–6433

Gujarat State Gold Dealers and Jewellers Association（古吉拉特邦黄金交易商和珠宝商协会）
2339-2, Manek Chowk Ahmedabad, Gujarat India

Jewellers Association（珠宝商协会）
835/1 Sridevi Shopping Arcade Nagarthpet, Bangalore Karnataka 560 002 India
Tel.（91）80-2221-1037

Tamil Nadu Jewellers Federation（also The Madras Jewellers & Diamond Merchants Association）（泰米尔·纳德珠宝商联合会，也称马德拉斯珠宝商与钻石商协会）
2/10 Car St. NSC Bose Rd., Sowcarpet Chennai 600 079 India
Tel.（91）44-4216-7405 www.mjdma.org

Indonesia（印度尼西亚）

Indonesian Gemstone & Jewelery Association（印度尼西亚宝石与珠宝协会）
L.G. Tampubolon JL Teuku Umar 53 Jakarta 10310 Indonesia

Israel（以色列）

Gemmological Association of Israel（以色列宝石协会）
Diamon Exchange（钻石交易所）
Maccabi Bldg., Ste. 1956 1 Jabotinsky St. Ramat Gan 52520 Israel
Tel.（972）3-751-4782 www.gci-gem.com

Italy（意大利）

CIBJO（国际珠宝首饰联合会）
Piazza G.G. Belli, 2 Roma 00153 Italy
Tel.（39）06-58-661

Istituto Gemmologico Italiano（意大利宝石学院）
Piazza San Sepolcro, 1 Milano 20123 Italy
Tel.（39）02-8050-4991 www.igi.it

Japan（日本）

CIBJO Institute of Japan（国际珠宝首饰联合会日本研究所）

Tokyo–Bihokaikan 1–24 Akashi–Cho Chuo–Ku, Tokyo Japan

Tel.（81）3–543–3821

Gemmological Association of All Japan（全日本宝石协会）

Daiwa Ueno Bldg., 8F 5–25–11, Ueno Taito–Ku, Tokyo 110–0005 Japan

Tel.（81）3–3835–2466 www.gaaj–zenhokyo.co.jp

Kenya（肯尼亚）

Kenya Gemstone Dealers Association（肯尼亚宝石经销商协会）

P.O. Box 47928 Nairobi Kenya

Malaysia（马来西亚）

Malaysian Institute of Gemmological Sciences（马来西亚宝石学科学研究所）

Wisma Stephens Lot 3, 76–3, 78, 3rd Fl. Jalan Caja Chulma Kuala Lumpur Malaysia

Myanmar（缅甸）

Gem and Jade Corporation（报社玉石同业工会）

86, Kala Aye Pagoda Rd. P.O. Box 1397 Rangoon Myanmar

Pakistan（巴基斯坦）

All Pakistan Gem Merchants and Jewellers Association（全巴基斯坦宝石商与珠宝商协会）

1st Fl., Gems & Jewellery Trade Centre Blenken St., off Zaibunnisa St. Saddar, Karachi 74400 Pakistan

Tel.（92）21–35210400

Singapore（新加坡）

Singapore Gemologist Society（新加坡宝石协会）

20 Maxwell Rd., #06 - 07/08, Maxwell House 69113 Singapore

South Africa（南非）

Gemological Association of South Africa（南非宝石协会）

A. Thomas P.O. Box 4216 Johannesburg 2000 South Africa

Sri Lanka（斯里兰卡）

Gemmologists Association of Sri Lanka（斯里兰卡宝石协会）
Professional Centre 275/76 Stanley Wijesundera, Mawatha Colombo 7 Sri Lanka
Tel.（94）11–2–590944 www.gemmology.lk

Sweden（瑞典）

Swedish Association of Gemmologists（瑞典宝石协会）
Birger Jarlsgatan 88 S–114 20 Stockholm Sweden

Swedish Geological Society（瑞典地质协会）
Box 670 S–751 28 Uppsala Sweden
Tel.（46）018–179–000 www.geologiskaforeningen.se

Switzerland（瑞士）

CIBJO–The World Jewellery Confederation（国际珠宝首饰联合会—世界珠宝联合会）
Schmiedenplatz 5 Postfach 258 CH–3000 Bern 7 Switzerland
Tel.（41）31–329–20–72 www.cibjo.org

Swiss Gemmological Society（瑞士宝石协会）
Schmiedenplatz 5 Postfach 258 3000 Bernz Switzerland
Tel.（41）31–329–20–72 www.gemmologie.ch

Swiss Gem Trade Association（瑞士珠宝贸易协会）
Nuschelerstrasse. 44 8001 Zurich Switzerland

Thailand（泰国）

Asian Institute of Gemological Sciences（亚洲宝石学院）
919/1 Silom Rd. Jewelry Trade Center, 2nd Fl., Unit 214 Bangrak, Bangkok 10500 Thailand
Tel.（66）2–267–4325 www.aigsthailand.com

Thai Gems and Jewelry Traders Association（泰国宝石与珠宝贸易商协会）
919/119, 919/615 - 621 Jewelry Trade Center, 52nd Fl. Silom Rd. Bangrak, Bangkok 10500 Thailand
Tel.（66）2–630–1390 www.thaigemjewelry.or.th

United Arab Emirates（阿拉伯联合酋长国）

Institute of Goldsmithing and Jewellery（金饰工艺与珠宝学院）
Sikat Al Khail Rd. P.O. Box 11489 Dubai, UAE

United States（美国）

Accredited Gemologists Association（注册珠宝鉴定师）
3315 Juanita St. San Diego, CA 92105
Tel.（619）501–5444 www.accreditedgemologists.org

American Gem Society（美国宝石协会）
8881 W. Sahara Ave. Las Vegas, NV 89117
Tel.（866）805–6500 www.americangemsociety.org

American Gem Trade Association（美国宝石贸易协会）
3030 LBJ Freeway, Ste. 840 Dallas, TX 75234
Tel.（800）972–1162 www.agta.org

American Society of Appraisers（美国评估师协会）
11170 Sunset Hills Rd., Ste. 310 Reston, VA 20190
Tel.（703）478–2228 www.appraisers.org

Appraisers Association of America（美国评估师协会）
212 W. 35th St., 11 Fl. S. New York, NY 10001
Tel.（212）889–5404 www.appraisersassoc.org

Diamond Council of America, Inc.（美国钻石协会有限公司）
3212 West End Ave., Ste. 400 Nashville, TN 37203
Tel.（615）385–5301 www.diamondcouncil.org

International Colored Gemstone Association（国际彩色宝石协会）
62 West 47th St., Ste. 905 New York, NY 10036
Tel.（212）620–0900 www.gemstone.org

Jewelers of America, Inc.（美国珠宝商协会）
120 Broadway, Ste. 2820 New York, NY 10271
Tel.（800）223–0673 www.jewelers.org

National Association of Jewelry Appraisers（国家珠宝评估师协会）
P.O. Box 18 Rego Park, NY 11374
Tel.（718）896–1536 www.najaappraisers.com

New York Diamond Dealers Club（纽约钻石交易商俱乐部）
580 5th Ave. at 11 W. 47th St., Fl. 580 New York, NY 10036
Tel.（212）790–3600 ex 1113 www.nyddc.com

Zambia（赞比亚）

Zambia Gemstone and Precious Metal Association（赞比亚宝石与贵金属协会）
P.O. Box 31099, Rm. 17 Luangwa House Cairo Rd., Lusaka

Zimbabwe（津巴布韦）

Gem Education Centre of Zimbabwe（津巴布韦宝石教育中心）
Faye Marsh Jewelers, 1st Fl., Travel Plaza 29 Mazowe St. Harare 707580 Zimbabwe
Tel.（263）4–707–922 E–mail：fayemarch@zol.co.zu

说实话，世界上没有任何欺诈或欺骗能比仿制宝石产生更大的收益和利润。

摘自罗马历史学家
盖乌斯·普林尼·塞孔都斯所著《自然史》
三十七卷（发表于公元77年）

图书在版编目（CIP）数据

宝石鉴定 ／（美）安托瓦内特·马特林斯，（美）安东尼奥·C.博南诺著 ；张健，池丽霞译. -- 北京 ：中国友谊出版公司，2025. 8. -- ISBN 978-7-5057-6092-9

Ⅰ. TS933.21

中国国家版本馆CIP数据核字第2025PF9213号

著作权合同登记号 图字：01-2023-4360

Gem Identification Made Easy, 5th Edition: *A Hands-On Guide to More Confident Buying & Selling*

Originally published by GemStone Press, an imprint of Turner Publishing Company, LLC

书名	宝石鉴定
作者	［美］安托瓦内特·马特林斯 ［美］安东尼奥·C.博南诺
译者	张 健 池丽霞
出版	中国友谊出版公司
发行	中国友谊出版公司
经销	新华书店
印刷	北京中科印刷有限公司
规格	880毫米×1230毫米 32开
	14.5印张 348千字
版次	2025年8月第1版
印次	2025年8月第1次印刷
书号	ISBN 978-7-5057-6092-9
定价	168.00元
地址	北京市朝阳区西坝河南里17号楼
邮编	100028
电话	（010）64678009

如发现图书质量问题，可联系调换。质量投诉电话：（010）59799930-601

出 品 人：许　永
出版统筹：林园林
责任编辑：许宗华
特邀编辑：吴福顺
封面设计：海　云
版式设计：万　雪
印制总监：蒋　波
发行总监：田峰峥

发　　行：北京创美汇品图书有限公司
发行热线：010-59799930
投稿信箱：cmsdbj@163.com